U0158888

时

流逝与永恒，
走向更深刻的生命体验

〔美〕珍妮·奥德尔（Jenny Odell）　著
董方源 邓岳　译

间

中国出版集团
中译出版社

Copyright © 2023 by Jenny Odell

Published by arrangement with Frances Goldin Literary Agency, Inc., through The Grayhawk Agency Ltd

Simplified Chinese translation copyright ©2024

by China Translation and Publishing House

ALL RIGHTS RESERVED

著作权合同登记号：图字 01–2024–1621 号

图书在版编目（CIP）数据

时间 / （美）珍妮·奥德尔著 ; 董方源，邓岳译
. -- 北京：中译出版社，2024.5
　书名原文：Saving Time
　ISBN 978-7-5001-7883-5

　Ⅰ . ①时… Ⅱ . ①珍… ②董… ③邓… Ⅲ . ①时间—
普及读物 Ⅳ . ① P19-49

中国国家版本馆 CIP 数据核字（2024）第 090257 号

时间

SHIJIAN

著　　者：［美］珍妮·奥德尔（Jenny Odell）
译　　者：董方源　邓　岳
策划编辑：费可心
责任编辑：贾晓晨
营销编辑：白雪圆　郝圣超
版权支持：马燕琦

出版发行：中译出版社
地　　址：北京市西城区新街口外大街 28 号 102 号楼 4 层
电　　话：（010）68002494（编辑部）
邮　　编：100088
电子邮箱：book@ctph.com.cn
网　　址：http://www.ctph.com.cn

印　　刷：北京中科印刷有限公司
经　　销：新华书店
规　　格：710 mm×1000 mm　1/16
印　　张：22.25
字　　数：258 千字
版　　次：2024 年 5 月第 1 版
印　　次：2024 年 5 月第 1 次印刷

ISBN 978-7-5001-7883-5　　　　定价：89.00 元

版权所有　侵权必究
中 译 出 版 社

前言
PREFACE

　　2019 年春季的一天，我注意到家里来了一些"不速之客"。而且，它们可能不是自门而入，而是通过窗户"到访"的。在这之前很长一段时间里，我都没注意到它们。直到偶然看到，窗边小猪形状的陶瓷花盆里长满了苔藓，我才意识到这些访客的"入侵"。

　　几年前，一个朋友在我生日时，送了我一株兔耳仙人掌。现在，苔藓孢子在这株兔耳仙人掌周围安了家。一直以来，我对厨房窗户旁的这片区域都没什么好感，这里阴冷潮湿，从未获得过一丝阳光——可怜的仙人掌，估计也是这样。但对苔藓而言，这里却是个宜居之地。于是它们开始分裂、分化、用纤毛般的根茎扎根盆土，并长出小小的绿叶。而后，生出细长的孢子体，就跟我家外面的那些苔藓一样，继续繁衍。不久，一隅微型森林就在小猪花盆的顶部蓬勃而生。

　　相较于维管植物[1]，苔藓同水和空气之间的关系则相对稳定。罗

---

1. 维管植物：指具有维管组织的植物，如苔藓植物、蕨类植物等。——编者注

宾·沃尔·基默尔在《苔藓森林》[1]一书中指出，苔藓的"叶子"，只有一个细胞那样厚，相当于人类肺部的肺泡，由于需要水分，这些"叶子"直接与空气接触。在没有树木的南极洲，由于没有年轮可以参考，科学家便通过苔藓来分析环境信息。这是因为，苔藓叶子可以从周围环境中吸收化学物质，然后从苔藓顶部长出来，每年夏天在吸收的过程中，就能够"记录下一些数据"。而坐在厨房里的我，很显然无法读懂这些迷途的苔藓所做的记录。但至少它们告诉我，我还活着。到了第二天，我也依然活着。

在新冠疫情的早期封锁期间，我重读了《苔藓森林》一书。那期间，我觉得时间都静止了，但苔藓却一直在长，房屋内外都有；由于疫情，我的视野范围也缩小了。我在奥克兰走来走去，像一个无聊的阴谋论者，从古怪的角度观察事物。苔藓喜欢缝隙，也就是说，它们经常会出现在一些人们意想不到的地方：公寓外人行道的裂缝之间，路上的沥青和井盖之间，杂货店的墙根和人行道之间，地砖之间……我开始认识到，有苔藓的地方，就有水，而它自己本身看起来也是湿漉漉的。苔藓本身就是在积过水的地方生长，除此之外，它们也对雨水十分敏感，一场几分钟的小雨，苔藓便能扩散开来且变得更绿。

苔藓不仅让我注意到那些极短的时间刻度，比如每分钟湿度的变化，抑或一个孢子在花盆里开始生长的时刻；还让我注意到那些漫长的进化的时间跨度，因为苔藓是最早生活在陆地上的植物之一。然而，时间之尺的两端也提醒着我们，想要精确地指出一个时刻是

---

1. 《苔藓森林》：原书名 Gathering Moss: A Natural and Cultural History of Mosses，2023年由商务出版社引进出版，作者为美国知名森林生态学家。——编者注

非常困难的（但这正是人类非常想做的事情）。例如，从极短的时间刻度来看，我发现，苔藓孢子正式发芽的时间是存在分歧的。是在它吸收水分膨胀到一定程度时，还是在芽管形成和细胞壁破裂时？从漫长的时间来看，最早的苔藓是在几亿年前的某个时间点从水生藻类进化而来的，但如果试图确定这一进化的确切"时刻"，甚至仅是确认我家窗台上这些苔藓的进化路径，都困难无比。

　　这种荒谬的情况，很容易蔓延到其他问题上。比如，苔藓可以被有目的性地与周围环境分开吗？苔藓孢子是活的吗？被冻住的苔藓有生命吗，就像来自南极洲的苔藓，在一千五百年后又复活了？即使在极端条件下，苔藓也让统一时间的概念复杂化，因为一些品种的苔藓，能够在没有水的情况下休眠超过十年；在适合的环境下，它们又能恢复生机。正如基默尔在 2020 年 *The Believer* 杂志的采访中提到的那样，正是苔藓的这种特性，在新冠疫情流行期间值得人们对其特别关注。基默尔指出，她的学生从苔藓的扎根和休眠中获得灵感，她认为苔藓可以教会人类如何在这一历史时刻繁衍生息。

　　在我开始研读《苔藓森林》这本书时，正巧也是家里的"不速之客"到访的时候。而当我研读完后，这株苔藓还在生长。诚然，它不会像在南极洲象岛的那株苔藓一样，在我家存活 5000 年。但同时，它已经在厨房的桌子上，沐浴了 3 年阳光，进行了 3 年的光合作用，也见证了我这 3 年的变化。对我而言，它就像一个脱离时钟时间的使者，看到它，我就满脑子都是渗透性和回应的问题，有关内外、潜力和即将发生的事情。最重要的是，它让我对时间有了新的理解：时间不是想象中那般庞大单一且空洞，独自冲刷着我们每个人；而是走走停停、时不时冒出来、在裂缝中聚集并折叠成大块。它蛰伏等待着合适的条件，总是拥有开启新世界的能力。

想象一下，现在你身处一个书店里。其中一个书架，摆满了时间管理书籍，告知我们时间是紧缺的，世界亦是在加速变化的，这些书籍提供了一些管理时间的建议：要么是更加有效地结算和衡量时间碎片，要么是从其他人那里购买时间。而在另一个书架，我们会看到很多文化历史类的书籍，探讨我们是如何看待时间的，以及从哲学角度探索时间是什么。如果此时，你正在争分夺秒地奋斗，身心俱疲，那么会选择哪个书架开始阅读呢？选择第一个书架，似乎更有意义，因为它所提供的书，与日常生活和现实需求更加贴近。更讽刺的是，我们似乎从来都没有足够的时间，来思考像时间本质这种"闲事"。而我想说的是，我们尽力想在第一个书架中找寻的答案，有可能存在于第二个书架。原因是，我们没有对"时间就是金钱"这一理念背后的社会和物质根源进行探索，就草率地让这个言论越发根深蒂固，而这种言论本身就是构成问题的一部分。

1948 年，德国天主教哲学家尤瑟夫·皮柏（Josef Pieper）出版了《闲暇：文化的基础》[1]一书，概述了工作与生活的平衡以及闲暇概念之间的差异。他写道，工作时，时间是水平的，是一种向前倾斜的劳动时间模式，时不时休息一下，也只是为了让我们调整状态，做更多的工作。对于皮柏而言，这些零碎的间隙不算是闲暇。相反，真正的闲暇存在于一个"垂直"的时间轴上，整体贯穿于或者否认了工作时间的整个维度，"与工作形成了直角"。如果这些闲暇时刻碰巧让我们提了提神，这种提神的作用也只是次要的。"闲暇不是为了工作而存在的，"皮柏写道，"闲暇的确会让人身心获得新的力量，

---

1. 《闲暇：文化的基础》：原书名 Leisure：The Basis of Culture，2003 年由立绪文化事业有限公司引进出版。——编者注

精神也得到恢复，但无论闲暇让人们获得了多少工作的力量；闲暇的意义也不在于恢复精神，而是让人重振精神或者让身体调整状态；这些都不是重点。"看到皮柏的这一说法，我产生了强烈的共鸣，而对所有质疑用生产力来衡量时间的意义或价值的人来说，可能都会产生这种共鸣。想象一个不同的"点"，意味着想象一种剥离工作和盈利世界的生活、身份和意义来源。

在我看来，大多数人将时间视为金钱的原因，并不是出于自己的意愿，而是不得不这样做。现代社会的时间观，无法脱离工资关系，人们也需要出售自己的时间；尽管现在看来，这是普遍且毋庸置疑的，但跟任何其他估量工作和存在的方法一样，都是在特定的历史背景下产生的。反言之，工资关系也反映了一切赋权和削弱权利的相同模式，这些模式触及我们生活的点点滴滴：谁买了谁的时间？谁的时间价值多少？谁的时间符合谁的时间表，谁的时间被认为是可支配的？这些问题都不是个人问题，而是文化历史问题，如果不考虑这些问题，那么几乎不可能解放自己或者其他任何人的时间。

在 2004 年的一本名为《赞美缓慢》[1]的畅销书中，有一章提到，如果工作和生活能够平衡好，雇员和老板都会受益，原因在于"研究表明，感到自己能够把控时间的人，往往更为松弛，也更具创造力，生产力也更强"。我确信每个人都会享受一天中多出来的几个小时，但前面提到的这个理由非常重要。只要放缓速度是为了让资本主义的机器运转得更快，这种放缓便只是表面上的修复，成为工作时间中水平面上的又一个小缺口。这让我想起来《辛普森一家》中，

1.《赞美缓慢》：原书名 *In Praise of Slowness*，尚未引进国内出版。——编者注

玛琦在核电厂找到一份工作，她注意到员工们情绪普遍低落。在和伯恩斯先生的一次对话中，玛琦指向三个员工，其中一个正趴在桌子上哭，另一个在灌自己酒，还有一个人边擦枪边说："我是死亡天使，让我来净化这个世界。"为了帮上忙，玛琦自告奋勇地提出"有趣的帽子日（Funnyn Hat Day）"的主意，并建议在厂子里播放汤姆·琼斯（Tom Jones）的歌，因为她本人听到这首歌儿就会打起精神来。然后我们又看到了这三个员工：在欢快的背景音乐中，依然在哭泣（戴着草帽）、喝酒（戴着麋鹿帽）、边扣动枪边走出画面（戴着螺旋桨式帽）。"真的有用！"伯恩斯先生（戴着维京式带角的帽子）说道。

就像我质疑我们想要的不仅是一顶有趣的帽子一样，我同样质疑职业倦怠只是因为一天中属于自己的时间不够多。最初可能只是对更多自由时间的渴望，慢慢地，这个想法最终就变成了对自主、意义和目的渴望的一部分，这种渴望简单而又巨大。即使外部环境或者内部力量迫使你完全生活在皮柏所提到的水平轴上，即工作以及为了更有效地工作而偶尔地活动一下，仍有可能会对上面提到的垂直领域怀有渴望，而这一领域，属于我们自我和生活中不可出售的地方。

虽然时钟掌握着日子和生命的进度，却没有完全征服我们的心。在时间表的框架下，我们每个人都知道许多其他类型的时间：等待和渴望时间变得缓慢、突然被唤起的尤如昨日般的童年记忆、缓慢却很笃定的孕期过程；受了伤害后的身体或心灵所需的漫长修复期。作为地球生物，我们的日子可以缩短也可以延长；天气也时不时唤醒一些记忆，像现在这样，某些花和气味再现，可自己却又长了一岁。有时候，时间并非等同金钱，而是一些无法衡量的东西。

　　的确，正是这种对时间重叠的意识，让我们产生了怀疑，觉得自己的计时方法不对。横向领域的任何东西，都无法治愈精神上的倦怠：感受到时间压力的同时，也越来越意识到气候是如何失调的。即使对于那些远离气候变化的人来说，在及时通信软件 Slack 的通知窗口和有关地球即将不适合居住的头条新闻中来回切换，至少会产生一种违和感，甚至是会产生一种精神上的恶心和虚无主义。正如女性讽刺网站 Reductress 的一个标题所佐证的。"一个女人正在等待，等待证明世界在 2050 年仍然存在的证据，然后开始为这个目标而努力。"

　　至少在某种程度上，正是由于这两种时间尺度看起来毫无关联，才会产生这种荒谬性。在我们看来，地球的各个进程，似乎脱离了时钟和日历的计时，也与人类的社会、文化和经济时间没有关系。因此，正如研究者米歇尔·巴斯蒂安（Michelle Bastian）博士所说的"看时钟上的时间，我可以知道自己上班是否迟到，（但）它并不能告知我现在治理失控的气候变化，是否为时已晚"。然而，这两个看似无法跨越的经历领域（个人的时间压力与对气候变化的恐惧），在其深层次却有很多相似之处，其共同之处不仅仅是恐惧感。早期欧洲的商业活动和殖民主义，造就了我们现在衡量和保持时间的体系，并且因为这个体系，时间的价值被视作可以交换的"物品"，可以对其进行堆积、交易，并且转换。在第一章，我将进行详细阐述，时钟、日历以及电子表格的起源，与人类开采的历史密不可分，无论是对地球资源的开采，还是对人类劳动时间的开采，都有涉及。

　　换言之，现在拼命调和时间压力与气候恐惧的人，是在进行两头处理，这会产生一种奇怪的世界观，这种世界观既会引起对工作时间的测量，又会因为利益关系对生态造成破坏。对于身体，可能是因为你能感受到某个部位的异样感，渐渐产生慢性疼痛。可以通过按摩痛点，几天内暂缓疼痛；而如果是反复的压力所造成的疼痛，真正解决的办法，通常是改变你正在做的事情。同样地，作为不同的疼痛形式，时间压力和气候恐惧，来源于更大的"身体内"的同一套关系，这种关系，经过开采思维数百年的发展，扭曲成不可持续的姿态。因此，将自己的个体时间体验，与气候问题倒计时联系起来，这不仅是简单的思维练习，对每个人而言都是紧迫的问题。解决这种痛苦，唯一的办法是从根本上改变我们现在正在做的事。而地球，需要的也不仅是一顶有趣的帽子。

这种根本性的改变，涉及我们谈论和思考时间的方式。时钟并不决定我们整个的心理体验，但随着工业化和殖民主义的出现，在世界许多地方，量化时间观仍然是时间的通用语言。这对于想要换一种语言表达时间而言带来了挑战，但同时也展示了为此做出努力的意义所在。我曾参加一个名为"气候急需解决的情况下是否有时间进行自我关爱"的线上活动，目睹了这种挑战的真实发生。这个活动的主题表明了相当大的困惑和羞愧。《感性知识：适用于所有人的黑人女性主义方法》的作者明娜·萨拉米（Minna Salami），最终只能通过否认这个前提，来对活动的主题问题进行回答。显然，自我关爱是必要的，但提出这个问题的方式，支持了一种观念，即每天的文化时间和生态时间无关，这个问题的提出本身也是问题的一部分。想象一下，自我关爱和气候正义将在一个零和博弈中争夺我们的时间，如果仅将自我关爱视为"在忙碌的生活中，偷偷享受可以优先考虑自我的小时刻"，使用这种旧的时间通用语言，将进一步加剧问题。对于萨拉米来说，这不能是一个二选一的问题。相反，学习用不同的时间语言来表达，会让气候正义和自我关爱相互融合，成为一种共同的努力。

在古希腊语中，有两个不同的词来表示时间，分别是 chronos 和 kairos。其中 chronos，是 chronology 这类词的一部分，指的是线性时间的领域，即事件稳定、缓慢向未来推进的过程。而 kairos 的意思更像是"危机"，但也与许多人眼中的适时性或"抓住时机"有关。在上述活动中，萨拉米将 kairos 描述为定性而非定量的时间，因为在 kairos 中，所有时刻都是不同的，即"正确的事情发生在正确的时间点"。鉴于其在行动和可能性方面的暗示，我也发现，在对未来进行思考时，chronos 和 kairos 之间的区别也很重要。

表面上，稳定的 chronos 似乎是舒适区，而不稳定的 kairos 则是焦虑区。但是，当我们像 20 世纪 90 年代的反工作杂志《加工过的世界》（*Processed World*）中所说的那样，"步伐一致地走向深渊"时，chronos 能带来哪些安慰呢？就我个人而言，在 chronos 中感受到的不是舒适，而是恐惧和虚无主义，这是一种无情地压迫自我及他人的时间形态。在这里，我的行动毫无意义。就像我的头发会慢慢变白一样，世界也肯定是越来越糟糕，而未来是需要去面对的。相较之下，我在 kairos 中找了一条生命线，给了我们一丝勇气可以想象不一样的未来。毕竟，今天和未知的明天之间的差异，诞生了希望和渴望。与 chronos 不同，kairos 承认了行动的不可预测性，就像汉娜·阿伦特（Hannah Arendt）所描述的那样："即使是在受限最多的环境中，哪怕是最微小的行为，都孕育着无限的可能性，因为一次行为，有时甚至是一个词，就足以改变所有的情况和局面。"在这个意义上，时间问题也与自由意志问题密不可分。

我感觉，当无法认知抑或接触每个瞬间内在的不确定性时，在很大程度上就会产生气候虚无主义以及其他对时间上的痛苦体验，而我们的行动力也存在于每个瞬间。从气候这个语境来说，这并不意味着我们可以消除已经造成的损害。但有一个既定事实：在任何情况下，如果我们相信战斗已经结束，那么它就结束了。感知chronos 和 kairos 之间的区别，起源于概念层面，但其影响并不止于此：这种区别，对于生活中每个瞬间看起来可能的事情，都可以产生直接影响。

如果认为，在按照可预测的机械化规律运转的自然界中，（欧洲）人是唯一的推动者及改变者，这种想法影响最深远的可能是我们对整个世界和人类的看法，即整个世界究竟是有生命力的，还是如行尸走肉般存在着。当这种想法出现时，对于时间的区别将殖民地人民划为一种处于 chornos 中的永久静止状态，与他们的土地以及其中的所有生命一样，没有行动能力。这种观念不仅为殖民者开采这些"资源"正了名，也为现在的气候危机和种族不平等创造了条件。要（重新）学会在这样一个狭窄的领域之外，看待行动和决策，即承认以前被排除在外的所有事物和人都是同样真实的，共同处于 kairos 之中；就要将时间改变看法，并不是将其看作发生在世界物体上的，而是与世界上的行动者共同创造的。对我而言，这既是一个正义的问题，也是一个实践的问题，因为我把气候危机解读为生命（人类和非人类）的表达，这些生命不需要被"拯救"，而是需要被倾听。

最初，我开始尝试寻找一种不痛苦的时间概念——不将时间视为金钱、气候恐惧或者对死亡的恐惧的概念。这更像是我个人的一个问题，而不是学术问题。在搜索的过程中，我发现了一些意想不到的事情：虽然某种时间感会让人提前感受到死亡，但是用另外一种时间感来看，可以感受到自己的确是活生生地存在于这个世界上。

在新冠疫情期间，我亲眼看到了一些蜕变的过程：在当地一个监控探头上，有几只幼鹰，它们毛发大多还是灰灰的、毛茸茸的，翅膀的顶端慢慢长出了独立的羽毛，就像人类的手指一样；在奥克兰的山坡上，我发现了一张蛇皮，而其主人却已消失在荆棘中；在我公寓的桌子上，一棵植物茎部的前缘自行剥落，新生的部分则已伸向窗户。我想，这些蜕变，会经历一些困难和自我否定。对于我而言，我也有欲望要追随、有想要表达的意愿、有想要超越的"容器"，所以，上述蜕变中的品质，也是我所需要的。明天正在从今天的外壳中生根发芽，而在这个过程中，我将变得不同。我们所有人都会这样。

2021 年，位于巴塞罗那的鞋类公司 Tropicfeel 邀请了英国旅游博主杰克·莫里斯（Jack Morris），"Say Yes"并前往印度尼西亚的某个地方进行一次临时探险。最后制作了一段 8 分钟视频，该视频的名字是"勇爬活火山（Say Yes to Climbing an Active Volcano!）"。莫里斯选择在爪哇岛东部的伊真火山[1]观看日出，并记录下了这段探险的经历，这段视频也被该公司用作产品宣传，该公司的鞋子于 2018 年在 Kickstarter 获得了"最 funded 的鞋子"称号。

整个视频使用了带有怀旧色彩的滤镜，还模仿了 Super 8 录影机拍摄的胶片电影的效果。通过视频，我们看到莫里斯离开巴厘岛，乘船和汽车前往爪哇岛东部的一个度假村。日落时，他自信地踱着步，慢慢地走着。为了看到从伊真火山升起的太阳，他于凌晨两点便早早起床，来到火山基地营的一个拥挤破旧的咖啡店。

"你的朋友呢？在睡觉吗？"莫里斯问道。

---

1. 伊真火山：位于印度尼西亚爪哇岛东部，为著名旅游胜地。被公认为世界上酸性最强的火山湖。——编者注

"嗯，是的，在睡觉"那个女人回答道。

在黑暗中徒步行走和等待了一个半小时后，莫里斯向火山顶上再次慢慢地前进。无人机搭载着摄像头，将所有景像都收入镜头，而大多数时候并没有拍莫里斯的助手和其他游客，广阔的岩石景观尽收眼底。整个画面里只有莫里斯、山峰和鲜明的白色运动鞋鞋底（Monsoon，亮黑色，时价约 121 美元），在层层叠叠的远古岩石上格外显眼。为了突出日出的戏剧性，这段视频的配乐，像史诗一样宏伟，略带非西方风格。

当太阳完全升起后，莫里斯开始下山，遇到了一群当地的硫矿工，矿工们正从钻进火山缝隙口的管子里采集黄色石头，用锤子将石头砸碎，然后用连接在搬运杆上的柳条筐运走一大堆石头。与矿工聊天时，莫里斯了解到他们每天从火山口运出数百磅[1]的硫黄，并且因为按重量支付，所以每个人都尽量多运。再次模仿 Super 8 摄影机拍摄的胶片电影效果，镜头一闪而过，是一个男人背着篮子，莫里斯说："太疯狂了，这些工人超级强壮。"视频中莫里斯的助手正在懒洋洋地拍摄，而莫里斯观察到矿工们却似乎对自己的工作感到很自豪，这令他心生佩服。

莫里斯看到的硫黄矿，是手工采矿的最后一批硫黄矿之一。之所以是最后一批，部分原因是此类采矿场所排放的硫酸气体极具毒性，且能够逐渐溶解牙齿。这些矿工肩部畸形、患有严重的呼吸系统疾病，且几乎没有任何保护措施，如此艰苦的条件下，矿工们做出了艰难的决定：前往医院的路程太远，很不方便，因此他们选择不治疗而维持现状继续工作，直到再也无法承受为止。"人们说，在

---

1. 磅：英国与美国所使用的英制质量单位，1 磅合 0.45 千克。

这里打工会缩短寿命，"一名矿工告诉 BBC 记者，他说的没错：根据一名记者的说法，硫黄矿工的预期寿命仅为 50 岁。虽然许多人在这里工作，是因为工资相对较高，希望可以负担起孩子上学的费用，从而打破贫困的循环，但寿命缩短，意味着他们的儿子有时必须来接替工作。同时，这项工作使他们的面孔"既年轻又苍老，饱经沧桑，无法看出实际年龄"。

在这场有关旅游博主、咖啡馆、山、矿工和太阳的奇怪际遇中，不同视角下的时间，密集且交叉地存在着。在伊真火山，在共同的环境场景中，有用来营销的大自然画面、闲暇体验和一堆硫黄石头，从中有一点可以提取的是劳动时间。对于矿工而言，无论是按件计酬还是按时计酬，时间都是获取工资的途径，是一种生存手段，也是他们最有价值且必须出售的物品。在咖啡馆里试图睡觉的人可能是一名矿工，和在旺季每个周末爬火山的数百名游客一样，矿工也必须在黎明前从山脚下上山。这个没有办法的选择，是为了免受热浪，以及避开可能带有毒烟雾的风。虽然对于买方而言，劳动时间是没有实体且统一的，并且总是可以购买更多，但对于劳动者而言，情况却并非如此，因为生命只有一次，身体也只有一个。

正如经济历史学家凯特琳·罗森塔尔所指出的，我们现在使用的电子表格，最初是在美洲和西印度群岛的殖民种植园中使用，用来衡量和优化生产力的，而所衡量的工作就是像硫黄矿采掘这样的工作，无聊、令人崩溃且重复。这些账本中记录的劳动时间，就像运走的烟草或甘蔗的重量一样，可以内部互换。碰巧的是，在伊真硫黄矿，硫黄和糖也是有联系的。在那里被挖出的大多数硫黄经过加工后，被直接运往当地工厂，经过漂白，并提炼甘蔗汁，最后成为白色的砂糖颗粒，这种商品与殖民主义以及欧洲财富的历史交织在一起。

同时，经营咖啡馆的女人，为了满足游客的需求，晚上不睡觉，也是调整了自己的作息时间来适应游客的时间需求，而这些游客赶来只是为了拍一张日出的照片。一个人改变自己的作息时间，以适应其他事务或人的时间节奏，这种现象可以称为诱导，经常发生在不平衡的关系领域中，一种反映性别、种族、阶级和能力的等级制度。一个人的时间该受到何种程度的重视，不是简单地用金钱来衡量，而是看是谁在做何种工作，以及其时间必须适应某人的时间，无论是匆忙或者等待，皆是如此。在"慢下来"的劝说中，能够认识到这一点是非常重要的，因为一个人的慢节奏需要另一个人加快节奏。

"慢"是经常与闲暇相契合的理想状态，尽管实际上在工作，但莫里斯在他的视频中是在表演闲暇的状态。在体验经济中，旅游博主非常重要，其本身只是闲暇和消费主义之间复杂关系的一部分。

20世纪90年代，B. 约瑟夫·派恩二世（B. Joseph Pine Ⅱ）和詹姆斯·H. 吉尔摩（James H. Gilmore）提出体验经济一词，他们当时设想的是雨林咖啡馆（一家丛林主题的连锁餐厅，有卡通鳄鱼、造雾机以及模拟雷暴）这种老套简单的东西。自此，instagram[1] 就将世界上任意角落都变成了不再陌生的地方。现在，还出现了线上购物平台，你可以购买到生活所需的所有物品，甚至可以看到一些如何自我保养或静修的帖子。"点击此处，将其加入你的生活。"在Tropicfeel[2] 网站上，你可以找到视频中和莫里斯相似的鞋子、背包和

---

1. instagram：一款主要以分享照片、图片为主的社交应用软件，又称为"照片墙"或简称为"ins"。——编者注

2. Tropicfeel：一家西班牙的旅游装备公司。——编者注

运动衫。在这种情况下，"购买整套搭配"和"购买体验"甚至比平常更加轻松。

在体验经济中，自然界（以及其他一切）似乎没有任何作用，只是一个可以被消费的背景环境。但是在这样的框架中，伊真火山显得很不自在。这座火山是在大约五千万年前形成的——当时印澳板块与欧亚板块相撞，然后俯冲到欧亚板块下。随着大洋板块的熔化，熔岩通过一系列的火山上升到欧亚板块的表面，形成了巽他岛弧，其中便有爪哇岛。一个巨大的火山锥体（现在被称为旧伊真）在形成、喷发、崩塌后，留下了一个巨大的火山口（洼地），现在可以在谷歌地球上看到其轮廓。在这个古老的火山口内，一些较小的火山锥体升起，其中便有伊真火山。但它也喷发并崩塌后形成了填满陨石水的洼地。当伊真火山在 1817 年爆发时，火山口的深度翻了一番，使这片洼地所形成的湖泊变得更大，而其后也成为了instagram 的热门打卡景点，而死亡的森林则被 20 英尺[1] 的火山灰所覆盖。与此同时，曾在海底的一部分硫黄，从火山口的气孔流窜出来，并进入矿工的管道。晚上，流窜的硫黄气体与空气发生反应，燃烧出了蓝色火焰。

1989 年，比尔·麦克基本[2] 写到，"我相信，我们正处于自然的尽头"。后来，他澄清道，"我并不是指世界末日。雨依旧会下，太阳仍会照耀大地。而我说的自然，是指人类对这个世界以及人类自身的一些观念，所产生的一些想法。"一座活火山的存在为我们思考

---

1. 1 英尺 =0.3048 米。

2. 比尔·麦克金 Bill McKibben 是一位美国环保活动家、作家和学者，以他在气候变化和环境问题领域的工作而闻名，是 350.org 的联合创始人之一，也是多本关于环境和气候变化的书籍的作者。——译者注

"我们在自然界中的位置"提供了一个很好的机会，我们应该视"自然"为主体，而不是一个"客体"，它会随着时间而行动。熔岩会移动并非为了人类。

新冠疫情暴发，当我的生活开始一成不变时，我注意到一些过去没有留意的变化：一座山慢慢变黄；水将石头冲下山；一颗苦艾树发芽、开花直到枯死。一只红胸黄腹吸汁啄木鸟每天都出现在同一棵树上，并在树上钻出密密麻麻的小洞，记录时间，树枝就像一本日历。莫哈韦诗人娜塔莉·迪亚兹（Natalie Diaz）问道："我怎么才能将其翻译出来——不是用语言，而是用信念——河流是一个身体，如你我一般活着，没有河流，就没有生命。"如果这些行为，不是上着发条的宇宙无意识地嘀嗒着，而是一个人的行为，会怎样呢？当时，我意识到，在你的眼中，世界是毫无生机的，还是充满了能动性，譬如像伊真火山，是一堆无生命的物体还是一个值得关注的物体，这个问题的答案来自是一个古老的区分，即谁能占据时间，以及谁（什么）不可以。

当我第二次看 Tropicfeel 的日出视频时，我用 Shazam 软件（一款听歌识曲软件）去识别视频中伴随太阳升起的，依稀听到曲调的非西方风格音乐。经过识别，音乐是丹尼尔·迪乌斯勒（Daniel Deuschle）一首名为《成人仪式》（*Rite of Passage*）的曲目，也是 Musicbed（一个提供可授权音乐的网站）旅游板块中热门曲排行第五的曲目。迪乌斯勒的简历中写道："在津巴布韦长大，是一名歌手、作曲家兼制作人……"当他把非洲的音乐融入飞扬的旋律和震撼人心的和弦时，整个世界融合在了一起。我并不是说，莫里斯（或者任何编辑这个视频的工作人员）是因为"非洲曲风"，抑或是仔细听了这首歌的词，而特意选择了这首歌；他们只是为工作，选择主流语言，用着通俗易懂的陈词滥调。然而，此曲的确表明了一种异国情调度，这种态度与该地的现实形成了一种紧张气氛。莫里斯夸赞矿工之后，出现了一个令人不舒服的时刻，似乎是不知如何从矿工的困境中摆脱出来，镜头开始切换，从矿工缓慢过渡到山坡景色。矿工们消失在风景中，与硫黄本身一样，永恒而难以解释。

　　但莫里斯也不得不继续做营销。当 instagram 刚刚起步时，他在曼彻斯特清理地毯，薪水微薄，通过在很多账户上转发小众品牌的内容，他赚够了去背包旅行的钱。用来发布旅行照片的个人账号，是他的"有趣的小副业"。到 2019 年的时候，其 instagram 账号上已经拥有了 270 万粉丝，他开始变成职业博主。当时，他和另外一个旅游博主正在谈恋爱；打造的形象是一对无忧无虑、坐着喷气式飞机到处旅行的小情侣，从而也吸引了大量粉丝。两人在巴厘岛建了一个民宿，但一年之后——2021 年，这对小情侣分手了。知道这一点之后，再看莫里斯在火山之旅中的状态，可以看出他没那么快乐，缺乏了活力。"一年多来，我一直处于一种创作的心理障碍中，没有动力拿起相机。"这是他在独自穿越埃及时，在 instagram 上写的。"现在，与之前不同，创作不再给我带来满足感，因为为了拍出完美的照片，我一直在到处奔波，却没有真正感受眼前的美。"品牌形象会导致其自身的某种客体化，他希望在埃及旅行时，情况会有所区别："我真的想放慢脚步，慢慢吸收所看到的和所做的事情。体验新事物、学习、欣赏然后再拍照。"听起来，莫里斯似乎丧失了某种"积极向上的精神状态"，苏珊·桑塔格（Susan Sontag）曾将这种精神状态与旅游摄影联系起来。相反，莫里斯则在寻找邂逅。

　　看了莫里斯的视频，我想到自己有一次不情愿地爬上火山看日出的原因。那是 2014 年，当时我们全家都在夏威夷，其实我们都来自另一个火山群岛——菲律宾，当时我们名义上是去参加婚礼，其实也是为了满足自己的旅行心愿。在毛伊岛[1]，早起爬到岛上的火山顶，在山顶看日出，是一项广受游客喜爱的项目。虽然我知道那里很美，但我觉得这次旅行，除了收获一张当地的明信片，没有其他意义。"我们非得去爬山看日出吗？"当家里人准备在深夜出发时，我小声对妈妈说。车窗外一片漆黑，无法辨别我们身处何处。当我们抵达"Haleakalā（太阳之家）"山顶的停车场时，躁动的游客已经聚在了一起，裹着毛巾和毯子（很显然还是不够暖和），忍受着凛冽寒风的抽打。

大约早晨 6 点，在围绕火山层层泡沫状的云层中，太阳慢慢升起。在我面前，人们纷纷举起照相机并争抢最佳位置，相机屏幕透出橙色的光亮，到处都是自拍杆越过他人的脑袋拍照，透过这些手机屏幕，我看到了微弱的日出。我和妈妈裹着同一条毯子，努力紧紧裹住，以抵御寒风。当妈妈羞怯地抬起胳膊拍照时，我感到一阵冰冷的寒风袭来。

未来可期，活着就有机会。几分钟内，这些难以言喻的苦乐，因为日出而交织在一起，成为一个燃点。人们（包括我妈妈在内）想用相机捕捉这一瞬间，这是可以理解的。但是在相机之外，日出是可以逃走的。日出给我们展示了时间的流逝以及地球的转动，在大多数的纬度中，一天有两个时间点——日出和日落，光线迅速变化，让我们可以感知到这种变化。看日出是为了理解：虽然太阳每天都会升起，但是每次的日出都不一样。每一次的日出，都给予我

---

1. 毛伊岛（Maui），位于夏威夷群岛中，是夏威夷州的一个主要岛屿。它以其美丽的自然景观、海滩、火山活动和文化特色而闻名。在夏威夷文化中，毛伊岛被视为太阳神毛伊（Maui）的家乡，也是夏威夷神话中许多传说故事的背景。——译者注

们一种更新、回归、创造以及"新的一天"的形象，它稍纵即逝，但短暂地修复了西方在时间和空间之间的裂痕，尤其是在"太阳之家"，有人称在此可以看到地球的弧度。

即使我试图拍下日出，也无法捕捉到那段记忆中印象最深的东西。比起耀眼的太阳的出现，毛毯里妈妈小巧而温暖的身体，给我留下的印象更深，我当时感知到人类是多么不可思议，无比脆弱，好像随时会被吹走。毛伊岛整座岛由两座火山构成，太阳之家便是其中一座；几千年前一系列的变化，却给了我们今天可以站在浩瀚星辰中思考的时间。在离我们140英里[1]处，Kama'ehuakanaloa[2]海山

1　英里：英制长度单位。1英里=1.6千米。

2.　Kama'ehuakanaloa以前被称为Lōʻihi海山，是在20世纪50年代，根据其形状而得名的，在夏威夷语中，lōʻihi的意思是"长"。从那时起，文化工作者和学者已经恢复了有关Kama'ehu的夏威夷传统故事，他是海神Kanaloa的一个红色孩子，可能指的是一座海底火山。例如，其中一段（O ka manu ai aku laahia / Keiki ehu, kama ehu a Kanaloa / Loa ka imina a ke aloha）被翻译为"火山元素的刺鼻气味 / 预示着Kanaloa的一个ehu孩子 / 迎接这个新岛需要漫长的等待"。2021年，夏威夷地名委员会正式更新了名字。——译者注

仍在形成，这是旅游胜地夏威夷最新的标志，是太平洋板块正在穿越的火山喷发区域。我不是夏威夷人，对那个地方或者任何地方都无权干涉。但是，我的妈妈以及大自然这个庞然大物，所产生的双重影响让我想到了某些事情：我并不是那个将自己扔进时间的人，也不是在死亡时接受自己的人。太阳"升起"后，大家都驱车下山，地球还是照常转动，太阳之家在慢慢被侵蚀，而Kama'ehuakanaloa还在慢慢升起。在本书中，我描绘了众多时间，而我最想解放的一种时间是：贯穿于万物的不安和变化，让万物焕然一新，犹如熔岩流边缘撕裂了此时的地壳。

本书并不是直接地教人创造更多的时间，这个话题也很有价值，只不过我本人的生活，更与艺术、语言以及观察的方式相关。在本书中找到的概念性工具，可以用来思考"你的时间"与所处的时间之间有何关系。对不同的时间概念、个人时间与看似抽象的时间、日常时间以及世界末日之间越来越多的不和谐，我没有选择绝望，而是宁愿在这种不和谐中驻足片刻。在新冠疫情到来之前，我就已经开始思考这本书的内容，不料新冠疫情袭来，这些年彻底改变了社会的正常运转和世界经济情况，让时间概念变得很奇怪。如果说这段经历能带来任何好处，或许就是让怀疑蔓延起来。怀疑作为对已知的一个缺口，可以成为通往别处的紧急逃生口。

我在本书中提出了各种关于时间的观点，但这些观点无法孤立地发挥作用。我们还生活在实际的现实中，在思考将时间视作金钱以外的价值时，所面临的一个挑战是，必须在当前的环境中进行思考。反过来，主要还是生活在chronos中，同时在寻找kairos，会让你处于个人能动性和结构限制之间棘手的灰色地带，这是社会理论家长期探索的领域，也是任何在社会世界中生活的人所要经历的。

我所遇到的有关这种关系最有用的一些阐述，来自杰西卡·诺德尔（Jessica Nordell）的书《偏见的终结：一个开始》。书中，诺德尔写道，是人类创造了决策所涉及的"过程、结构和组织文化"，所以个体和制度性偏见是分不开的。同时，每个人也受到所在的文化环境影响。因此，对于在不改变政策、法律以及算法等结构情况下，解决偏见所做的努力，诺德尔将其描述为"在下行的自动扶梯上奔跑"。对于像种族和性别偏见等问题，实现正义的潜力和责任既存在于个人内部，也存在于个人外部。

同样，个人和集体以不同的方式思考时间，必须与结构性变化携手并进，这种变化有助于在现有的裂缝中打开空间和时间。所以，这本书只是对话的一部分。我最希望的是，这本书能够与活动家以及专门写政策相关的人的工作相结合，譬如安妮·洛瑞（Annie Lowrey），她写过关于全民基本收入以及对穷人征收的"时间税"的话题；或者罗伯特·E. 古丁（Robert E. Goodin）、莉娜·埃里克森（Lina Eriksson）、詹姆斯·马哈茂德·赖斯（James Mahmud Rice）和安蒂·帕尔波（Antti Parpo），他们详细地分析了不同国家的政策，并在《自由支配的时间：一种新的自由尺度》[1]中给出了结论性的建议。正如第五章"气候虚无主义"所提到的，我也想准确地将气候时钟的破坏归咎于化石燃料行业。很难想象，我对当地生态系统开花时间的关注，是否会以任何方式影响公司的发展，譬如埃克森美孚（ExxonMobil）这样的公司继续存在的愿望。因此，这本书也是气候活动家和气候政策作家［如娜奥米·克莱恩（Naomi Klein）和

---

1. 在该书的最后一节，古丁等人强调了工作时间的灵活性、公平的离婚规则、平等的文化以及公共转移和补贴的重要性。本书第二章，将再次讨论他们所提出的自由支配时间的概念。

凯特·阿伦诺夫（Kate Aronoff）]之间的对话。

除此之外，还有一个更基本的意义，那就是这本书需要别人。要说另一种关于时间的语言，要创造一个不同于主导语境的空间，至少需要一个他人。这种语言可以唤起一个世界，一个不再被残酷的零和博弈所主导的世界。像米娅·伯德桑（Mia Birdsong）这样的作家，教会了我文化转变的作用，这种东西存在于日常交往和政治活动中。在《我们如何出现》一书中，伯德桑写到，美国梦利用了我们的恐惧，制造了真实和虚构的匮乏感，她呼吁"提供可获得的、受人称赞的模式，一种体现幸福、目的、联系和爱是什么样的模式"，这些模式与我们通常被教导的东西不同。

你可以把这项工作视为解放性和乌托邦的努力，也可以把它看作简单地填补新自由主义下服务减少留下的空白。事实上，这两者都可以是真的。2020年新冠疫情开始时，所开始的互助做了一个很好的示范。用到的所有谷歌文档和电子版表格，一方面都是对社会保障网中可怕空白的回应，另一方面是对非主导性的价值观、责任、亲情和应得性等，所开展的具体、活生生的实验。是的，如果类似互助的东西不再以这种方式被需要，那就太好了。但事实是，这种方式的确存在，除了给人们提供实在的帮助外，还在更广泛的文化中保持甚至推动了这些观念。希望本书可以为这种看似可能的转变做出贡献。书中有大量的图像、概念和地名，我想通过这些内容，让大家重新认识时间，同时提供了另外一种可能性。希望您在阅读本书时，能与这些内容产生共鸣，以后您和别人聊天时，也会提到这些内容。

有时候，你所害怕到无法用言语表达的东西，是最好的灵感来源。就我而言，我的缪斯是虚无主义。在《如何无所事事》中，我引用了英国画家大卫·霍克尼的想法，即其在众多非正交、受立体派启发的一幅拼贴画中想要达到的目标：他称这些作品是"对文艺复兴时期的单点透视进行全景式的冲击"。借用这个表达，本书就是我对虚无主义全景式攻击。写这本书，最初的出发点是帮助别人，但到最后，我觉得这本书是为了拯救我的生命。我所能表达的最大希望，就是对于任何感受到和我一样心碎的读者，本书内容可以成为未来的庇护。

在《这改变了一切：资本主义与气候》一书的结尾，娜奥米·克莱恩坦诚地写下了自己对未来的担忧，并提到了与行动相关的 kairos。她认识到"涌动"和"兴奋的时刻"，在这些时刻中，"社会充满对变革性改变的需求"。这些时刻通常会让人感到惊讶，甚至是长期从事组织工作的人，他们会惊讶地发现"我们远比别人告知的要强大——我们渴望的事情更多，并且在这种渴望中，伙伴比我们想象的要多得多"。她补充到，"没有人知道下一个这样的兴奋时刻将何时开启"。

2020 年，在乔治·弗洛伊德（George Floyd）遇难后的几周里，充满了涌动，我重新读了这些话。对我而言，这段时间是对 kairos、行动和惊讶之间关系的难以忘怀的阐释。时间呈现出新的地理形态，作者赫尔曼·格雷（Herman Gray）对比了"疫情期间的缓慢时间和街头的炽热时刻"。在 2021 年 7 月的一期播客中，伯德桑（Birdsong）表示，在新冠疫情下，人们与之前从未考虑过的人直接产生联系，如农场工人和护士，这已经引发了一些文化变革。新冠疫情改变了世界和其中的人的样子，正是在这个开放中，弗洛伊德的死亡和起义发生了。她认为，在这个特定的时刻，"以前对黑人遇害没有感到有任何联系的人，产生了更强的联系感"。这又让人想起，丽贝卡·索尔尼特（Rebecca Solnit）在《建在地狱的天堂：灾难中崛起的非凡群体区》一书中多次强调的内容："信仰很重要。"

在"恢复正常"的呼声中，这本书是在 karios 中为 karios 而写的，在一个消失的窗口中，在时机成熟的时刻写成的。在任何时刻，我们都可以选择自己认为存在于时间中的人和事物，就像我们可以选择相信时间是不可预测和潜力无限的，而不是不可避免和无助的。从这个意义上讲，改变我们对时间的思考方式，不仅仅是灾难时期对抗个人绝望的手段，也可以是在一种对待某个世界的行动呼唤，在这个世界中，当前的状态不能被视为理所当然，就像其中的参与者不能继续寂寂无名、被剥削或被遗弃一样。我相信，不受时间资本主义化身的约束，对其性质真正地进行思考，可以表明人类个体以及地球生命的未来都不是一个定局。从这个意义上说，我们可以通过恢复时间不可复制性以及创造性的本质，来"解放"时间，这也意味着时间在解放我们。

目录 CONTENTS

第一章

谁的时间，谁的金钱？

奥克兰港

对我来说，时间是在世界、宇宙、永恒的历史背景下，与生命的时限和个人的衰老有关的东西。

———多米尼克，教师，巴巴拉·亚当的《计时》的一名受访者

时刻是利润的要素。

———一位 19 世纪英国工厂主的话，引用于卡尔·马克思的《资本论》

我们开着车，这辆车我高中时就有了，整个车身在阳光下闪闪发光。从第七街隧道向西驶出，我们来到了奥克兰港。车上的表，在很久之前的某个时刻就停摆了，我看了看手机，显示是早上七点，距离日出刚刚过去 8 分钟。

　　前方是一片宽阔的水泥地，点缀着棕榈树和一些零碎的东西：没有集装箱的货车，没有货车的集装箱，底盘、轮胎、箱子、托盘。所有这些东西都混在一起，有些堆积在一起，以一种我们无法立即看明白的方式，一堆堆摆着。营造了一种工作的氛围。BART[1] 火车轨道和其链环围栏消失在地下，很快就穿越过旧金山湾，一辆平时不太能遇到的火车驶出，双层堆放着各种集装箱，颜色搭配很随机：白色和灰色、亮粉色和深蓝色、鲜红色和深色，以及仿佛有一层灰尘的红色。还有一些有关人类生活需求的物品：一张红色的野餐桌，一个可移动厕所，一个空的食品摊位，以及一个推广脊椎按摩服务的广告牌。

1.　BART：Bay Area Rapid Transit，是旧金山以及湾区主要的地铁和市郊铁路。

我们把车停在中港岸边公园，一道透明围栏，将其与 SSA 海运码头隔开。在围栏的另一侧，货箱已经堆叠到了 6 层高，给人一种这里仿佛是由无尽的波纹金属制成的城市的感觉。在更远的前方，有一个看起来像恐龙的大机器：蓝绿色的跨越式搬运车和白色的航运起重机，其中有些可达 16 层楼一般高。一艘来自深圳的巨型船只，停泊在下面。但此时，设备还没有运转，工人们才开始上班。

1998 年 7 月，意大利国家核物理研究所（INFN）决定让其研究所的工作人员开始打卡进出该实验室。他们并没有意识到，这一举动会引发强烈的反对，不仅是研究所工作人员提出了抗议，全世界

都有反对声。数百名科学家通过写信支持该研究所的物理学家，称此举是不必要的官僚主义，且对人格造成了侮辱，并且与工作人员的实际工作方式不一致。原美国物理学会的主任写道："好的科学不能用时间来衡量。"罗切斯特大学的一名物理学教授推测道："美国服装业一定在向该研究所建议如何提高生产力。"劳伦斯伯克利国家实验室的副主任在信中讽刺道："也许接下来，就是把人锁在桌子和凳子上，这样，进来后就不会再出去了；或者更好的是，安上大脑检测器，确保工作人员坐在桌前时，是在思考物理学，而不是在想别的。"

在一份针对这一新政策的信件汇编中，只有少数人对科学家的抗议表现出了一种矛盾的情绪。最直接的意见来自一个名叫汤米·安德伯格（Tommy Anderberg）的人，他并没有表明自己与任何专业机构有关联，而是以纳税人的身份对这些公共部门员工的抱怨表示愤怒：

在这种情况下，任何在意大利纳税的人（真实的税款、私营部门实现的收入，而不是适用你自己的、会计所计算出来的由纳税人支付的工资）都是你的雇主，都有权要求你按照合同规定的时间在岗位工作。

如果不喜欢这种雇佣条件，就辞职。

事实上，如果想要真正的自由，我倒有一个建议。像我一样：自己创业。这样就可以自行决定何时、何地以及和何人一起工作。

研究所的工作人员与该研究所及汤米·安德伯格之产生的这种分歧，就其核心而言，不仅仅是关于什么是工作以及应该如何对其进行衡量；也是有关雇主在付工资时，买的究竟是什么的问题。对于安德伯格而言，这是个一揽子交易，雇主付的工资，不但包括工作内容，还包括雇员的私人生活时间、身体状况以及忍受屈辱。

正如科学家关于工厂和"被锁在办公桌前"的讽刺比喻所言（这种形象在几封信中都出现过），打卡的概念来自工业化的工作模式。能最好地阐释这种模式的一个场景，来自查理·卓别林 1936 年的电影《摩登时代》的开头。影片中的第一个画面是一个钟——严肃，形状是长方形的，占据了整个片头的屏幕。然后，出现了放羊的画面，继而又慢慢转为工人走出地铁站，前往"电钢公司"工作，此时两种截然不同的时间并存着。

第一种时间是悠闲的：公司老总独自坐在一间安静的办公室里，时而心不在焉地玩着拼图，时而漫不经心地翻着报纸。助手给他送来水和营养品后，他调出了工厂各部门的监控画面。他的脸出现在一个屏幕上，出现在负责工厂节奏的一个工人面前。"第五区！"他叫道。"加速，四一。"

卓别林所扮演的角色——小流浪汉（Tramp），现在受到第二种时间性的支配，即时间具有惩罚性并且会不断加剧。他在流水线上工作，拼命地将螺母拧到机器上，当他不得不挠痒痒，或者有蜜蜂飞来影响他作业时，进度就会落下。当领班通知休息时，他僵硬地走开，拧螺丝的动作却还在重复着。在洗手间，狂躁的配乐使人可以短暂放松，小流浪汉稍微平静了一点，点了一支烟，短暂享受了一下。但这种快乐转瞬即逝，很快头儿的脸出现在洗手间的墙上，并咆哮道："别拖拖拉拉了！快回去工作！"

与此同时，公司试用了一个发明家的省时设备。这个设备自带了录音广告："Billows（喂食器），非常实用，可以在工作时给人自动喂食。无须停下来吃午餐，这将使你遥遥领先于你的对手！拥有Billows，节省午餐时间！"休息时，小流浪汉成为管理层实验的小白鼠，他被绑在旋转餐盘后面的全身夹上。机器出现故障时，事情就变得一发而不可收拾，玉米棒旋转器开始过速旋转，不停地将旋转的玉米甩到小流浪汉的脸上。

不停甩出的玉米棒，是我见过的有趣的电影场景之一。一方面，这个场景嘲讽了资本家精打细算的本质，因为支付了工人劳动时间，所以想要从工人那里挤出更多的工作成果（如果人类能够更快地吃玉米，那疯狂旋转的玉米棒根本不是问题）。另一方面，这也是关于人类被统一到一种纪律性步调的笑话：就像电影中小流浪汉必须紧跟流水线速度，并尽量减少上厕所的时间一样，还必须跟上喂食器的速度，变成一个进食机器。

在我们的世界里，时间，就像水、电或者玉米棒一样，是一种投入。1916年，纽约国际时间记录公司在《工厂杂志》上发布了一则广告，给了工厂负责人一种新的启发，并明确了时间和金钱的联系。"时间花费金钱，购买时间如同购买原材料。"为了从时间这种材料中榨取最大的价值，雇主们采用了监视和控制的各种手段。在《工业管理》1927 年的一期中，另一个名为计时器（Calculagraph）的时间记录公司，也提出了类似的说法："你给员工付工资，员工付出了多少时间？"

这个问题，只有从工厂老板的角度来看，才有意义，因为对于老板而言，所计算的不仅仅是经过的时间，而是专门为其创造生产价值的时间。小流浪汉按照要求，上个厕所也要打卡计时，这一举动充分说明了对于老板来说时间是另一种概念。这种行为也不夸张。在工作的历史中，各项要求可以变得相当具象：克劳利铁厂的规章制度，一共有十万字，以下项目从支付的工作时长中扣除了："在酒馆、在啤酒屋、在咖啡馆、早餐、晚餐、玩耍、睡觉、吸烟、唱歌、阅读新闻史、争吵、争论、纠纷或与业务无关的任何事物，包括闲逛的方式［原文引用］。"换句话说，计时器公司用一个更准确表达的广告可能会问："他们付给你多少劳动时间的薪酬？"

上述有关时间的经历可能听起来有些过时，似乎只适用于工业时代的特定工作。但是在低工资的工作单位中，时间仍然是通过强度和控制的维度体现出来，而现如今的算法排序和更快的处理，又对这种方式予以加强。艾米丽·冈德斯伯格（Emily Guendelsberger）在其 2019 年的著作《时间表：低工资工作对我的影响以及它如何让美国陷入疯狂》中，描述了这一现实情况：

在肯塔基州路易斯维尔市外的亚马逊仓库工作时，为了跟上应该完成订单的速度，我每天要步行十六英里。一个带有 GPS 功能的扫描器对我的行动进行追踪，并不断提示距离任务完成还剩多少秒钟。

在北卡罗来纳州西部的一个呼叫中心工作时，我被告诫说经常上厕所就相当于从公司偷窃，并且每天会追踪记录上厕所的时间，形成一份报告发送给主管。

在旧金山市中心的一家麦当劳工作时，人员排班明显不足，导致顾客总是在排长队，几乎每个班次，大家上班时都在疯狂地忙碌着，都像我年轻时那些忙得团团转的女服务员一样，场面十分忙碌。

计时器公司曾经"告诫"工厂主"要确保——准确地了解每个人在每份工作上所需要的时间——甚至精确到每一分钟"，在这个说法提出的 100 年后，冈德斯伯格的亚马逊扫描枪忠实地完成着这一功能，精确到每一秒。描述亚马逊工作场所那种一丝不苟的压迫性设计时，艾米丽提到了机械工程师弗雷德里克·温斯洛·泰勒（Frederick Winslow Taylor），其在二十世纪初激发了将工业任务分解为精确计时的狂热："扫描枪具体实现了［泰勒］的愿景——自己的个人秒表和无情的机器经理融为一体。对于这种滥用其理念的担忧成真，泰勒是否会感到恐惧？还是会无比兴奋呢？"

同时，勉强称得上是"机器经理人"的东西，已经扩展到了工作场所之外，在员工的计算机上安装的员工追踪系统，如 Time Doctor、Teramind 和 Hubstaff，在新冠疫情期间，因为越来越多的人居家办公，这些追踪系统的使用人数也大幅增加。有些系统使用自我报告，而其他系统则通过按键记录、截屏、连续视频录制以及 OCR（光学字符识别）监控员工，从而使雇主能够在员工的聊天和电子邮件中搜索关键词。Insightful（前身为 Workplus）的网站上这样写道"充分利用员工的时间"，该公司的业务是销售员工追踪系统。"时间就是金钱。通过全方位员工监控和完整行为分析，了解员工每一分钟在做什么。"在一篇关于远程工作的 Vox 文章中，位于澳大利亚的一家翻译公司的一名合同工抱怨道："我的经理知道我做的每一件事，我几乎没有时间站起来伸伸懒腰，而在实际办公室时则不同。"对此类管理的不安意识，表现了职场监控的双重功能，既是一种推动力，也是一种纪律机制。

2020年《PCMag》对员工跟踪系统的评论声称，这些系统的功能是为了促进生产力而非监控员工行为。但同样的评论提到，这些系统会设置自动警报，并"将员工违规行为编制成报告，以后可以用来建立针对每个员工的纪律档案"。或许这种混淆是因为生产力和监控实质上本身就像是同一枚硬币的两面。"员工知道有电脑监控，定会更加专注"，Insightful写道，"您可以放心，他们的注意力正放在应该放的地方"。而名副其实的软件Staff Cop则向雇主展示了一张工作时间的表格，其中将员工工作效率分为五个级别：优秀、高效、中等、低效和事故。虽然一些监控旨在防止数据泄露，但整个结构似乎暗含意图，即更多支付的时间被视为"优秀"。Staff Cop的网站上，在同一标语中既包括"生产力优化"，也包括"内部威胁检测"。

2020年，微软为Office 365推出了个人级别的生产力数据[1]，科里·多克托罗（Cory Doctorow，评论家、小说家）立即将其视为"糟糕的技术采用曲线"，因为其压迫性技术沿着"特权梯度"逐渐普及："寻求庇护者、囚犯和海外血汗工厂的工人是第一批使用的对象。他们最脆弱的地方，与这些技术最粗糙的地方进行磨合，一旦磨合得稍微正常一些，就将这种技术强加给学生、心理病患者和蓝

---

1. 微软在2020年秋季推出生产力评分（Productivity Score）后，关心用户隐私的批评者们，表示强烈反对。之后微软发布的生产力评分版本不再具备将数据与最终用户姓名相关联的功能。

领工人。"多克托罗写道，在居家呼叫中心员工身上，已经使用过远程工作监控，而这些员工往往是贫困的黑人妇女。新冠疫情期间，这种监控方式得到广泛扩展，应用到参加远程学习的大学生身上，最后又延伸向居家办公的白领。

你所工作的地点，可能所拥有的信任和时间自由，比我所描述的要多。即使是这样，这种标准化且常常带有惩罚性的时间计算方式也是与我们息息相关的，原因如下。首先，其描述了当前许多行业工人"在岗"时的经历，包括那些支撑其他人日常生活的行业。但更普遍而言，这象征了强化标准化以及纪律化，影响了许多人对生产力甚至时间本身的理解。

一只黑长尾霸鹟落在链网围栏上，回头望着我们，扫动着尾巴。它身后，摆着一堆集装箱，印着不同字体的名称：Matson、APC、Maersk、CCA CGM、Hamburg Süd、Wan Hai、Cosco、Seaco、Cronos。除了一些大小正好一半的箱子，其余集装箱的大小和尺寸都一样——这在 20 世纪 70 年代成为标准，因为这样可以使陆地和海洋之间的运输更加快捷高效。其统一和不透明性将一堆令人难以想象的混乱物品——像冷冻鸡条、蜡、桃子、纱线、超细纤维毛巾、紧身裤、南瓜子和塑料叉子——变得统一且可读。迄今为止，集装箱仍按照国际标准化组织的规范制造。

"时间就是金钱"（在字面意义上）代表了阿伦·C. 布鲁登（Allen C. Bluedorn）所称的"可替代时间"，这意味着，时间与货币一样是一致的，并且可以无限细分。衡量可替代时间，就像构想可以装满工作的标准化容器；事实上，总是人们有强烈的动力，在这些时间单位里安排尽可能多的工作。与生命的持续时间甚至人体的过程相反，这里的一小时意味着与另一小时无异——去除了背景情况、个性化，且可无限细分。这种观点，以最剥夺人性的形式，将个人视为可交换的、独立的可用时间储存库：正如马克思所说的，"不过是化身为人的劳动时间"。

时间可以等同于金钱的想法如此熟悉，以至于让人们理所当然地接受这一概念。但这一想法结合了两个东西，而这两个东西并非像现在看起来那样自然：（1）测量抽象且相等的时间单位，如小时和分钟；（2）将工作分割成等量的时间间隔的生产力观念。任何时间计量系统和价值衡量都反映了其所处社会的需求。例如，在我们的标准时间单位、格子和时区系统中，仍然可以看到基督教、资本主义和帝国主义的痕迹，这些痕迹构成了这个系统。正如历史学家大卫·兰德斯（David Landes）写道，要理解为什么发明了现代机械钟，首先要问问谁需要这些时钟。

古时候到处都是用来感知时间的构造装置：利用太阳运动进行的日晷；利用水的流动进行感知的水漏刻钟；利用燃烧香料进行感知的火钟。然而，在人类历史上的大部分时间，并没有必要将一天划分为相等的数字单位，更不用说知道任意特定时刻的小时数了。例如，在十六世纪，一位意大利耶稣会传教士将机械钟带到中国（中国用水力驱动的天文钟传统历史悠久，但并没有按照比日历日期更具体的数字，对生活或工作进行安排），并没有被接受。即使在十八世纪，中国的一本参考书称西洋钟表"是繁复怪异的奇物，只是为了满足感官上的愉悦"，是"不满足任何基本需求的"物品。

可测量、可计算的等长小时是如何产生的，这个说法并不统一。兰德斯（Landes）认为，关键的偏离发生在基督教的正典时期，尤其是在六世纪圣本笃的规定下，其规定白天有七个时段，以及半夜的第八个时段，本笃会修道士应当进行祈祷，这一规定随后传播到其他修道院。该规定还提到"懒惰是灵魂的敌人"，且描述了对未能及时工作或祈祷的修道士的惩罚[1]。五百年后，将精神事业也视为经济事业的西特西亚修道院的修道士，加强了这种时间纪律。修道院内的钟楼和小钟体现了他们对时间的敏感，强调守时、高效和"通过管理和利用时间，从这宝贵的时间恩赐中获益"。当时，修道士经常雇用劳工，在欧洲运营最高效的农场、矿山和类似工厂的企业。

规定时间并非等同于实际时间，修道士的钟声更像是警报系统而不是时钟。但是其中一些钟表使用了类似于逃逸装置的设计——摆动机制而不是水流的流动。兰德斯称这是一种"无意中造成的结果"，这项技术在修道院发展起来后，在新的背景下开始流行：随着欧洲城镇权力和商业的集中化，公共和私人的钟表开始传播。这些

---

1. 在"那些迟到参与上帝的工作或用餐的人"的章节中，惩罚包括被迫站在"一个由院长特意划定的地方，让其以及所有人可以看到这些犯错的人"，独自进餐，并且被收走一部分葡萄酒。

钟表再次成为协调工具，但这次需要它们的是资产阶级。这些钟表不仅帮助他们进行贸易，还标志着，以劳动时间为唯一交换媒介，从工人那里购买的一天劳动的界限。与天主教会所规定的时间不同，新的机械塔钟表标记的小时是相等的、可计量的，且易于计算。虽然资本主义本身并没有创造标准时间单位，但经证实，这对将统一性强加于工人、季节性活动和纬度是有用的。

在我们日常的言谈中，保留了时间与其物理环境的分离。正如约翰·杜翰姆·彼得斯（John Durham Peters）在《奇妙的云》一书中指出的那样，"o'clock"意味着"属于时钟"，与其他不那么人为的标准（例如特定位置的光线）相对立。观察钟表时间象征着对自然世界的一种所谓的统治，这类似于其他理性主义理想，比如将抽象的网格用在多样化的景观上。无论在何地或什么季节，一个钟表小时都应该是一个小时，就像一个工时应该是一个小时一样，这对于调节劳动和征服土地同样有用。水钟可能会结冰，日晷在多云的日子可能无法读取，但带有摆轮的钟表会一直标记时间间隔，并且可以被尽可能地细化。海上计时的航海钟表出现在 18 世纪的英国，这绝非偶然，当时英国是一个殖民大国，正崛起为国际霸主。正如我们很快会看到的，这项技术不仅为导航提供了便利，还使钟表和钟表时间得以出口。

这种时间变得如此普遍，很容易认为像英国这样的国家是第一个掌握"更准确"或"真实"时间感的国家。在这里，要再次强调的是，每一种发展都是为了满足某种文化上的"基本需求"。就像不需要知道一天中的具体小时一样，在英国马车邮政服务和英国铁路出现之前，也没有必要在远距离上进行时间上的协调。19 世纪 50 年代开始，英格兰格林威治的"主时钟"通过电脉冲将格林威治平均时间（GMT）传送到全国各地的"分时钟"上，以确保所有火车都按照同一时间表行驶。相比之下，美国和加拿大在 1883 年之前没有时间区，这给这两个国家的铁路系统带来了困扰。因此，1868 年的铁路指南在介绍一份"相对时刻表"之前，对比了九十个城市中的正午和权力中心华盛顿特区的正午之间的差异，并恼怒地承认：

> 美国和加拿大并没有"标准铁路时间"；而是每个铁路公司独立采用其所在地区的时间，或者采用其总部所在地的时间。这种系统（如果可以称为系统的话）的不便之处显而易见。由于这个原因，旅客误车或错过转车时间的情况接连发生，这些错误往往会对旅客个人造成严重的损失，并且必然地使所有的铁路指南声誉受到损害，因为它们必须提供各地的时间。

或许并不令人意外的是，1879 年提议设定国际时区的人是一位工程师，他在协助设计加拿大铁路网络时，成了标准时间的狂热支持者。在桑福德·弗莱明（Sandford Fleming）1886 年的著作《20 世纪的计时方法》中，他设想了与当地时间完全相反的概念：即全球每个人都将在二十四个以英国格林尼治为起点的时区内观察到"宇宙日"，而格林尼治在几年前已确定为本初子午线。他写道，"宇宙日是一种全新的非局域时间的度量"。对于弗莱明来说，"将小时数与每个当地的太阳位置联系起来"是一种不便且过时的概念。

弗莱明还主张使用一种类似于现在所称的"军事时间"的二十四小时制时钟。他如此热衷于这种标准化的时间计算方法，以至于希望每个人都在手表上附上一个显示 13 至 24 小时的纸质"附加刻度盘"。他写道："委员会意识到这些似乎是微不足道的，但重大问题往往取决于细节。"虽然在 1884 年的国际子午线会议上，既没有采纳二十四小时制的时钟，也没有采纳弗莱明关于时区的具体提议，但最终确立了以英国格林尼治为中心的二十四个国际时区。在当前的协调世界时（UTC）中，格林尼治仍然位于中心位置（UTC+0）。

所有这些制度在 19 世纪的殖民地被叠加到一起，无论殖民者去到哪里，时间和劳动的标准化方法也跟着一起。澳大利亚历史学家佐丹奴·南尼（Giordano Nanni）写道："将全球纳入小时、分钟和秒的矩阵计划，被认为是欧洲普世意愿重要的表现之一。"时钟成为统治的工具。南尼引用了艾米莉·莫法特（Emily Moffat）的一封

信，她是英国传教士罗伯特·莫法特（Robert Moffat）的儿媳，他曾在现在的南非一带传教："你必须知道，今天我们拆开了时钟，似乎又在文明道路上迈出了一步。几个月来，我们一直没有时间概念。约翰的航海钟和我的手表坏了，我们摆脱了时间，进入了永恒。然而，听到'嘀嗒嘀嗒'和'叮咚'声，又会感到非常愉快。"

短语"进入永恒"，代表了大多数殖民者对当地原住民时间计算的看法。简言之，原住民对时间和空间的感知，没有展现出殖民者对时间的那种抽象性以及脱离自然线索的独立性，这一点殖民者根本无法理解。从更深刻的角度来说，他们根据原住民的时间系统与自然之间的距离，来评估原住民口是否更加现代化——我将在下一章探讨这个话题。

然而，莫法特的信还表明了在完全不同的环境中，西方钟表时间的脆弱性。例如，在一些南非城镇中，包括安息日在内的七日制仅可以延伸到传教站钟楼可听到的范围内。一个在南非传教站的牧师，仔细统计了"能听到传教站钟声的居民数量"，而另一位牧师则发现，传教站影响范围之外的地区，人们是故意忽略安息日的，对此他感到非常沮丧。同样，在菲律宾和墨西哥，西班牙殖民者通过让当地居民"置于钟声之下"来使他们成为自己的臣民。

这个可听到范围的边界并不存在于时间与超越时间之间，而是存在于两种完全形成的对时间、仪式观念和年龄的理解之间。南尼引用了在澳大利亚的科兰德克（Coranderrk）时发生的一次艰难的交流，对话双方分别是一位殖民地专员，以及一个不习惯以数字方式计算年龄的原住民。最终，他们不得不采用生物学时间的"通用语言"来解决：

你来到科兰德克时多大了？——不知道。

你知道现在自己多大了吗？——应该 22 岁。

那你来的时候十岁左右？——那时候我还是个孩子，不知道当时多大。

那时候你没有胡子吧？——是的，没胡子。

这种误解中蕴含的远不只是测量时间的方式，而是对时间本质的整体思考。南尼指出，殖民地传教使团试图"诱导人们（不仅仅）工作，且以规律统一的方式，固定每天工作的时间"。这种对抽象劳动时间的观念与以任务为导向的社群截然不同，后者根据不同的生态和文化信号组织活动，比如某种植物的开花或结果，而事情所需的时间则任其自然。对于这些社群来说，工作不是为了利润，而是社会经济的一部分，它们不会在所谓的"工作时间"和"非工作时间"之间做出区分。

正如殖民者认为自己的抽象时间观念比原住民更先进一样，他们试图"文明化"的努力，只是为了灌输时间就是金钱的观念。正如 E.P. 汤普森（E. P. Thompson）观察到的那样，清教主义在 18 和 19 世纪与资本主义达成了一种"便利婚姻"，成为"使人们接受时间的新价值观的推动者；对儿童进行教导，甚至在他们幼年时，就教导他们珍惜每个宝贵时刻；并将时间等同于金钱的概念深深浸润到人们的思维"。对于殖民国家来说，无论在国内外，都是如此。南尼引用了 1876 年南非一个传教机构的出版物《洛夫代尔新闻》中一段文字，该段文字"明显缺乏微妙之处"：

你在银行里存了多少钱？储蓄银行的存在是一件好事，可以在那里存一点钱。但这家银行更好。也许你认为自己没有钱可以存入储蓄银行，甚至认为自己没有任何东西可以存进任何银行。但你错了。你可能每天都在存钱。你是否计算过自己存在这个由上帝管理的银行里的"金额"？每一天，你都可以把那些被充分利用的时刻以及你所想、所说或所做的一切好事存进去。我们经常用"花费"来形容使用时间。花费的时间并不进入银行，就像花费的钱一样。但是，你好好利用的每一刻，都是为了上帝，都存入了这家银行。建议大家都存一些东西，尽可能多地存入。因为这家银行利息丰厚。

从被围栏围起的货柜堆处，我们沿着一条坚硬的沙路前行，转向旧金山湾。埋在地下的是一条古老的铁轨，被时间磨损得近乎消失，旁边的加拿大鹅也对其置之不理，它们更感兴趣的是公园里的草地。一块告示牌显示，这曾是一条横跨大陆的铁路西部终点站。早在货柜码头建成之前，这个地方就已是与时间对抗的一个节点，这条铁路最终将使纽约到旧金山的旅行时间由数月缩短至大约一周。

在我们身后和集装箱底盘的远处，可以看到东湾山脉。在晨雾中，它们看起来像一个剪影，一层点缀着房屋的桉树林。但如果我们能再站得高点儿，或许可以看到它们能延伸多远，如果再往上走，将看到中央山谷和壮丽的内华达山脉峰顶。在十九世纪六十年代，中国的铁路工人努力将我们所在的地方与内布拉斯加州的奥马哈连接起来，他们开凿隧道、砍伐森林、修建墙壁和桁架，并在没有机械工具的情况下铺设铁轨。1866年到1867年的严冬，他们仍在继续工作，那个冬天经历了四十四场风暴。

铁路大亨利兰·斯坦福（Leland Stanford）——也是我工作了八年的单位的创始人——起初他曾希望阻止亚洲人进入加利福尼亚州。

但当劳动力短缺时，他改变了态度，发现中国人"安静、和平、耐心、勤劳和节俭"的品质。从他的角度考虑更好的是支付给中国人的工资比给白人工人的工资少30%到50%，还可以收取食宿费用。1867年6月，为了缩短工时、改善工作条件、实现工资平等，中国工人举行了当时美国历史上规模最大的工人运动。对此，铁路公司采取了切断了他们的食物供应，后来又悄悄地提高了一些工人的工资。但在那些偏远的山坡上，工时和工作条件依然没有改变。

当研究如何衡量生产力的历史时，问一问"谁在给谁计时？"常常能带来启发性的答案。这个问题的答案通常揭示，当一个人购买了他人时间或完全拥有他人的时间时，都希望尽可能地充分利用这段时间。很容易想象，在雇主购买雇员工作时间之前，那些拥有奴隶或用人的人可能早就将人们视为"具象化的劳动时间"。资本主义的做法也起源于古代军队的组织形式。在《技术与文明》一书中，刘易斯·芒福德（Lewis Mumford）观察到：

在发明家创造出可以取代人类工作的机器之前，人类的领导者曾经对大部分人类进行了训练和规范：他们发现了如何将人类变成机器。为金字塔搬运石块的奴隶和农民，听着鞭子的声音有节奏地拉动着石材，罗马战舰上工作的奴隶，每个人都被锁链束缚在座位上，无法进行除了有限的机械运动之外的任何其他动作，还有马其顿方阵的秩序、行进和进攻系统——这些都是机械现象。

从将人类视为工作的具体体现，到用金钱购买他人的时间，只是一个很短的过程。虽然对他人时间的系统管理通常与泰勒制度

（Taylorism）[1] 有关，但现代管理的根源可以很容易在十八和十九世纪的西印度群岛和美国南方的种植园中寻找到。在《奴隶制的会计学：主人与管理》（*Accounting for Slavery: Masters and Management*）一书中，凯特琳·罗森塔尔（Caitlin Rosenthal）调研了这些种植园的记录实践，她发现，与当代的商业策略相比，有着令人不安的类比："虽然很少将现代实践与奴隶主的计算相比较，但美国南方和西印度群岛的许多种植园主和我们一样痴迷于数据。他们试图确定奴隶在一定时间内能完成多少劳动，并推动实现劳动最大化。"种植园主是我们现在称为电子表格的首批使用者，他们使用预先打印的工作记录表，并进行类似泰勒在几十年后提出的著名的劳动时间实验。

在种植园主的工作日志中，对于奴隶的记录，只有姓名和劳动数量。贾斯汀·罗伯茨（Justin Roberts）在《大西洋英国殖民地的奴隶制以及启蒙（1750—1807）》一书中，描述了巴巴多斯种植者协会是如何"构想了一个完整的'劳动日'总量"，供庄园使用。尽管种植这一行业受天气等自然因素的影响更大，但种植园的劳动天数，就像工业时代的工时一样，被认为是可互换的。就像工时一样，劳动时间的标准化掩盖了残酷的环境。

1789 年，乔治·华盛顿将军（George Washington）在写给他的监工的一封信中强调，奴隶应该"在不危及健康或身体素质的情况下，应在 24 小时尽可能多地进行劳作"。任何达不到这个标准的制度都将是不明智的商业行为，相当于"浪费劳动力"。托马斯·杰斐逊（Thomas Jefferson）自己做了个实验，他在备忘录中写道："四个

---

1. 泰勒制度：由美国工程师泰勒在十九世纪末至二十世纪初提出的一系列管理理念和方法。其中包括"差别工资制"等方法。——编者注

强壮的家伙……在 8 个小时 30 分钟内在我的地窖，挖了一个 3 英尺深、8 英尺宽、16.5 英尺长的巨大黏土坑……我认为一个普通工人在 12 小时内（包括早餐时间），可以在相同的土质情况下，至少挖掘并运走 4 立方码[1] 的土壤树。"

随着时间的推移，在许多不同的背景下，记录劳动日的科学与增加劳动强度密不可分。种植园的统计系统，既是为了让工人尽可能地提高每天的工作效率，也是为了多增加这些高效工作日的天数。事实上，到了十八世纪后期，一些西印度群岛的甘蔗种植园主开始推动奴隶在唯一的休息日——星期日工作。当钟表出现在种植园区时，它们只是在这个过程中起到了推波助澜的作用。

种植园大部分工作都代表着可互换的劳动力（每天和每小时的磅数、蒲式耳数和码数），所以这些计算是可能的。无论是在田地还是在庄园地区，奴隶们一遍又一遍地做着同样的事情，并且被不断推动着加快工作效率。种植园主并不把他们当人，而是将其看成劳动力的化身，并且是可优化的。罗森塔尔（Rosenthal）写道，与雇用工人不同，"'奴隶们'无法辞职，种植园主将信息系统与暴力——不好好干就卖掉作为威胁——种种相加，以完善劳动过程，打造由男人、女人和儿童组成的劳动机器"。在种植园账簿的字里行间，可以读出这个体系的"标准"下潜藏的暴力行为。

一种更为人所熟知的是将时间转化为工资。然而，就像永恒中响起的"嘀嗒嘀嗒"声和"叮咚"声一样，出售时间的普遍现象是历史特定的，但出人意料的是我们最近才发现这个现象。十九世纪初的美国，仍然以农村为主，自谋职业的人数超过了领固定工资的

---

1. 立方码：体积单位。1 立方码 =0.76 立方米。——编者注

人数。即使在内战后劳动力需求大幅增加，人们也常常将其与卖淫或奴隶制相提并论，有时是白人工人为了与性工作者和被奴役的黑人保持距离，但黑人解放者也注意到雇用工人与奴隶之间的相似之处。一位名叫理查德·L. 戴维斯（Richard L. Davis）的黑人矿工认为，"我们所有为了生计而辛勤劳作的人都不是自由的。曾经，我们是财产奴隶；如今，无论是白人还是黑人，都成了雇佣奴隶"。1830年，《机械工人自由报》问道："奴隶制包括什么？"并得出结论："就是被迫为他人工作以使他们获得好处。"工资劳动，或者说"自由出售自己的能力"，如果将"自由"定义为对自己劳动的完全所有权，从而延伸到对自己的所有权，似乎是不民主的。

工资劳动的世界——每时每刻——都需要保持纪律。在StaffCop 的旗帜和警报的预示下，有薪水的工作场所包含了一套规则和处罚的规章制度，一次违规可能意味着失去薪水或被解雇。处罚通常以时间为基础：一个人可能因为早到或迟到、工作效率过低，或者做与为雇主创造价值无关的任何事情（如前文所述的"偷时间"）而受到惩罚。这就是雇佣的条件，在工人组织出现之前，这些条件通常是不可协商的。当工人自发组织罢工时，其中许多是移民，波士顿和纽约等城市效仿伦敦，建立了正式的警察部队来镇压动乱。商界领袖敦促在北方即将发生罢工的城市工业区建造军械库。劳工历史学家菲利普·德雷（Philip Dray）写道，尽管"美国人认为这些建筑物是历史上，为了应对对领土构成威胁的外国势力部队，而集结的地方，但它们最初的目的是迅速调动民兵以便控制工人"。

理论上，如果你不喜欢雇主的规则，无论是时间上还是其他方面，应该能另找一份工作［汤米·安德伯格（Tommy Anderberg）曾说"如果你不喜欢你的雇佣条件，就辞职吧"］。但即使在工会出现之前，北方的工业家已经开始集体行动，同意采取某些政策或将某些雇员全面拉入黑名单。美国历史上最早记录的工厂罢工之一，就是因此而爆发。1824 年，罗得岛波塔基特的一家纺织厂发生罢工。起因是纺织厂业主宣布每个工作日增加 1 小时，但这 1 小时是无薪的，会从工人的用餐时间中扣除。多个纺织厂业主串通一气，影响了该市的每家工厂。102 名年轻女工开始了为期一周的罢工，结束时，其中一家纺织厂遭遇纵火，迫使业主设立了夜间巡逻。根据当地报纸报道，业主和工人最终达成"妥协"时，厂子开始重新运转。

在受到警察监管的范围内，当时的工业场所类似于许多其他机构，都秉承着将时间存入上帝的银行的理念。无论是在工厂、学校、监狱还是在孤儿院，这不仅是生产力的问题，而是一种训练——学会吃旋转的玉米。在这种情况下，钟表是毫无感情的工头。在《洛厄尔献瓶》（ *The Lowell Offering* [1] ）中，一位工人写道："我反对一切的匆忙……天还没亮，铃声就响了——铃声一响，进入工厂，听从那钟表的叮当声开始工作——仿佛我们是活生生的机器一样。"

1832 年，英国记者约翰·布朗（John Brown），记录了一个童工的故事，里面描写了在曼彻斯特一家棉纺厂工人的计时工作方式："如果钟响后，'工人'晚了两三分钟，就会被关在外面；而那些已经在厂内的人，则被锁在里面，直到午饭时间，不仅是大门被锁上，每个楼层的房间也都被锁上，还有一个门卫，他的职责是在下班前几分钟打开门，当工人们回来就再次锁上！"

时间纪律可以变得更加细致。E.P. 汤普森（E. P. Thompson）引

1.《洛厄尔献瓶》：十九世纪四十年代马萨诸塞州洛厄尔的一家纺织厂的女工们发行的刊物。

用了 1819 年约克市卫理公会主日学校的规则书中的内容，其中一个简单的动作，比如开始上课，被细分为几个阶段，既呼应了军事化的特点，又预示了工厂中的泰勒主义："主任再次敲响钟声，当他的手做一个动作时，整个学校的学生立即从座位上站起来；下一个手势，学生们转身；又一个手势，学生们安静地挪动到指定的位置再次上课，然后他宣布'开始'。"

透过这个细节，我们可以看到更多。时间纪律是一种工具，被运用在工厂内外，这是为了使劳动力更加顺从和高效，无论是通过指导以及强化工作，还是普遍灌输一种虔诚的"勤劳习惯"给工人。（然而，是否完全内化，将在第六章进行解答。）例如，值得注意的是，马萨诸塞州洛厄尔的纺织厂业主试图辩称，延长工作时间实际上对妇女有益。如果没有"健康的工厂生活纪律"，妇女们将任由危险的心思左右，"不能保证能够很好地利用这段时间"。类似于试图"拯救"原住民的英国殖民者，工厂主建立了周日学校，给孩子灌输勤劳和不间断工作的美德。十九世纪四十年代费城东部州立监狱的一项规定同样适用于学校、救济院或疗养院："第五条。必须勤奋地完成分配的任何工作；当任务完成时，建议将时间用于适当提升自己的思想方面，可以阅读专门提供的书籍，或者如果你不识字，可以学。"

生活中每个小时都得到"充分利用"，这一概念，在杰里米·边沁（Jeremy Bentham）对圆形监狱（panopticon）的设计中，达到了滑稽的极致。本瑟姆是 18 世纪的英国哲学家和社会改革家，他设想了一种新的惩教建筑：大量单人牢房从一栋中央塔楼呈放射状延伸，让犯人们以为自己随时受到监视。在这里，每一刻都要被记录并用于工作，不是作为简单的惩罚，而是作为惩教所的"忏悔"。同样，边沁期望犯人每天工作十四个小时。但这还不止。意识到犯人们需要通过运动保持健康，他想象犯人休息时，可以在一个巨大的轮子上行走，而这个轮子会将水运送到牢房顶部。这样一来，一点儿时间也不会被浪费。

讲到这种购买和计时劳动背后的故事，是为了起码在片刻让工资的概念会变得陌生。当时间与真实货币的关系被表达为一种自然事实时，其掩盖了买卖双方的政治关系。这似乎很明显，但对于工人来说，时间等于一定金额的金钱——工资。但是，买方或雇主雇用工人是为了创造剩余价值；在资本主义下，这种剩余价值定义了生产力。从雇主的角度来看，购买的时间总是能够带来更多的金钱。

在《资本论》的第一卷中，马克思描述了在工业环境中，劳动时间作为商品的特殊性质。第二部分中描述了工人与雇主之间金钱和时间的交换，在这个交换中双方被视为平等的角色，而在最后，他以一种令人毛骨悚然的悬念结了尾：

当离开简单的循环领域或商品交换时，角色人物的面貌发生了一些变化，或者看起来是这样。之前的货币所有者现在以资本家的姿态昂首阔步，而劳动力的所有者则作为工人跟随其后。前者自以为是地傲慢地笑着，专心致志于买卖；而后者则怯懦且踟蹰不前，就像是拿自己的生命到市场上去出售，现在除了被晒黑，别无他望。

第三部分的故事背景是工厂，买方和卖方身份远非平等。雇主忙于从工人身上榨取更多劳动价值，而工人则努力保护自己不"过劳死"。在追求时间等于更多金钱的过程中，雇主有两种策略：延长工时（增加金钱所购买的时间量）或者加强劳动强度（在同样的时间内要求更多的工作）。

"工作日"这一章，描述了十九世纪英国工厂主和工人之间围绕工作日时长展开的惨烈斗争，展现了雇主如何延长工时。在工人和英国立法者长期的努力下，工作日工时才得到一点保护规则。然而，管理层很快找到了规则漏洞，通过侵占休息时间，或者正如工厂检查员所称的"'偷几分钟''抢几分钟'"，又或者按照工人的技术术语说就是"在用餐时间咬啮和窃窃私语"。有时雇主直接骗人，早上将时钟拨快，晚上再拨回来。

当工业家面临工时的自然或法规限制时，他们选了另一条路子，来增加利润：强化他们所拥有的工时。通过使工时更加密集地创造价值，即"更密集地填充工作日的空隙"。在十九世纪美国的纺织厂，这样的创新可能包括"拉长工时"（让一个工人负责多台机器），"加快效率"（让工头加快进程，正如《摩登时代》中小流浪汉的悲惨境遇），以及"奖励制度"（给予生产效率最高的工人们的监工现金奖励）。

乍一看，这里似乎存在着一个悖论：工业资本主义孕育出许多节约时间和劳动力的机器，但似乎只占用了工人越来越多的时间。古希腊人曾想象，有一天，机器可能会取代奴隶劳动，以便每个人都能享受一些空闲时间，而资本主义却只是"为了将时间解放出来，以便将其占为己有"。换言之，资本主义的目标不是解放时间，而是经济增长；富裕出来的任何时间都会立即被重新投入机器中以增加利润。因此产生了悖论：工厂效率很高，但它也产生了"将人的时间消耗推至极限的驱动力，直至其达到最大的、身体的极限"。或者，正如工作场所到处张贴的标语所说："工作越快，工作越多。"

SSA Marine 的网站上写着："加速业务的步伐。"现在，它的码头发出震耳欲聋的嗡嗡声：发动机声、喇叭声、蜂鸣声和工人的呼喊声。巨大的起重机将集装箱从船上吊起，快速地将它们向内滑动，甚至在半空中晃动了一下。眼下，海湾中到处都是集装箱船的轮廓，透过薄雾可见，这些轮船是那个庞大、分形的网络中的一部分，在最近关于供应链的头条新闻中，凸显了这个网络的运作。

在公园边的湿地中，一群群迁徙的岸鸟按照自己的时间表活动着。现在距离涨潮还有 3 个小时，在逐渐变小的小岛上，小小的沙鹬密集地聚集在一起，看起来像是一幅镶嵌的图案。周围有各种身姿细长的鸟类潜伏，其中有长嘴鹬，其独特的长而弯曲的嘴喙，超过了其整个身体长度的一半。它们一直往东北方迁徙以繁殖，可能远至爱达荷州，在这里稍做休整，在迁徙期间，会根据潮汐来调整自己的活动。

的确可以在这里看到多种形式的时间。集装箱堆积起来；岸边的鸟儿在泥浆中探索；鸟儿捕食飞虫；一朵小小的棕色蘑菇从草地上冒出；潮水继续上涨；你的肚子咕咕作响。但其中一个时钟不同于大自然，为了保持平衡，它必须越来越快地运转。

在这里需要注意的是，对时间的精准计算本身并不是资本主义所独有的。正如前面提到的，前工业或前殖民社会被认为本质上是悠闲的，甚至是"没有时间"的，部分原因是因为它们以任务为导向，遵循不同任务的轮廓进行工作，而不是按照严格的、抽象的日程安排。但正如社会学家迈克尔·奥马利（Michael O'Malley）所说，这些社会展现出了他们自己对"节约时间"的强烈关注。除了农业作业的精确时间要求外，每个社会都会对哪些值得花费时间，以及决定花费多少时间，做出社会决策。

有时我们可能会倾向于将资本主义的时间性质与时钟联系在一起。虽然时钟在时间规范中起到了至关重要的作用，但计算时间的工具有很多，只有与特定的目标或宇宙观相结合时，时钟的完整意义才会显现出来。奥马利观察到，十九世纪美国钟表处于"模棱两可的位置"："可以代表工业和商业，代表机器的完善性，代表线性时间和未来的进步。但也可以代表停滞不前，代表季节的循环。毕竟，指针不断地围绕着表盘重复轨迹，而不是向未来前进。

机械效率也不是工业资本家的专属领域。首先，这取决于你如何定义机械，因为数千年来，人类已经研究自己的环境并设计了节省劳动的系统，通过代代相传将其系统化。即使在寻找传统的机械性，也可以在凯瑟琳·比彻（Catharine Beecher）于 1841 年出版的家政圣经《家庭经济学论》中找到节省时间的系统，这本书，早于弗雷德里克·温斯洛·泰勒（Frederick Winslow Taylor）的《科学管理原理》。比彻的书在很大程度上推动了配套厨房的兴起，为了减少妇女在家务劳动方面所花费的时间和精力，打造了既是居住空间又是劳动方式的设计。这种效率的目标是明确的：比彻追求的不是利

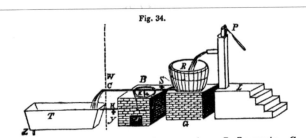

润，而是"节省劳力，同时金钱、健康、舒适都获益，并且保持良好的品味"。

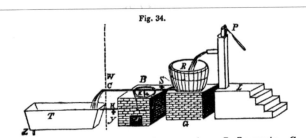

Fig. 34.

P, Pump. L, Steps to use when pumping. R, Reservoir. G, Brickwork to raise the Reservoir. B, A large Boiler. F, Furnace, beneath the Boiler. C, Conductor of cold water. H, Conductor of hot water. K, Cock for letting cold water into the Boiler. S, Pipe to conduct cold water to a cock over the kitchen sink. T, Bathing-tub, which receives cold water from the Conductor, C, and hot water from the Conductor, H. W, Partition separating the Bathing-room from the Wash-room. Y, Cock to draw off hot water. Z, Plug to let off the water from the Bathing-tub into a drain.

　　相比之下，资本主义版本的时间是由强度和标准化最终导向的目标所定义的——为公司获得更多资本。毕竟，在《摩登时代》中，直接攻击卓别林角色的不是流水线或喂食机，而是加快流水线速度的总裁和将流浪汉绑在机器上的管理层。人类做出这些决策，就像今天的人类设计呼叫中心和送货应用程序界面一样。（马克思可能会指出，这些人只是在资本的命令下行动。）在《劳动与垄断资本》一书中，哈里·布雷弗曼引用了一个20世纪60年代保险公司的副总裁的例子，他对他的打孔员的狂热节奏装作冷漠。他说："他们所缺少的只是一条链子"，并解释说，"机器让'女孩们'坐在桌子前，单调地不停地打孔"。布雷弗曼在脚注中揭示了这位高管的虚张声势："这位副总裁清楚地说明了一个将责任归咎于'机器'而不是它们所雇用的社会关系的物化现象。他在发表这个言论时知道的是，并不是'机器'将工人绑在他们的办公桌上，而是他自己，因为在接下来的一刹那，他指出在那个机器房间里对工人进行了一次生产统计。"

这是最有助于观察泰勒主义的视角，其源自弗雷德里克·温斯洛·泰勒对工业工作流程的简化。他在 1911 年的书《科学管理原理》中，详细阐述了将行动分解为最小可测量的组成部分，并以最机械高效的方式重新配置的方法。科学管理的支持者制定了极为详细的时间表，还进行了"动作研究"，即通过将灯固定在工人的手上进行长时间曝光拍摄，以分解并更好地理解工人的动作。《工厂杂志》（*Factory Magazine*）有一篇文章详细介绍了其中一些方法，明确指出："实现节约的方法是缩短时间。负责提高单位时间产量的人就是时间研究员。"

作为最重要的时间研究专家，泰勒因其追求效率的狂热而闻名。布雷弗曼提到，泰勒在年轻时自我实践了泰勒主义：计算自己的步数，计时自己的活动，并分析自己的动作。十九世纪七十年代，泰勒在一家技术先进的钢铁厂担任了工头，并开始对工人强化效率管理。泰勒观察到工人中，有一种"系统性怠工"的现象，工人之间会达成一种默契，会按照自己认为合理的工作节奏和产量做工，而这个产量远远低于泰勒所预估的数值。

在美国众议院特别委员会的证词中，泰勒描述了几年来为了让工人采纳更加高效的方法，而破坏工人的团结所做的努力。他一直向工人展示如何提高产量的方法，结果工人回去并不实施，而当他雇用了新人来接受新方法的培训后，新人也加入了老工人的行列，拒绝加快工作效率。有一次，泰勒对他们说："明天我要把你们的工资减半，从现在起你们要以半价工作。但如果你们按要求完成工作，可以赚到更多。"泰勒对于公平工作日的定义与乔治·华盛顿的"24 小时"相呼应，泰勒的定义是"工作量最大化"，布雷弗曼称为"粗糙的生理解释：不损害健康的情况下，工人能做的全部工作"。

而我们不禁再次提问：谁在给谁计时呢？科学管理不仅是对工作进行测量和提高生产力，还需要纪律和控制。正如泰勒多年的努力所显示，只要工人掌握了工作过程的技巧，就可以在一定程度上控制工作的节奏。泰勒主义不仅是关于加强工作强度，还通过将这个过程拆解和系统化，将知识集中在雇主手中而不是雇员手中。泰勒写道："在我们的系统下，工人被详细告知要做什么以及如何去做，他对指令所做的任何改进都会对工人产生致命影响。"通过这种方式，泰勒主义使劳动变得更加抽象和可互换，加速了一种被称为"去技巧化"的过程。此外，这加深了对不同时间观之间的划分。正如布雷弗曼所说："劳动过程的每一步都力求与专业的训练知识分离，简化为简单劳动。与此同时，少数保留了专业知识和训练的人，则尽可能地摆脱了简单劳动。通过这种方式，所有劳动过程都被赋予了一种结构，将那些时间无限宝贵和那些时间几乎毫无价值的人极端地分化开来。"

"时间研究专家"是"高级思想家"、顾问和理念创造者的先驱，这其中很多人都可以根据自己的工作特性，规定自己的时薪，因为其工作在某种程度上似乎无法替代，尚未脱离他们作为人的身份。商业大师大卫·辛格（David Shing），又被称为辛基（Shingy），则是拥有自己的"生产手段"（思想）的一个荒谬的极端个例。国际核物理学家联合会（INFN）的物理学家对制造业工作表示蔑视，因为他们工作从来都不会与自己无关，他们介于两者之间。相比之下，对于那些被时间研究专家监控计时的人来说，工作变得更像《摩登时代》中小流浪汉在装配线上的工作：一成不变、可计时，工人的自主权越来越少，同样，也越来越容易被取代。丹·图·阮（Dan Thu Nguyen）指出，这种发展只是延续了标准时间和控制之间的旧关系："度量时间首先带来了对海洋的统治或控制，然后是对土地的殖民；教会了我们如何在工作中调整自己的身体和动作，以及在工作完成后如何休息。"

　　泰勒主义者对于计时者和被计时者的划分，只是分工划分中的一小步，长期以来，这种分工划分一直沿着性别和种族的界限进行。首先是有薪工作和无薪工作之间的界限——关于哪些时间和哪种劳动可以被货币化的问题（第六章会写到，女性主义思想家提到的问题）。在美国，通过做家务换取报酬。例如：小时工，通常由黑人妇女来承担，与直接产生利润的工作相比[1]，家务劳动（过去和现在）

---

1. 在《妇女、种族和阶级》一书中，安吉拉·Y. 戴维斯（Angela Y. Davis）指出："由于家务劳动无法产生利润，相对于资本主义的有薪劳动，家庭劳动自然被定义为一种较低级的工作形式。"社会学家芭芭拉·亚当（Barbara Adam）在《时间观察》一书中也提出了类似的观点："对女性关怀和情感工作的研究表明，那些不能转化为货币的时间是被认为没有魅力的。也就是说，产生时间和给予时间的活动在数量、度量、日期和截止日期、可计量性、抽象交换价值、效率和利润的意义集群中没有位置。"

一直被低估。

泰勒主义所带来的"去技能化"代表了"有产出的"有薪劳动内部的一种分工。二十世纪后期，美国工厂的黑人工人被禁止从事机械工作，被安排从事琐碎的体力劳动。"二战"期间，从事军事情报工作的女性负责烦琐重复的计算工作，因此出现了"千字女郎"（kilogirl）这个词（一个 kilogirl 大约相当于 1000 小时的计算工作）。似乎工作中所涉及的时间监控越多，执行工作的人越不可能是白人或男性。2014 年，亚马逊发布了一组数据显示了其员工构成的多样化，而进一步的消息显示，"多样化"的产生，大多来自其配送中心的黑人和拉丁裔工人。到 2021 年，情况仍远未达到理想状态。

工作变得越碎片化和可以被细致计时，就越变得毫无意义。回应马克思对于"自动机"的描述，其中"工人本身只是作为其有意识的连接环节被投射出来"，2020 年一位曾为服装制造商工作过的工人抱怨道："人的动作是受控的，全都被控制着一样，太烦了。"杰西卡·布鲁德（Jessica Bruder）写了一篇关于 UPS 司机工作的报道，描述了一辆安装了传感器的货车，这一传感器几乎能够驱动司机本人："（这些传感器）会报告司机的一举一动，打开货舱门的时候、倒车的时候、踩刹车的时候、怠速的时候、系安全带的时候。"这些数据通过一个名为"远程测控"的系统回传给 UPS，这个系统最初用于军事活动。甚至还有类似泰勒的寻求效率的时间与动作研究，不断告诉司机"如何使用启动发动机的钥匙，哪个衬衫口袋用来放笔（右撇子应该使用左口袋，反之亦然），如何从货车下来选择'步行路径'，以及如何在乘坐电梯时高效利用时间"。

在这种情况下，保持高效的原因简单明了。该公司流程管理高级总监曾说："司机每年多花一分钟，公司就要多花费 1450 万美元"，在引用这句话之前，布鲁德写道，"时间就是金钱，管理层非常清楚这一点"。但这个时间也以另一种方式成为金钱。通过 UPS 等公司使用的远程测控系统收集的数据，还被用于为无人驾驶汽车铺平道路。

英国 Channel 4 的《超级工厂的秘密》，在 2019 年的一期节目中介绍了一个亚马逊仓库，其中大部分产品的分拣工作，已经由能够自动移动的货架完成，就像 Roombas 一样平稳而神秘；仓库里仍然有人类员工，但数量远远少于过去。而在"无人化制造"中，几乎没有人。在日本富士自动数控（FANUC）的一个由 22 个工厂组成的楼区，机器人每周 7 天、每天 24 小时地进行自我复制。这些机器人是非常出色的"工人"，甚至不需要提供暖气或冷气。软件设计公司 Autodesk 的一篇文章引用了特斯拉和苹果等客户的案例，写道："FANUC 的自我复制机器人的工作稳定性达到了历史最高水平。"

然而，较少引人注目的是，存在着一个永恒的中间状态，在这种状态下，一些人类并没有被机器人取代，而是必须更像机器人一样工作。在恩德尔斯伯格（Guendelsberger）的《时钟上》一书中，她描述了自己身体的一种感受，抱怨人类"越来越不得不与从不知疲倦、不生病、不沮丧或不需要休息的计算机、算法和机器人竞争"。当她最终因疼痛和精疲力竭而在亚马逊倒下时，一位老员工帮她从公司在仓库里设立的贩卖机购买了一些布洛芬，说道："不要过度依赖这种药物。现在我吃四片，才能起到两片的效果。"基于她的经历，关登斯伯格更加理解泰勒，泰勒希望提高生产率会给工人带来共享的价值。然而，她指出了美国工资与生产力之间的增长曲线，从二十世纪七十年代开始，工资曲线急剧下降。现在，增加的生产力不仅没有带来更多的自由时间，而且没有为美国工人带来更多的收入。工人的时间变成了别人的金钱。

鉴于这一切，很容易理解为什么有人想留在劳动分工的上层，或者有人称为"高于 API"[1]，在这里设计一个泰勒化的界面则意味着不必在其中工作。在一段 2019 年关于呼叫中心工作自动化的视频中，劳工记者伊藤亚纪（Aki Ito）采访了多米尼加共和国圣多明各的 OutPLEX 呼叫中心的一名前员工——劳拉·莫拉莱斯（Laura Morales）。莫拉莱斯经过逐级晋升，并被选中参与公司的自动化探索。她的新职位是聊天机器人设计师。在参观完呼叫中心并去过莫拉莱斯的家之后，两人在喝饮料时进行了一次尴尬的交谈：

伊藤：曾让你一步步发展的事业，包括许多同事也还在做着这份工作，但现在你将其推向自动化，对此你内心是否有一丝内疚或不安？

莫拉莱斯：一点也不，没有什么内疚感。

伊藤：没有丝毫犹豫？

莫拉莱斯（喝一口饮料）：我只是顺势而为。

伊藤（无奈）：你不得不成为自动化的一员，对吗？

莫拉莱斯：是的，谢天谢地，我做到了。

在布雷弗曼的《劳动与垄断资本》中，有一个超现实的部分，描述了 20 世纪 60 年代对办公室泰勒化的热情。布雷弗曼既在金属

---

1. API 调度一个人从 *A* 点到 *B* 点驾驶。而 99 设计任务 API 调度一个人将图像转换为矢量标志（黑色、白色和彩色）。人类正处于成为机器中齿轮的边缘，在 API 背后完全匿名化。莱因哈特（Reinhardt）担心，"随着软件层，低于 API 的工作与高于 e API 的工作之间的差距越来越大"。

加工行业工作过，也在出版业工作过，没有谁比他更适合思考这一转变了，在看《科学办公管理》等书时，他发现时间研究专家，测量纸张整齐堆放所需的千分之一秒、走到饮水机前或在转椅上转身所需的时间。但最好笑的是当他们计算打卡时所需的时间：

打卡时钟表

识别卡片	0.0156s
从架子上取下	0.0246s
插入时钟	0.0222s
从时钟中取出	0.0138s
识别位置	0.0126s
将卡片放入架子上	0.0270s
合计	0.1158s

此处，即使是过程中的心理部分，如"识别卡片"和"识别位置"，也以某种方式被计时（分别为 0.0156 秒和 0.0126 秒）。这暗示了劳动分工的另一个应用，即知识工作的技能降低。这本 20 世纪七十年代的书所描述的现象，现在听起来像是内容审核或其他认知性繁忙的工作："工作仍然在大脑中完成，但大脑被当作生产中工人的手一样的东西，一遍又一遍地抓取和释放每个单独的'数据'。"

在研究这本书的过程中，我想到社交媒体用户的时间对于平台和广告商来说也是金钱[1]。我在谷歌上搜索了"instagram 上观看帖子的平均时间是多少秒？"这一问题，靠前的一个答案，来自一个名为 Wonder 的网站上的一篇文章，即"一个人在 instagram 上看帖子

---

1. 在这个话题上，社会学家理查德·西摩（Richard Seymour）将社交媒体称为"时间食蚁兽"，即"吞噬时间的东西"。

的平均时间是多少？"这篇文章是名为"Ashley N."和"Carrie S."的自由研究人员撰写的，回复了付费客户的查询。这项服务看起来像是 Quora 的问题回答和 Fiverr 的微任务之间的结合，自由职业者接任务，最低费用为 5 美元。在主页上，有一句话："我喜欢 Wonder。它就像是一个按需提供的、私人的、常春藤院校研究生级别的助理，从不休息（也不抱怨）。"在研究的过程中，我感觉自己仿佛在看自己工作的微型版。

在雇主评价网站 Glassdoor 上，一位 Wonder Research 的员工在 2018 年描述到，他们的任务按照标准的 4 小时计时，据说如果需要的话，可以延长 30 分钟。然而，Wonder Research 也面临着与其他平台一样的不透明问题："他们一定刚刚改进系统，根本不存在这样的延长选项。"4 小时时间结束时，无论工作人员完成了多少工作，都会自动提交进行审核。（该公司后来的一位员工在评论中表示，每个任务的报酬在 16 到 32 美元之间。）如果工作没有达到一定的标准，将被退还给员工修订，如果工作人员在睡觉或无法在线进行修订，任务将被废弃，工作人员将无法获得薪酬。"真是浪费宝贵的时间，"评论者写道。

一个人与匿名、算法化和难以捉摸的界面共同工作的经历，展示了自动化不是取代工作，而是重新配置其内容、条件和地理位置的方式之一。加文·穆勒（Gavin Mueller）在对卢德主义的历史进行研究时，概述了这种重新配置，其中包括"波捷金 AI"（Potemkin AI），贾森·萨多斯基（Jathan Sadowski）称之为"声称是由先进软件驱动的服务，实际上依赖于其他地方的人扮演机器人的角色"。组成"人类云"的这些人可以从任何地方招募，且其报酬极少。穆勒提到了 Sama（前身为 Samasource），该公司从肯尼亚的基贝拉（被认为是非洲最大的非正式定居点）招募底薪工人，为机器学习系统输入数据，单调乏味又无止境。尽管泰勒主义变得更加智能，工作却变得更加枯燥、廉价、快速和分散。

作为一种泰勒化的心理工作形式，像内容审核这样的工作，毫无意义且存在其他风险。*The Verge* 在 2019 年的一篇关于脸书使用的内容审核公司 Cognizant 的文章中，凯西·牛顿（Casey Newton）写道，这份工作有一个非常具体的时间表：审核员需要看每个视频至少 15 到 30 秒，这些视频很可能包含无法形容的可怕内容。员工每天有 9 分钟的"健康"时间来处理这份工作所带来的心理创伤。工作场所存在着现代版的"剥削和掠夺"：员工每次上洗手间都必须使用一个浏览器扩展程序，由于 Cognizant 公司位于佛罗里达州，按照本州规定无须向公司提供病假假条。在喂食机的一个极端个例中，有一位女性告诉牛顿，她不舒服，但是已经用完了休息时间时经理给她拿来一个废纸篓，让她吐在里面。

内容审核的工作处于人类和机器之间的一个尴尬位置。一方面，由于出售劳动时间意味着工人需要尽可能多的工作时间，从而必须减少其他时间，如休息时间或社交时间，因此，作为一个人（有身体需求和情感需求）会被视为工作障碍。但是内容审核也需要人类的特质，如同理心、道德和具有文化背景的判断力。一个精神病患者将会是一个糟糕的内容审核员。马克·扎克伯格（Mark Zuckerberg）和其他人曾经设想过，有一天人工智能会为我们审核内容。但正如法学教授詹姆斯·格里默尔曼（James Grimmelmann）所指出的，"即使是人类，也很难区分仇恨言论和对仇恨言论的模仿的区别，而人工智能远远不及人类的判断能力"。

在某种程度上，内容审核可以被视为一种"赛博格工作"[1]。然而，这项工作要求工作者既要像机器人一样，又要具有不可磨灭的人性，这引发了对许多其他看似无法泰勒化的工作形式的质疑。如果你有理由这样做，许多人也确实在这样做，你可以用一种追求最大化某种数字结果的方式来衡量任何事物：每天的内容字数；每个学期的考试成绩提高和"学习成果"；以及每小时的客户、顾客或患者数量。社会工作需要对成长背景、性格细微差别和个性高度关注，但与任何其他形式的服务工作一样，它同样受到官僚主义的碎片化影响。穆勒引用了一位社会工作者的话："如果我想在工厂工作，早就去了。"在那些人类仍然（或总是）需要做的工作中，对工作进行编码和强化的做法，依然使人们感到沮丧，就像最早分配到泰勒化任务的人一样。在 Cognizant 公司，尽管条件不好，人们仍然前来工作，一位员工告诉牛顿，他们只是"坐在座位上的空壳"。

即使是这样，仍然有着与以往一样强烈的动力，将时间转化为金钱，以达到"让工作日更加充实"的目的。许多公司向呼叫中心推销游戏化系统和排行榜（如 StaffCop 和 Teramind 制作的那些），可以在其电视屏幕和移动设备上显示。2021 年，当我访问 Spinify 公司网站时，一个窗口弹了出来，上面写着"欢迎来到 Spinify！在这里，您可以获得可见性强的竞赛，并且得到员工认可"，然后出现了三个随机的人物图片，仿佛在保证有人类参与其中。窗口没有关闭键，只有"与我们聊一下"、"请演示一下"和"仅浏览"这些选项。为了关闭窗口，我点击了"仅浏览"，但结果打开了一个聊天框，聊

---

1. 赛博格工作：英文 Cyborn。又称电子人，即机械化有机体是以无机物所构成的机器，作为有机体身体的部分，但思考动作均由有机物控制。——编者注

天机器人回复道："请尽量浏览。有任何需要帮忙的地方，我就在此。"随后立即出现了一份"终极销售推动策略手册"，文本框内容已变为只接受我的电子邮箱地址。

对此，我礼貌地拒绝了，没有输入自己的邮箱地址，然后开始浏览 Spinify 的产品，最后停留在"团队游戏化"的部分，其内容有通过比赛和倒计时等方式来激发员工的热情。其中有一个例子，叫作"淘汰赛"，"聚焦于底层员工，并随机淘汰最后一名"。不过并不清楚，淘汰赛在各个公司具体如何执行。这一部分配上了图，图上有三个可爱的小人儿，带有进度条，其中两个小人儿是绿色的，分别显示 55 和 63 的分数。但第三个小人儿是红色的，而且没有数字，只有一个垃圾桶图标。在页面底部，有一行推荐文字，来自雷姆·约翰斯顿（Graeme Johnston），某个未知公司的联合创始人兼董事，写道："Spinify 提高了团队的竞争力，并使人们更加负责。再也没有藏身之处了！"这段推荐听起来多少有点可怕。

整个网站措辞听起来很积极、卡通人物也看起来很可爱、加上这些弹出的窗口，其背后含义却很不和谐：不断加快的工作节奏、不那么友好的竞争以及自动化的处罚。这让我立即想起了 2019 年松田庆一（Keiichi Matsuda）的 VR 短片 *Merger* 中的工作场景。短片中，在一个环绕式的桌子中间，一个无名女性坐在旋转椅上，周围是各种全息屏幕，从事着类似于超强版客服的工作。Clippy，一个微软 Word 中的剪贴板用户界面，从桌子上注视着她，她紧张地打字和刷屏，屏幕、消息和警报越来越多，"叮叮"和"嘣嘣"声此起彼伏。在这个无情、无所不见、个性化的流水线中，很明显，她在努力保持冷静并保持步调。

短片开场是一连串的建议，慢慢看下去，才知道这些建议是员工本人说的，仿佛是对着屏幕外的治疗师："用锻炼开启一天。这会提高注意力，有益于身心健康。为达到最大效率，布置好你的工作环境。无论你早上醒来遇到什么情况，努力保持积极的精神状态。"对此，杰里米·边沁或泰勒都不可能不满意。这位员工不需要喂食机，她喝着一种功能性饮料，并服用一些药片，而后继续说："目标是实现高度专注，并找到克服人体极限的方法。并不总是有时间吃饭，但有很多创新的方法来为身心提供能量。"讽刺的是，在如此有效使用时间的情况下，很难想象她会有空阅读另一篇文章，文章内容是关于如何在这些困难时期变得更有效率。

Merger 这是一部可以 360° 观看的 VR 电影，但与给观众一种自由感不同的是，只是在视频球内滚动给人一种幽闭恐惧感：没有社交或休息时间，没有物理环境，没有个人身份，没有幽默，没有同事，没有人类上司。只有一个经过算法指导的宇宙日，24 小时内背景任意变换，工作时间无差别。在短片的结尾，会发现，员工的对话是与即将将她带到"另一边"的某人（或某物）进行的。倒数10 秒，她如释重负地闭上了眼睛，成为一个无形的算法。她已逃到数据的领域，终于可以控制时间。她已成为工作。

可替代劳动时间的悲剧首先在于其历史联系，即强迫、剥削和将人们想象成机器。通过对工人进行衡量和压榨，时间是一种惩罚性维度。然而，除此之外，对可替代时间的过分强调，支持了一种对时间和劳动首先是什么的贫乏观点。工业时代将时间视为金钱，只将时间看作工作，一个带有开 / 关按钮的机器的男性化工作。就像一个从泰勒化工作场所开始扩散的网络，无论是在仓库地板上还是在兼职平台的移动界面上，这种框架都促成了将时间视为私有财产的个体观念——我有我的时间，你有你的时间，我们在市场上出售它。现在不仅雇主将你视为 24 小时的具体化劳动时间，当你照镜子时，也是这样看待自己的。

第二章

自我计时器

比新年决心更重要的，是给自己的年度总结报告。你的"财政期"可以是任何一天，任何你认为时机已经到来，开始采用这种自我核算的做法，来平衡你在世界中的存在状况。

——P.K. 托马扬（P. K. THOMAJAN），

《给自己的年度报告》，1966 年发布于《好生意》

"仅仅因为你向前进，也不代表着我要后退。"

——比利·布拉格（BILLY BRAGG），

To Have and to Have Not

我们离开港口向南进入 880 号州际公路，这条路的沿途风景并不太美，人们也不是很喜欢这条路。另一列双层火车正与我们并列行驶，透过集装箱的间隙，能看到一节节装满油的黑色圆柱体火车车厢。有一段时间，在这些集装箱牵引车的中间，我们的车就像一只孤独的甲壳虫。当快要行驶到奥克兰市中心的道路上时，各式各样的车辆加入了我们，联邦快递的货车、沃尔玛的货车、亚马逊的货车以及时不时的技术巴士。（在新冠疫情之前，这样的车会更多一些。）在平坦的工业建筑和一座六层楼高的县监狱之间，来自 980 号州际公路上的车辆和我们相汇，和往常一样，车辆零零散散地排着，造成了晨间拥堵。对面的公路上，一辆白色货车经过，它的侧面印着："始于 1977，Daylight Transport——为您节省时间。"

　　在插入广告之前，湾区 Throwback 电台 Q102 频道的主持人说"让我们继续努力度过这个周四吧！"接下来是广告时间，Upstart.com 可通过提供贷款的方式帮您合并账务；Sakara Life 提供有机预制餐，希望帮您变得更有力量；Shopify 向各地的妈妈宣传其平台，以实现"从第一笔销售到全面发展"。还有一个播客努力吸引大家对火热股票、加密货币和人工智能的关注"无论你是像我这样的经验丰富的投资人，还是刚入行的新手"。Zoom向我们推销一种叫作"联合捆绑"的东西，它对大、小型企业和个人都很适用。前方的广告牌上写着，一家科技公司正在招聘"自动驾驶人员"。

在一篇题为《为什么时间管理正在毁掉我们的生活》的文章中，奥利弗·伯克曼（Oliver Burkeman）指出，当就业没有保障时，"我们必须通过狂热的行为不断证明自己的价值"。但是，即使没有严格要求将时间视作金钱，这种必要仍然存在，而且它往往具有道德价值。比如，当我试图想象"狂热行为"的极端反面时，我想到了电影《飞出个未来》（*Futurama*）中我喜欢的角色之一，享乐主义机器人（Hedonismbot），他的造型像一个躺在贵妃椅上的笨重的罗马参议员。在享乐主义机器人偶尔出现的时候，他会要求在它的身上涂上巧克力糖霜，会询问狂欢的场地是否被"刮好且涂上了黄油"，还会把葡萄挂在嘴边，喊叫道："我才不会为任何事道歉呢！"他非但没有"让每一个美好的时刻变得更好"，也没有谨慎地展望明天，而是当场浪费时间（以及许多其他事情）。他似乎是浪费的缩影，显得十分罪恶。

特别是在美国，人们不仅将忙碌看作一件好事——更是一种特定的工业形象，是道德、自我提升和资本主义商业原则之间长期浪漫关系的结果。在很大程度上，这要归功于新教。新教是一种极其严格和注重个人的基督教形式，它将努力工作神圣化。新教与欧洲资产阶级一同兴起，该阶级人士的工业和商业活动要归功于他们的社会主导地位。正如前一章所述，这种论调也会传播到殖民地。根据新教的职业道德观，你不应该为了花钱而致富；工作和财富积累本质上是好的，是服务上帝的一种方式。但如果你真的成功致富了，那么这些钱就不是你的财富；它们是上帝的财富，象征着你永恒的救赎。富有（但过着苦行僧的生活）才是正确的道路，人生的"事业"其实和道德紧密相关。

作为新教的一种形式，十七世纪的清教主义鼓励人们在较高的道德标准下进行自省和不断的自我评估，这种做法包括写日记，在日记中进行自我观察和评估。例如，仔细阅读塞缪尔·沃德（Samuel Ward）在1592年至1601年作为清教徒牧师写下的日记时，玛戈·托德（Margo Todd）发现沃德"把自己同时塑造成传道者和听讲者，劝诫者和忏悔者"。托德写道，这种紧张关系解释了他在一个句子中使用代词的不一致——例如，提到"你在晚餐时的暴饮暴食会使你的身体不健康；我也愿意为此小小祈祷"。在这些日记中，沃德既为"上帝的告诫而辩护，也为他自己是罪人而辩护"，栖息在忏悔和责备的空间中。（他肯定会对享乐主义机器人的形象感到厌恶。）

在工业时代的美国，新教的职业道德将受到威胁，特别是当人们发现流水线上的工作几乎没有晋升空间，也没有什么意义的时候。然而，人们却有一种感觉，认为一定模式下的节俭和提升效率在本质上是好的，他们对个人账户的感觉也是如此。这便使得"个人发展"的言论成为一片潜在的沃土，推动泰勒主义在美国文化中传播开来。毕竟，作为一种安排时间和增加利润的制度，泰勒主义从未局限于工作场所。正如泰勒在《科学管理原则》中所说，"正是因为个人的生产力提高了，整个国家才会变得更加繁荣"。但这种制度在当时是不可能的。这只是美国进步时代文化中普遍存在的对合理化、效率和度量痴迷的一部分罢了。

如果你试着将泰勒主义运用到自己的身上，会发生什么？从唐纳德·莱尔德（Donald Laird）1925 年出版的《提高个人效率》一书中，我们或许可以找到答案，"这是一本实用且详细的手册，旨在帮助读者通过循序渐进的程序来提高自主力"。莱尔德是一位心理学家，他的工作能够对现代人体工程学、性格测试和自我追踪领域有所预想，他十分钦佩泰勒，并为生活中更多的事情没有被恰当地泰勒化而感到惋惜："工程师在十九世纪显著地改善了这个世界；但我找不到任何证据来证明人类自己在过去的二十多个世纪里有所提升。事实上，如果我们相信优生学的论点，我们可能不得不推断人类实际上变得更加堕落了。"莱尔德提到的"优生学家"呼应了他书中开篇的担忧，即目前有多少人因精神疾病而被送进精神病院。从系统的角度来看，莱尔德将心理崩溃解释为生产力下降的可怜迹象，这是一个需要通过更好的工作实践来解决的问题。

《提高个人效率》一书试图将泰勒主义原理从工厂搬到人们的头脑中，通过成为你自己的"时间学习者"，你可以大大提高自己的产出。在谈到提升人们在办公室、家里和车上的效率时，莱尔德提出了一个"个体问题"："你是否同样重视你自己的精神效率？"你是用 18 还是 5 个动作来砌筑你的精神砖块？"这本书贯穿了当下文化对速度、熟练度的执着，以及清除无用之物的专一使命。在测试了你的速度后，莱尔德会敦促你在阅读时应当"避免过度的眼球运动"，并提出了一个相当令人困惑的建议："不要在火车、汽车或公共汽车上阅读。同时，你也不应该盯着窗外。相反，你可以观察其他乘客，然后放松下来。乘车时完全放松状态下的每一分钟都会从你的睡眠中减去。"

将劳动分工引入思考本身的方式，是《提高个人效率》一书最令人着迷的地方之一。莱尔德用"有效思考"命名了其中一个章节，并在该章节中呈现了一个说明性比较。首先，我们看到一位高管独自安静地坐着，在给速记员打电话之前，他会花很长时间查看打印好的表格和一张小地图。在这段时间内，"他显然像雕像一样一动不动。但他什么都没做吗？他可能正在做一周中最艰难的工作。我们刚看到的这位男士正在积极思考"。接下来，我们看到一位"少女"坐在舒适的椅子上，沉浸在书中。窗帘被微风吹动。她也一动不动——直到她抬起头，想象着骑士和美人。

莱尔德说，这位少女和那位高管一样，并不是什么都没做。他写道，"她也在思考，但不是以那种我们在前面的场景中所观察到的积极、建设性的方式去思考"。二人的不同之处在于思维所取得的成就，用商业术语来说就是："少女所取得的成就不过是满足了她对浪漫的期盼。而我们的商人可能因为他1小时的积极思考而彻底改变了他的行业领域。"由于强调意向性，莱尔德的积极思考可能被误认为是我们现在所说的正念。但积极思考，"将人与兽区别开来"，在我听起来更具有侵略性。它表明了塞缪尔·哈伯（Samuel Haber）在其《进步时代效率史》（ *Progressive Era efficiency* ）中所认同的东西："向着辛勤工作前进，远离感情；向着纪律前进，远离同情；向着男性气质前进，远离女性气质。"

在"有效思考"这一章的最后，你要问问自己："我是否花了更多的时间来积极思考，而不是被动思考？"换句话说，你是自己思想的主人吗？但奇怪的是，莱尔德的读者似乎既是时间学习者，也是受时间支配的人，既是商人，也是做白日梦的女孩。不要问"他们支付你多少时间？"这种问题。我们现在应当问："你给自己花多少时间？"莱尔德可不想让你在工作中，甚至在你自己的思想空间中偷懒——别往窗外看！他想帮你一个忙，在你因竞争而死之前，用一个不看《工厂杂志》的工厂经理的方式来锻炼、鞭策你。

虽然个人发展的形式和风格在整个二十世纪发生了变化，但在许多时间管理书籍中，个人泰勒主义的遗产是显而易见的。一般来说，他们的建议可以总结如下：

1. 更加详细地记录你的时间使用情况，以便发现不足之处和衡量你生产率提高的情况。(这部分通常包括填写一张时间电子表格，增量至 15 分钟。)

2. 确定你一天中效率最高的时间段，并安排相应的工作。

3. 积极地消除干扰，别做任何与工作无关的事情。(过去是从老板那里偷时间做事，现在你作为自己的老板，你就是从你自己身上偷时间做事。)

在一定的范围内，对于某些特定的工作而言，这是一个不错的建议。但如果把它放在历史背景下有趣的则是我们要记录在网格中的时间。这就是我们在前一章中提到的可替代时间，每个人拥有相同的"可用"时间来加以利用的概念仍然是主流时间管理的基本。

尽管它是对我们实际体验时间的明显的误解，但许多人仍认同"每个人每天都有相同数量的时间"这一说法——事实上，每个人在上帝的时间银行里都拥有相同的时间。因此，罗伊·亚历山大（Roy Alexander）和迈克尔·S.道布森（Michael S. Dobson）在其 2008 年出版的《真实世界时间管理》一书中写道：

你自己的时间并不像人们普遍抱怨的那样少。假设你每周工作 40个小时，每年大概工作 49 周（一年 52 周，减去 2 周零 6 天的假期）。一年下来，你的工作时间达到了 1952 小时。一年你的总时间为 8760（365 × 24）小时。先将 1952 这个数字从你一年的总时间中减去，然后减去你通勤花费的 488 小时，1095 小时的吃饭时间（每天 3 小时），另外 365 小时穿衣和脱衣的时间（每天 1 小时），以及每晚 8 小时的睡眠时间——总共 2920 小时。这样你总共减去了 6820 小时。8760 减去 6820，在这一年中，你还有 1940 小时可以做你想做的事。这相当于你拥有 84 个整天，时间占到了全年的 22%！

这本书显然不是为那些负责照顾孩子或承担家务的人写的，我们很快就会谈到这个。假设现在你真的有 1940 小时可以做自己想做的事。就像科学管理时间法一样，你总是可以从劳动小时数分解成每分钟。凯文·克鲁斯（Kevin Kruse）在他的书《成功人士关于时间管理的 15 个秘密：7 位亿万富翁、13 名奥运会运动员、29 名全优学生和 239 名企业家的工作习惯》中描述道，他在办公室里挂了一张巨大的海报，上面写着数字"1440"："我鼓励你也试一试。只要在纸上写一个大大的'1440'，然后把它贴在你的办公室门上、电视机下面、电脑显示器旁边——任何能提醒你每天时间有限且时间宝贵的地方。"再说一次，你和其他人所拥有的时间是一样的。你剩下的唯一任务就是在你自己的"工厂里"以很高的效率来运行这些时间，就好像你在使用高效的燃料一样。这一点很重要，因为正如克鲁斯所写的，"你不能增加时间，但你可以提高你的效率。提高你的精力和注意力是在同样的时间内实现 10 倍效率的最重要的秘密"。时刻——你的时刻——能助你获得利润。

堵车的时候，人们往往情绪低沉，不会对周围人产生喜爱。当我们的汽车在高速公路褪色的红色隔音墙间缓慢行驶时，每个动作要么被其他司机抢先一步，要么被迫不情愿地配合着。车里的乘客则通过戴耳机收听节目、打电话、吃饭、化妆或看视频来打发时间。有些人似乎对堵车习以为常，另一些人则焦躁不安地在他们能挤到的任何一点空间里穿行。接近海沃德市郊区时，我们缓慢地前进着，受到了小黄人的无情凝视。动画《卑鄙的我》里面的一个细菌形状穿着全身工装的小黄人。有人将它装在屋顶上，这样它就能高过隔音墙。

考虑到平等主义的特质，这种对待时间的方式更适合独立性格

的人。就像单词"bootstrap"的意思一样,它表示"通过不懈的努力和自主来改善自己的生活",这与这种方法更加契合。事实上,莱尔德曾在他的作品中也提到过。[1] 当今的"依靠个人力量成功"文化——受到了新自由主义价值观的影响,也因政府帮扶政策服务的退出、工作的碎片化和社会安全网受侵蚀而愈演愈烈——要求每个人都对自己的命运负责,确保自己的安全不受他人的威胁。为此,每个人都必须投入更多的时间和精力,自我培训,并计算自身的风险。

在美国,"个体即企业家"的观点不仅存在于劳工统计数据中,也存在于文化领域中。2012 年皮尤研究中心的一项研究发现,62%的美国受访者不认同"生活中的成功是由我们无法控制的力量决定的"这一说法。但在西班牙、英国、法国和德国,持这种观点的人更多一些(只有 27% 的人不认同)。当被要求在"拥有不受国家干预追求人生目标的自由"和"国家保证不会需要任何人"之间做出选择时,在美国,前者以 58% 对 35% 的比例胜出,而在其他四个国家里,数字基本相反。在 2017 年的一项研究中,与民主党人相比,不出所料,美国共和党人将一个人的财富归因于他们"更努力地工作",而不是他们"在生活中有优势",他们将贫穷归因于"缺乏努

---

1. 最初,"通过拉住自己的靴带来提起自己的身体"是一个比喻(意思是一个人独立自主、自力更生,通过自身的努力和毅力取得成功或改善自身境况的行为),用于形容一种实际上不可能的尝试。例如,在一本 1888 年的物理书中,"为什么一个人无法通过拉住自己靴带来将自己提起?"这一问题,是紧跟在问题"一个站在平台秤上的人,是否可以通过往上拉自己来减轻体重?"之后。

这些结果与 2019 年皮尤(Pew)研究中心的一项后续研究结果一致。该研究发现,西欧地区的受访者中,有 53% 的人认同"生活中的成功基本上是由我们无法控制的力量决定的",中东欧地区的受访者中有 58% 的人认同这种说法,而美国的受访者中只有 31%的人认同。

力"，而不是"有客观无法控制的情况"。

当然，"努力 vs 环境"，这一辩题存在很久了。正如我在引言中提到的，在"我们无法控制的力量"范围内，我们拥有多大的自由度，这一问题，是社会学和哲学长期存在的一个问题，因为最终会涉及自由意志的问题[1]。在本章中，通过一种纸牌游戏探讨这一主题。我玩过一种名为"王八蛋"（Asshole）的纸牌游戏，有时这个游戏也叫"总统""平民"，或"资本主义"，这种游戏可能是从中国传入西方的，因为类似的游戏（如"争上游"）在中国很受欢迎。

一旦牌发完，接下来，"王八蛋"必须将他们最好的两张牌与"总统"想要丢弃的任意两张牌进行交换；"王八蛋副手"（vice asshole）则与"副总统"交换一张牌。这就是一个缩小版的结构不平等。这个游戏真正的折磨在于，当你是"王八蛋"时，没有人会看到你不得不放弃的好牌，以及被困在手中的烂牌。因此，没有人知道你糟糕的表现，有多少是与最初的交换有关系，有多少是因为缺少打牌技巧。而且，这个游戏的规则是没有商量余地的，作为"王八蛋"，你唯一的选择就是拼命地尝试战略性发挥。你必须好好

---

1. 关于"我们无法控制的力量"的一些探索，请参阅社会学家皮埃尔·布尔迪厄（Pierre Bourdieu）在《实践理性：关于行为理论》一书中对领域、习惯和文化资本概念的阐释，以及哈里·法兰克福（Harry Frankfurt）在《意志自由与人的概念》一文中对一阶欲望（你想要的东西）和二阶意志（你想要自己想要的东西）的区分。

毫无疑问，在现实生活中，规则和实践之间的关系比像"王八蛋"这样的纸牌游戏更复杂、更迭代。但这个极端的例子可以很好地说明，在一个充满优势和劣势的网络中，占据不同位置的体验是什么样的。事实上，在一项关于人们对不平等的看法的研究中，曾使用过类似的纸牌游戏。康奈尔大学的研究人员在 2019 年通过教授"交换游戏"对参与者进行研究，他们发现赢家认为游戏公平的可能性是输家的两倍。尽管研究人员警告不要将纸牌游戏的结果代入实际生活中社会经济不平等现象中去，但他们注意到，纸牌游戏与"现实生活中的分层过程相似，在这个过程中，机会的分配对结果的分配很重要"。

把握住手里的牌。

如果把这个游戏当作一个比喻，我们就会意识到，在一种系统性地阻碍改变规则的文化中，教人们正确打牌是多么有意义。由此产生的自我掌控的言论，在YouTube和instagram时代被重新塑造后，在一群人身上达到了顶峰，我从今以后将他们称为"生产力兄弟"。这种自我掌控在约翰·李·杜马斯（John Lee Dumas）设计和销售的两款产品中体现得尤为明显。除此之外，杜马斯每天都在运营一个名为"充满激情的企业家"的播客，该播客会对成功企业家进行采访，旨在激励听众走上自己的创业之路。播客网站上写道："如果你厌倦了每天花90%的时间做你不喜欢的事情，但却只花10%的时间做你喜欢的事情，那么你就来对地方了。"

2016年，杜马斯在Kickstarter平台上为一本名为《自由期刊》的杂志发起了一场众筹活动，承诺帮助人们"在100天内实现自己的第一目标"。这本皮面的杂志主要涵盖了两篇几乎相同的页面，要求用户明确他们的目标，然后评估自身的进展，并附有"10天冲刺回顾"和"季度回顾"两个部分。在杜马斯之后推出的杂志《掌控期刊》中，他加倍了所量化的任务。他将一天划分为四个阶段，每个阶段内人们都需要在"生产效率"和"纪律"栏自我评分。然后求出这些分数的平均分并绘制在一个10天生产效率和纪律图标上。《自由期刊》和《掌控期刊》将作为"2017成功包"的一部分一起出售。自由和掌控的配对可能是偶然的，但一个人既可以拥有自由，也可以被掌控的想法说明了"赋权"具有两面性。

在追求生产力的众多人士中，泰勒主义对例行公事的痴迷已经演变成"晨间安排"的不健康迷恋。克雷格·巴伦泰恩（Craig Ballantyne）自诩为"世界上最自律的人"，他至少已经发布过十个有关晨间安排的视频。在其中一篇名为"晨间安排将提高你的效率和收入"的文章中，他展示了如何通过"支配"自己早晨的时间以便过上梦想的生活，并每年去五个新的国家旅行的。他会在凌晨 3 点 57 分醒来，"比马克·沃尔伯格晚 12 分钟，比巨石强森早 3 分钟"。不同于其他企业家会用做瑜伽和写日记的方式来消磨早晨时光，巴伦泰恩会给自己 15 分钟的时间来到电脑前开始写他的书《完美的一天公式：如何拥有一天并控制你的生活》。当然，如果他的视频里还需要制作能量奶昔的画面，不然这个视频就不完整。

巴伦泰恩的其他视频和其亮相时提到的建议包括粉碎或掌控以下事情：你的目标、竞争、销售、社交媒体、混乱和生活本身。然而，推崇生产效率的人们提到的自由不仅仅是在现状下维持工作与生活的平衡。巴伦泰恩和杜马斯都是《每周工作 4 小时》一书作者蒂莫西·费里斯（Tim Ferriss）的追随者。该书保证你拥有自由，不受他人影响，也不需要出卖自己的时间。其理念是，通过构建被动收入流，你可以在自己身上重塑资本主义，以此将自己从真正的资本主义束缚中解放出来。阿里·梅塞尔（Ari Meisel）的《少做事儿的艺术》一书中写道，"类似帕累托法则、3D 法则和多平台重新利用等现代方法，可以让你建立一个只需要一个员工就能运行的强大的、传统风格的'成功工厂'"。更能说明这种类型工作的有 Screw the Nine to Five 网站，该网站的创始人分享了他们如何"在海外生活的同时，从我们的 30 多家在线业务中赚钱"。

与其他"去他的朝九晚五"形式——工人组织、立法组织和互助组织——相比，生产效率福音的魅力在于，你不需要任何人，只要你自己就能获得自由。但问题是，根据这个计划，更多的自由需要更多的（自我）掌控，更好地来打自己手中的牌。越来越无法掌控其周围的环境，这种自助型消费者可能会对自己产生过度的批判，用电子表格、平均值和扣分点来监视自己，并用一个"忏悔和谴责"的世俗化空间来惩罚自己。这种方法完全符合新自由主义全面竞争的世界观。你不仅不会从其他人那里得到帮助，而且当你小心翼翼地守护和"超负荷"地使用你所拥有的时间时，其他人都会变成你的对手。你能否从中获得足够的价值取决于你自己。

我们所处的位置离旧金山湾不远，（你可能有所怀疑）因为我们的途经之地都看不到旧金山湾，但事实的确如此。此时，旧金山湾被 XPO 物流公司的一个配送中心大楼遮挡住了，该公司被工会指控克扣工资并试图"优步化"配送其货物。有时会有一只几乎全白的白鹭向着旧金山湾的方向飞去，给堵车路上平添了一些乐趣；有时一只高大的红尾鵟会站在限速标志牌上等待着啮齿类猎物出现；有时一只土耳其秃鹫会在天空中盘旋着。最近，我才知道秃鹫拥有所有鸟类中最大的嗅觉系统，可以在一英里外闻到猎物的气味。而我们在车里只能闻到老化的塑料和车类装饰品的味道，以及刹车时出现的一股尘土味。

　　上图中的电子标牌显示了目前前往米尔皮塔斯、圣何塞国际机场和门洛帕克所需的行驶时间，但时间会随着交通状况的变化而变化。这些数字代表了以生命分钟为单位的波动成本，这与我们即将在桥上支付的费用不同。但是，对于那些活在生命分钟数下（当下）的人而言，这些数字的含义是不一样的。我们又看了看其他的驾驶员，他们正在按照自己的时间地图驾驶，急于满足一些看不见的需求。为了找到能够买得起房子并且能够抚养孩子的地方，人们已经开始选择远途通勤，从南部和东部一百多英里远的地方通勤到旧金山湾上班，单程就要花费两三个小时。从某种程度上而言，这里的大多数人只是想让生活进行下去。

　　"你早晨醒来，瞧！你的钱包神奇地填满了你生命宇宙中未加工的二十四个小时！没人可以从你身上夺走它。它不可能被偷走。"这句话出自阿诺德·贝内特（Arnold Bennett）于 1908 年出版的《一天 24 小时如何过活》一书。亨利·福特（Henry Ford）赠送了 500 本给他的经理。这本书至今仍然很受欢迎，2020 年，麦克米伦（Macmillan）出版公司将其再版发行，归于励志类（自助类）书籍。

　　在不同人中，那些双职工父母肯定是首先认为"无法偷走的 24 个小时"这一概念毫无意义的一群人。梅·安德森（May Anderson）是一个职场妈妈脸书群的管理员，她告诉我，她已经放弃阅读主流的有关时间管理的书籍了，并将它们与常见的理财建议"别买那该死的拿铁"相提并论。与凯文·克鲁斯的"1440"海报相反，并不是所有分钟都是相等的。她作为一名工程师，同时又是两个孩子的母亲，列举了在犹他州农村一天中要完成的多项任务——在那里，"工作"既意味着有报酬的工作，也意味着没有报酬地照顾孩子和做家务——之后，梅描述了思考自己需要做什么的压力是如何在自己脑海中积累起来的，时间不够用的感觉也越来越强烈。她说："当你坐下来想要休息十分钟时，却不能感到特别放松。"

责任所带来的压力和对时间概念产生的心理上的变化只是几个方面而已，只要你对时间进行剖析，时间是相等的这个概念便会崩塌。哲学、社会学和政治理论教授罗伯特·E. 古丁（Robert E. Goodin）称这种所谓的相等是一种"残酷的笑话"。首先，也是最基本的，有些人控制了别人的时间。虽然奴隶制已经被（正式）废除了，但对大多数人而言，"仅仅为了生存而把时间卖给雇主"的情况仍然存在。在这个问题得到解决之前——例如实行全民基本收入制度——时间自主权方面的"严重不平等"现象将持续存在。此外，除非你是某个名人或高级顾问，否则你出售时间的价格很可能会反映出你无法控制的方面，比如性别、种族和当前的经济状况。

正如我们在前一章中所看到的那样，往往工作时间和工作节奏也不受工人们的掌控。考虑到有关时间管理的书籍是向个人推销的，这种带有控制性倾向的事务通常是不被承认的，但有时你还是能捕捉到它的身影。就像有经理声称是"机器让'女孩们'坐在办公桌前"一样，一本二十世纪九十年代出版的有关时间管理的书籍哀叹道，"计算机芯片并没能解放我们。它迫使我们按照它的速度进行生产"。在《真实世界时间管理》中，亚历山大（Alexander）和道布森（Dobson）与一位想象中的读者进行了一次想象中的问答，读者抗议道："你告诉我要做优先事项。但'他们'不让我做！"作者的回应有些古怪："你不仅要控制你的优先事项，还要控制他们（无论他们是谁）。"

"他们"的问题引发了一场时间政治，不仅是关于时间银行里的时间数（甚至是不相等的时间数）。尽管时间管理通常会对想象中的感觉"一天中没有足够的时间"做出反应，但时间压力并不总是或仅是因为时间不够而造成的。时间压力感可能是由于不断地切换任务或不断地与外部因素协调而产生的。在这里用德语单词 zeitgeber 很是恰当，这个单词大致翻译为"时间给予者"。弗雷德里克·温斯洛·泰勒的详细时间表本可以成为产业工人（或大仲马《自由杂志》购买者）的时间给予者。对于全职妈妈来说，孩子的情绪、健康需求和学校时间表可能会成为时间给予者。很长一段时间以来，为期 10 周的大学学季制度和不断延长的湾区高峰时间段都是我的时间给予者。对于患有慢性病的人来说，疾病的周期将是一个时间给予者。对于 Instacart 的工作人员来说，客户的奇思妙想和应用程序界面都是时间给予者。

这里出现了一种模式：拥有时间给予者，某人或某事总是给予别人时间——不是说给予他们具体的时间，比如分钟或者小时，而是决定他们的时间体验感。追随时间给予者意味着你会受到影响；你的活动会受到外界的干扰；否则其他人会受到你的影响。但是，任何一个朝九晚五工作的慢性病患者都知道，不同的时间给予者可能会发生冲突，并非所有人都是平等的。正如不同人的工作时间有不同的"租金价格"一样，一些人也会被外部结构所驱使，融入其他人的生活中。

在《速度陷阱与时间》一书中，莎拉·夏尔玛（Sarah Sharma）用她和朋友火车误点的经历来说明了这种谈判。她朋友的小孩，早产了 12 周，在医院正等着妈妈以及可便携移动的冷藏母乳保存袋，她们正赶路去医院看宝宝，这一路她没有一点空余时间。火车误点了，朋友扫视了一圈，看到了一位身穿深色西装的商人，他似乎正在叫优步（Uber）[1]。根据他的外表和举止，她猜测其目的地是市中心，于是她加快脚步跟上；尽管商人同意共用一辆网约车，但他"从未失去自己的时间节奏"，他走得很快，并在他们的车到达前一直在打字。夏尔玛写道，她的朋友擅长利用直觉和观察生活方式和人物特征，并可以在这个加速变化的世界中运用这一技巧。这种直觉判断被称为"生存模式直觉"，它将有助于更好地处理复杂的人际关系。

他穿着西装，快速向前走着，疯狂地敲击着智能手机。他接通电源，随时待命，利用网络时间在流动空间中穿行，这样便可以绕过暂时停止的公共交通系统。他可以通过用优步软件约一名司机来掌控自己的时间，一分钟都不耽误地去上班。他掌控着自己的行动和时间，也掌控着别人的时间和行动。

这种谈判的存在与相同工作时间的神话形成了鲜明对比。对于个人而言，时间不是衡量某种真实事物的尺度，而是一种"权力的结构性关系"。就像"王八蛋"纸牌游戏的体验感取决于上一轮发生的事情和所坐的位置一样，"个人的时间体验取决于人们在更多的时间价值经济中所处的位置"。这个阐释非常重要，它让我想起了 Goodreads 对凯特·诺斯特拉普（Kate Northrup）的著作《少做点事：为有抱负的女性提供时间和精力管理的革命性方法》的评论。在这本书中，有一条建议是将你的工作时间表与你的月经周期（另一种时间给予者）同步，以便在一个月内对不同的能量水平

---

1. 优步 Uber：在 2009 年创立。因旗下同名打车 App 而名声大噪。——编者注

进行利用。读者莎拉·凯（Sarah K.）观察到，只有对有钱或能控制自己时间的人来说，上述提到的内容才有意义。她写道："比如说我雇了一个管家来简化生活。但如果管家正值生理期，无法打扫房子时，我该怎么办？我们都想一直保持在可以全身心投入工作的状态。

以一个忙碌的职场女性为例，她通过接受他人的服务为自己争取时间，从这里便很明显可以看出谁的时间性是具有特权性的。而在工作场所里，还有各种各样其他权利。除了"二次轮班"现象和女性频繁地扮演"默认父母"角色之外，多项研究表明，职场女性拒绝（额外）工作的频率低于男性。举个例子，有一项研究表明，男性和女性都希望女性提供帮助并回复那些求助请求；在这项研究中，当小组中有女性时，男性会等待她们帮忙，但如果小组中只有男性，他们则会更早地举起自己的手。

莎莉·克劳切克（Sallie Krawcheck）接受了 *Elle* 杂志的采访，内容是有关女性拒绝，她说"刻板印象使得我们都认为母亲是无处不在的忙碌角色，而父亲只是悠闲地看着足球比赛"。对于黑人女性而言，这种不平等现象更为明显。在《哈佛商业评论》的一篇文章中，一家科技公司的经理描述了这种双重束缚："如果我拒绝做办公室的杂活，那么我就会被认为是一个'易怒的黑人'女性。"其他有色人种职业女性表示，当她们试图掌控自己在工作场所的时间时，她们便会被认为是"好斗的、性格差的或者过于情绪化的人"。

我和梅——那位职场妈妈脸书群管理员，曾经谈论到，事实上从办公室到汽车，一切种种都是为男性而设计的。（车祸假人的设计也是基于所谓的一般男性。）然后她告诉我，在一个女性工程师小组中，有人朝着那些因为表现得像男人而获得晋升的女性大喊。她说："所以现在这些为了获得成功而不得不这样做（表现得像个男的）的女性正在接受批评。我明白，但我也不确定。我一直都是中立的。"我点了点头，深刻地意识到了什么。"这就像汽车座椅一样，但这只是一种比喻。这就像你为了不死在车里而试图让自己的体态更像男人一样。"

为了不死在车里而试图让自己的体态更男性一点，我无意中描述了一种"向前一步"（Lean In）式的女权主义思想，以及专门针对女性的时间管理方法。举一个直截了当的例子吧，劳拉·范德坎（Laura Vanderkam）在 2010 年出版了一本名为《168 个小时》的书，该书具有基督教色彩，用一种略微柔和的方式介绍了同时作为职业女性和母亲的人士如何来"粉碎时间"。范德坎的建议包括找寻理想工作，外包不喜欢的任务以及确定自己的"核心竞争力"，这样你就不会把时间浪费在不擅长的事情上了。范德坎还提供了自己的时间表，使用起来非常方便。该时间表以半小时为单位，让读者把一周的 168 个小时视为"白板"。这样无论是在家里还是在工作时，都需要像在公司一样灵活地使用时间。《出版者周刊》上的一个评论给这本书做了一个恰当的总结：这本书给出了很好的职业建议，但同时也有着"把生活打得支离破碎"的风险。

《168 个小时》这本书保证，读者——这里指的是与作者处于同一社会经济阶层的职业母亲——真的可以"拥有所有的时间"。虽然这本书回避了为什么女性无论是在有偿还是无偿的工作中都会做超量工作的问题，但建议女性应当以一种获得了更好的资源的精神状态来回应这一现实问题。它并不是一本彻头彻尾的残酷之书，也与那些为了制作视频而制作视频的"网红"做出的空洞且可疑的内容不同。《168 个小时》是想让人们变得更好——让那些和作者处于同样处境的人在一个不舒服的环境中感到更舒服。从这个意义上说，该书和自我救助的目标是一样的：其针对的群体是那些想要把牌打得更好的人。

在一定范围内，这是可行的。自助通常可以改变你的生活，但不会改变你的社会或经济地位——你不能责怪那些没兑现自己承诺的人。与此同时，即使看似实用的自我救助也会被解读为一种邀请，邀请你在残酷的世界中寻找一席之地，等待风暴从你的身边过去。人类学家凯文·K. 伯斯（Kevin K. Birth）曾将时钟和日历这种看似无用的技术描述为"替用户思考的认知工具"，它们再现了"时间的文化观念"和"权力的结构性安排"。正如网格时间表再现了时间作为可替换单位的概念一样，"为了不死在车里而试图让自己的体态更男性一点"的建议再现了那些座椅形态错误的汽车的寿命。这是一个帮你寻找理想工作的好建议，但在许多这类书中，对于"谁愿意做低工资的工作？"这一问题的回答是无所谓，只要不是你就好了。这个答案听起来不太好。

时间管理对有关自我意愿与环境辩论的假设进行了解释，因为它以牺牲集体利益为代价，把个人视作绝对单位，把不久的将来视作时间框架。就连夏尔玛也明白时间管理的魅力，但这也恰恰是它的危险所在。她写道："'如何更好地掌控时间，如何更好地利用科技'，这个问题让人有些难以回答。但是，这种对时间掌控的文化迷恋，以及一个人调节时间、更好地管理时间、放慢或加快时间的能力，与对时间的政治理解中所必需的集体时间感是对立的。"正是这种对时间的政治理解使人们能够看得更远，想象不同的"权力结构安排"。对时间的政治理解无法单独完成，且通常也不能在短期内完成。与此同时，在这漫长的时光里，我想起了一位西班牙记者关于倦怠现象的一句话："你是需要心理治疗师呢，还是需要工会呢？"

在某种程度上，你达到了个人能力的极限。商业时间管理意识到了这一点，建议你"外包"你生活的一部分，这是长久存在的一种关于支持网络的直觉，这种直觉是建立在市场之上的。当梅告诉我，她曾考虑组织一个由 7 位妈妈组成的小组，并且其中一位会在某一天晚上为其他人做晚饭时，我并不感到惊讶。她说，"我认为，支持网络应该是帮助我们管理时间的首要方式"。她在这里指的是姻亲和朋友之间的非正式关系网络。进一步说，我们可以想象，正如安吉拉·Y. 戴维斯（Angela Y. Davis）在 1981 年所做的那样，"儿童保育事业应该社会化，饭菜准备应该社会化，家务劳动应该工业化——并且所有这些服务都应该很容易地被工薪阶层所接受"。如果说这次疫情有什么不同的话，那就是向我们展示了与此相反的情况：每个家庭（通常是家中的女性）所花费的成本，包括必须自己照顾孩子、准备饭菜和处理其他家务。

这个视角让我们可以来思考纸牌游戏规则。如果时间管理不是简单的时间数字问题，而是一些人比其他人能够更好地掌控自己的时间，那么最现实和最广泛的时间管理必须是在集体中进行的：其中有关权利和安全的分配是不同的。在政策领域，这就意味着会提到那些似乎与时间明显有关的事情，例如，补贴儿童保育、带薪休假、更好的劳动法和"公平工作周法"，这些法律旨在使兼职员工的时间表更加固定，并在有突发工作状况时给予其补偿。与时间的关系不太明显——但却绝对相关的是——要求提高最低工资、提高联邦就业保障或提高全民基本收入的运动[1]。

然后还有一些非常耗时的事情，那些从未经历过贫穷或残疾的人可能不会想到这些事情。在一篇关于与政府服务打交道的人所经历的"时间税"的文章中，安妮·洛瑞（Annie Lowrey）注意到，管理不善的官僚机构加深了富人与穷人、白人与黑人、病人与健全人之间的鸿沟。她称其为"削弱我们所有进步政策的倒退过滤器"。洛瑞建议消除资产测试和面试等障碍，以及使用更好的工具，如精心设计的表单，用自己的语言是很容易阅读的。但她也指出，时间税的历史有着深刻而持久的根源，包括种族主义、对官僚主义的怀疑，以及"应得"和"不应得"穷人之间的古老区别。

同样，对时间的真正政治理解意味着要直面最普遍、最广泛和最根深蒂固的权力结构所带来的问题。例如，在一次名为"时间的种族政治"的演讲中，作为一名作家、活动家以及文化评论家，布里特尼·库珀（Brittney Cooper）以"白人拥有时间"开场，这是一种挑衅。这既与如何将世界殖民地视为存在于历史之外这一事实有关，也与白人压倒性地设定工作日的节奏并决定其他人时间的价值这一事实有关。另外，在很多情况下，你不必为了浪费别人的时间

---

1. 在斯托克顿市开展了一个试点UBI项目，项目随机抽选居民，并在没有任何附加条件的情况下连续两年每月给他们发放 500 美元。该项目发现，接受补助的居民的焦虑、抑郁症状以及经济压力都有所减少，尤其是让那些"多年来优先考虑他人需求而不是自己幸福的女性……""关注自身的健康并补贴家庭医保上的缺口"。作为保障收入的一个例子（类似于 UBI 项目，但针对的是特定社区），"木兰妈妈信托"计划在密西西比州杰克逊市的补贴住房中，向 100 个以黑人妇女为户主的家庭每月提供 1000 美元的支持，为期一年。在《女士杂志》中有一系列不同群体的故事，一位名叫 Tia 的参与者讲述了缓解时间压力的个人经历："如果你的孩子生病了，你不用过分担心，一切都会好起来的。因为如果需要的话，我可以请假照顾我的孩子，而不必担心我的薪水会减少。"

而争取别人的时间。库珀引用了塔–内西·科茨[1]（Ta–Nehisi Coates）的话，仿佛是在直接指责贝内特提出的"不可窃取的 24 小时"的概念："被征召进入黑人种族（生为黑人）的决定性特征是不可避免地被掠夺时间。"库珀提出了这样的建议：

> 不，我们不会拥有同等的时间，但可以决定自己得到的时间是公正和可以自由使用的。我们可以不让邮政编码成为你生命的主要决定因素。可以停止过分使用处罚措施，让黑人孩子们少受休学和开除的处分，这样便不会窃取他们的学习时间。可以停止长期监禁非暴力犯罪的黑人，这样便不会窃取他们的时间。警察可以停止过度使用武力，这样便不会窃取黑人的时间，剥夺黑人的生命。

如果只是简单地将时间视作生命，那么，正如库珀明确指出的那样，"时间管理"的问题就可以归结为谁控制谁的生活的问题。这是一个有对比性的例子，也是夏尔玛着重强调的——一方面是对时间的政治理解，另一方面是掌控个体时间单位的梦想。关于时间是什么的进一步问题——一个语言问题——这个问题将在第六章讨论。我现在的观点变得更简单了：只有意识到时间体验的真实背景，我们才能得出有关"时间管理"的不同概念——这个概念不仅是对残酷游戏进行了复制。

从出口出来，进入 84 West 后，平坦的地形变成了低矮的山丘，树叶在风中摇曳着。一系列路标上写着"在摄像头扫描到车上

---

1. 塔–内西·科茨是一位美国作家和记者，以其在种族关系和美国社会中的观察和分析而闻名。其作品涵盖了种族问题、社会正义、历史和文化等领域。

的 FasTrak[1] 设备之前，请不要停车"。检测到 FasTrak 设备之后，会发出一阵"嘀嘀"声。海湾里的水有一股刺鼻的硫黄味儿，通过汽车的通风口传进了车里。这股硫黄味儿是生长在公路两边浅滩上的厌氧细菌发出来的，浅滩上还有几只白鹭正在小心翼翼地散着步。透过薄雾，圣克鲁斯山脉向两个方向伸展开去，就像一张被撕破了的蓝色纸张。

我们开车上了一座桥，路过了一些巨型输电塔，到达了一座半岛。岛上布满了盐沼，铺满了混凝土，看起来很不友好。在远处，有一些被蒙特利松树遮住的地方，隐隐约约可以辨认出一群奇怪的建筑，大部分是白色的，上面有红色、青色、浅蓝色、黄色和灰色的面板。只有在十字路口左转的路灯处，我们才终于看到了那个标志：一个巨大的竖起的蓝色大拇指，上面写着"Facebook：黑客路1号"。instagram 的总部也在里面。通常，可能会看到人们骑着印有 Facebook 品牌的蓝色自行车穿过这条路，前往园区众多建筑中的任何一座，但这个巨大的停车场看起来比平时更空旷，许多员工都在家里办公。在红灯变绿之前，我低头看了看手机，它不适合放在旧的杯托里。它是我的伙伴，但也是一个衡量生命的工具。

对于个体而言，时间管理的反义词似乎是倦怠。各种事情堆积起来；它们不能被塞进时间网格里。生活不再高雅。无论是对生产力兄弟而言，还是唐纳德·莱尔德在《提高个人效率》中提及的那样，倦怠都是一个主要问题，是一种机器故障。

---

1. FasTrak：快线通，一种快速的收费方式。在车道上空安装接收器将使用此车道的车辆资料传到收费站。——编者注

　　我曾经在一篇关于非同步工作的文章中，发现了一段描述，是对我生活的准确陈述，让我感到有些尴尬。在这篇文章中，社会学家哈特穆特·罗萨[1]（Hartmut Rosa）描写了一个名为琳达（Linda）的虚拟角色的生活，琳达是一位教授，每天都匆匆忙忙，从来没有足够的时间履行自己对学生、同事、家人和朋友的所有义务；期望随时待命，对每个人负责；但总觉得自己落后于人。"没有足够的时间做饭、陪爱人、做家务、去锻炼。她的医生提醒她，多考虑一下自己的健康。有一天要结束时，她感到内疚，因为压力太大了，不够放松；自己没有很好地平衡自己的工作与生活。"

　　在这种焦虑的状态下，罗萨适时地强调了数字技术在"合法主张"扩大工作内外时间方面的作用——任何人都可以随时随地联系到某人。琳达无法进入一种下班状态，也就是农民们在他们的牛群和孩子进入梦乡后可能拥有的那种悠闲的感觉。偶尔，她也可能进入一种下班状态，比如当她住在没有信号的山间小屋里的时候。否

　　1.　哈特穆特·罗萨是一位德国社会学家和哲学家，以其对现代性、加速和社会变迁的研究而闻名。其主要贡献是"加速论"（acceleration theory）的提出，探讨了现代社会中加速的影响和后果。

则，总是不断收到要求，意味着琳达所能做的事情和被要求做的事情之间的不匹配不是"抽象的生活事实"，而是她每时每刻都在经历的"急性困境"。

罗萨接着问道，这个故事是否对"一小群坐着喷气式飞机的社会精英"以外的人有意义。[伊丽莎白·科尔伯特（Elizabeth Kolbert）同样引用了经济学家对忙碌的抱怨的描述，称其为"雅痞牢骚"。]他将琳达的处境与货车司机、工厂工人、医院护士或店员的短暂经历进行了比较。从事这些工作的人在工作中尤其会感受到时间压力：货车司机在遵守限速的情况下努力赶上自己的最后期限，工厂工人被其老板逼得超负荷工作，店员要应付不耐烦的顾客，护士在医院挤进越来越多的病人时被期望给予病人更多的照顾和关注。罗萨写道"在工作中，地位低下的员工几乎没有时间主权，老板或管理他们时间预算的外部机构给他们施加了压力。他们可以直接将这些外部因素定位为压力来源。而对琳达来说，压力来源于工作之外，因此她应该怪自己"。

通过"可自由支配的时间"的概念，可以这么说，古丁对像琳达的人和非琳达的人之间做出了类似的区分。就像可自由支配的开支一样，可自由支配的时间严格来说是你不必用来做某事的时间。不管出于什么原因，你只是选择这样做而已。这个概念让我们能够区分真正没有空闲时间的人和（比如）一个雄心勃勃的人，根据个人需要自愿长时间工作，但她还希望自己有更多的时间。古丁发现，有些人，尤其是没有孩子的双职工夫妇，会有一种"时间压力错觉"。严格来说，这些人有很多空闲时间——只是，根据他们的自行决定权，他们不认为这是可以自由使用的。

对于筋疲力尽的琳达来说，如果电话声真的是从家里传来的，那么问题是：为什么？在某种程度上，你可以将其部分归因于工作日益变得"灵活"了。如果你不知道未来会发生什么，为未来做准备就变成了一项无限的任务。当然，有一些特定形式的工作（富有创意性的、自由职业或兼职的工作）会让人特别分不清这个人到底和琳达是否一样。我认识许多兼职教授，他们必须表现得像个工作狂，这样他们才能"作为学校的一分子"并且保住自己的工作——但有时即使这样做了，他们的课程（以及后期的工资）也可能在最后一刻被取消。兼职教师通常没有福利，2019 年，美国四分之一的兼职教师依靠某种形式的公共援助过活，三分之一的兼职教师经济收入在社会贫困线以下。

更广泛地说，在一种"要么适应，要么死亡"的训诫极具说服力的文化中，可自由支配的时间中的"自由裁量权"可能很难评估。针对全球范围内越来越多的过度疲劳问题，罗萨观察到，那些让人慢下来的药物正在逐渐减少，人们更喜欢兴奋类药物、安非他明和其他"承诺'同步速度'的物质〔如利他林、牛磺酸（e）、莫达非尼（sic）等〕"。他说，人类"增强"的大多数形式都包括在某件事上变得更快。作家兼未来学家的贾迈斯·卡西奥（Jamais Cascio）在一部关于人类生物技术的纪录片中分享了一个相关的逸事。卡西奥的医生给他开了一份合法的莫达非尼处方，这是一种为他的国际旅行准备的清醒药物，但他发现自己偶尔会在任务的截止期限到来的时候在家里吃上一片药。有一段镜头相当滑稽，一个西装革履的商人在跑道上冲刺，卡西奥承认道："真正的问题是，如果我的竞争对手、同事决定开始更频繁地使用这些会对认知带来影响的药物后，他们开始产出更多、更好的作品——那么会发生什么呢？倒不是我的工作遇到了什么问题，而是他们的工作越来越好了。在这种情况下，我能撑得住吗？我能忍住不更加频繁地使用这种认知增强的手段吗？"

没有人比劳拉·范德坎更了解这种情况。在《168 个小时》一书中，她写道，找寻梦想工作的真正原因是，对工作充满激情会让你更有效率和创造力，"这种痴迷是保持领先地位的唯一途径，因为你可以相信，你的竞争对手哪怕在洗澡时也在想着自己的工作"。虽然大多数人都意识到工厂的工作正在外包，但越来越多的知识工作也可能被外包。她建议道："要想在一个总有人愿意接受更便宜的薪水的世界里茁壮成长，你必须在自己的工作中与众不同。在某些情况下，为了生存，你必须成为世界上最优秀的那一批人。"这就意味着你不能停滞不前，从理论上讲，你可以（必须）一直在进步。

然而，琳达的倦怠肯定不仅仅源自工作和直接的经济保障，因为即使在这两方面应该过得非常舒适的人，似乎也容易让自己精疲力竭。在《倦怠社会》一书中，韩炳哲（Byung-Chul Han）提出了更普遍的观点："生产最大化的驱动力存在于社会无意识中"，产生了他所谓的"成就主体"。成就型的人不受外界事物或人的约束，他们是"自己的企业家"，是由内心推动的自己动手做事的老板。尽管它不回答任何人的问题，一个成就主体仍然"在与自己赛跑的激烈竞争中筋疲力尽"："统治的消失并不意味着自由。相反，它使自由和约束相重合。因此，成就主体将自己置于强迫性的自由之中——也就是说，置于成就最大化的自由约束之中。过度的工作和表现会升级为自我剥削。"

任何一个提供免费食物、名牌背包和攀岩墙的科技园区都可以证明，一个由成就主体组成的社会对底线来说都是好消息。事实证明，范德坎关于痴迷的观点是正确的。通过韩的观察，他发现"'可

以'更加积极而'应该'更加负面,'可以'比'应该'效率更高",
"成就主体比服从主体速度更快,更多产。"但同样是这种无限性导
致成就主体变得倦怠。她接受的训练就是把自己的目光投向无限
性,她从未体验过真正达到目标的感觉,相反,她表现出了大师级
的"自我攻击",并把这些能力集于一身。她总是会"跳出自己的阴
影",对现实与可能之间的巨大差距感到沮丧。

不幸的是,这一差距还在扩大。罗萨写道,资本主义的"增长
逻辑"渗透到美好生活的文化观念中,这意味着不仅是在工作领域
停滞不前,在金钱、健康、知识、关系或时尚等领域停滞不前也都
会在社会秩序中被视为倒退或堕落。我还想说的是,用来比较和竞
争的语言被社交媒体放大了——即使只是不断滚动浏览朋友的照片
也成了一场永无止境的"可能是什么"之旅。许多研究已经证实了
一个残酷的循环,低自尊的人使用社交媒体来表达和联系他人,这
只会让他们暴露在"上行社会比较信息"中,而这些信息又会重新
开始这个循环。但在现实生活中,终点线从未停止移动。一天有24
个小时,你必须更好地利用这些时间。

我们在很小的时候就被教导要相互竞争,最明显的是在学校里
被评估、计时和评分。但有人对计时和评分系统的反应比较愤世嫉
俗:你就像是用了一个作弊代码(与生产力兄弟的生活黑客方法相
呼应)来玩这个系统。而我对这个系统的反应则是内化它。当我上
一年级的时候,我为自己创作了一份"打分单",并拿给了我的父
母。我借用小学成绩单上的"O"(优秀)和"S"(满意)分数,让
父母根据"听话的女孩"和"打扫房间"等各种标准给我打分。我
的父母可能觉得这个动作很可爱,但也很令人不安,所以不得不在
所有类别中都给我打了优秀。在"你需要说什么"的一节里,我父

亲写了"哦，我要独奏"，指代《我的太阳》，一首来自那不勒斯的歌曲。他经常会很幽默地唱这首歌给我听，逗我笑。

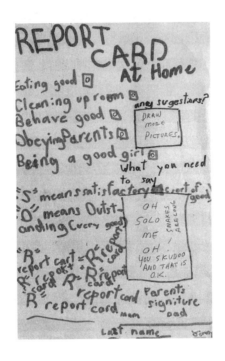

几十年后，我在给大学生的艺术项目打分。给一个艺术项目评分就像给一个人评分一样容易，我每次都不喜欢这个环节。即使是在班里每个人都做得很好的情况下，我也讨厌给每个人都打 A，这也成了一种耻辱——在最好的班级里，每个人都有一种难以形容的集体动力，但打分却只针对个人，我讨厌这种现象。

尽管 A—F 分级制度看起来已成惯例，但在二十世纪四十年代之前，它在美国还未完全标准化。当我发现，我曾经使用过和不得不接受的评分制度是在二十世纪早期教育领域的"社会效率"运动中形成的，而这一运动反过来又受到泰勒主义的影响时，我并不感到惊讶。一门具有社会效率的课程意味着它是一门更职业化、不那么严格的学术课程，对公司员工或部队军人都是通俗易懂的，并有助于将人们分流到他们将要从事的工作中去。作为一种评估形式，评分要求你调用某种标准化的尺度，在这种尺度上，质量可以被简化为数量——每当我不得不为艺术项目评分时，我都会想起这一点。社会对比可能与时间一样古老，但要比较使用相同分数等级的更多的人群，你必须能够将这些人转化为数据，并决定你要优化的内容。[1] 为了充分理解这在历史上的意义，特别是它与速度的关系，我们必须求助于一些时间更久远的生产力兄弟。

就在泰勒的《科学管理原则》出版的两年前，英国探险家、人类学家、优生学之父弗朗西斯·戈尔顿（Francis Galton）出版了一本回忆录。戈尔顿是一个阶级、时间和数量的爱好者。他痴迷于衡量和排名各种各样的事情。在回忆录中，戈尔顿随意地描述了他为制作不列颠群岛"美丽地图"所付出的努力，他用一根针小心地在一张纸上扎洞，这张纸上列出了"好"、"中等"和"差"的等级。他写道："我用这个标准来收集我的美丽数据，把我在街上或其他地方遇到的女孩分为迷人的、冷漠的和讨厌的。"戈尔顿的其他评

---

1. 美国的学校在二十一世纪之前就已经开始使用排名或评分系统了。我所说的排名系统的发展与 A—F 分级制度的标准化有关，特别是在社会效率运动和社会效用观念的背景下诞生的。《课程》是一本很有影响力的有关结构化课程的书籍，其作者富兰克林·博比特（Franklin Bobbitt）在 1913 年写道，课堂教师"需要一个测量尺度来测量他的产品，就像英尺和英寸的尺度可以用来测量钢铁厂的产品一样"。学者注意到了标准评分的发展是如何与智商测试所期望的客观性，控制急剧增加的移民劳动力的必要性，以及随着国家市场的扩大，为大规模生产的商品（如小麦）创造等级相吻合的。虽然对社会效率的热情最终在二十世纪中期消退，但科学管理的元素在现代标准和测试中重新出现，加剧了教育工作中去技能化的风险。

分体系更加严肃。在他的《遗传天才》一书中，他描述了创造一个A—G量表来衡量人类智力的想法，然后用它来比较白人和黑人。令人难以置信的是，他警告说，"社会障碍"（人们认为他指的是种族主义和奴隶制的其他遗留问题）使数据变得"粗糙"，尽管如此，他还是发现"黑人和白人之间的差异不少于两个等级，甚至可能更多"。

在戈尔顿谈到科学种族主义之前，《遗传天才》主要是试图构建杰出人物的家谱：比如法官、政治家、指挥官、文学和科学人士、诗人、艺术家和"神"的家谱。如果说，在泰勒主义中，衡量工作是一种强化工作的尝试，那么，在优生学中，对人的衡量是一种向特定方向"塑造"他们的尝试，是孟德尔遗传学和社会达尔文主义的机械结合。戈尔顿写道："好像后代的身体结构几乎像黏土一样可塑，受到了繁殖者意志的控制。我希望能够证明心理素质同样是可以受到控制的。"他认为，实现这一目标的一种方法是通过评估婚姻的遗传优势来"剔除"不受欢迎的特征。从这个角度来看，在关于家庭生活的章节中，戈尔顿花了更多的时间描述一种高效的徒步旅行零食（奶酪面包和一种特殊的葡萄干）而不是他的妻子，这就让人感到不奇怪了。关于他的妻子，戈尔顿只提到了她血统的"遗传天赋"。

在戈尔顿看来，能够提高等级的品质是什么呢？对他来说，智力天生与速度有关；他建立了一个测试中心，通过对物理刺激的反应时间来测量智力。但在人类的层面上，他用另一种"反应时间"来衡量价值，即适应新社会条件的能力。戈尔顿所说的文明，主要指的是殖民。对他来说，殖民与人类能动问题无关，而是"历史发展过程中强加给人类的一种新状况"，类似于地质事件。人类注定要加速生活的想法，让戈尔顿对殖民地人民的"消失"感到"震惊"，并把他们的命运视为一种警告，甚至对他来说也是一种警告：

在北美大陆、西印度群岛、好望角、澳大利亚、新西兰和范迪门斯地岛等广阔的区域里，当地的人类居民在短短三个世纪的时间里全部被消灭了。因此，与其说他们受到了一个更强大的种族带来的压力，不如说他们受到了一种文明的影响，而他们自身是无法支撑这种文明的。而我们，作为创造这一文明的最重要的劳动者，也开始显示出我们无法跟上自己工作的步伐。

换句话说，是时候让自己的体态更加男性一些，以免在汽车事故中丧生——甚至对于设计汽车的男性本身也是如此——通过选择排斥游牧生活和"波希米亚主义"（戈尔顿把这些特征与野蛮人联系在一起）。范德坎在洗澡时对工作中的竞争意识提出了警告，而早在此之前，戈尔顿就警告称，某些职业道德是有市场的，因此是可适应的："如今，一个断断续续工作的人是无法谋生的，因为他没有机会在与工作稳定的工人的竞争中取得成功。"关于现代英国工人的理想品质，戈尔顿引用了杰里米·边沁（圆形监狱的设计者，该监狱附带有人类仓鼠轮）的弟子爱德温·查德威克（Edwin Chadwick）爵士所列的一些特征。这个人将拥有"强大的身体力量，在稳定、坚持不懈的意志的指挥下，精神上自给自足，对外部无关的印象无动于衷，这些品质帮助他们不断重复艰苦劳动，'像时间一样稳定'"。

甚至连他的堂兄查尔斯·达尔文（Charles Darwin）也不能改变戈尔顿对稳定表现的看法。戈尔顿给他寄了一本《遗传天才》的复印件，达尔文礼貌地回复道，看这本书是"非常艰难"的，我只看了 50 页——"看得慢完全是因为我脑子不够用，你的文字很优美，风格很清晰，因此不是书的问题。"戈尔顿在回忆录中引用了这封信，私下反驳道："对于他关于努力工作的评论，我可能会加以反驳。我认为性格，包括工作能力，和其他所有能力一样都是可以遗传的。"

优生学在二十世纪的美国广受欢迎，尤其是在加州，那里除了不鼓励生孩子，还有成千上万被认为"不适合"生育的人被绝育。[1] 优生学中的优化修辞也源于那个时代有关自我完善的文献。（回想一下，优生学家在《提高个人效率》一书中有所提及。）一个典型的跨界案例发生在 1899—1955 年的健康健身杂志《体育文化》上。《体育文化》给自己贴上了"个人问题杂志"的标签，它将引导式的建议和健身内容与戈尔顿对测量和"种族改良"的热情混合在一起。该杂志曾向"最美丽的女人"和"最英俊的男人"比赛的获胜者提供 1000 美元奖金，参赛表格上展示了一个空白的、模糊的希腊式理想身材，以及列出个人尺码的地方。

《体育文化》杂志由伯纳尔·麦克法登（Bernarr Macfadden）创办，并在很长一段时间内由其担任主编。他在很多方面都是最具生产力的兄弟。作为健身运动和现在所谓的"健康文化"的支持者，他早期在推动个人品牌时改变了自己原名"Bernard McFadden"的拼写，这么做是为了让自己的名字听起来更强壮（"Bernarr"听起来

---

1. 虽然优生学这个词现在有了负面的含义，也不再是明显的政治主流的一部分，但它的思想仍然有影响力。2021 年，加州根据 1909 年的一项法律，为未经本人同意就在州立机构被绝育了的人提供赔偿。这些绝育手术通常针对那些被贴上"罪犯"、"弱智"和"变态"优生学标签的人，但这种情况在二十一世纪仍有发生。

应该更像狮子的咆哮；"Macfadden"比更常见的"McFadden"更能吸引顾客的耳朵）。

麦克法登发表文章的标题有如下几种，"单一饮食让你充满活力""让你的假期为你带来健康红利""在家里爬山""你在浪费生命吗？"等等。尽管这些文章中夹杂着一些骗人的东西，但它们的目标很明确：当时和现在一样，提升意味着掌握人生、加快速度、领先他人。

在1921年2月出版的《体育文化》杂志上，麦克法登发表了一封类似于编辑函的东西，其中他强调，精神活力与卓越的健康同样重要，而且这两者是密不可分的。卓越的健康反过来又与经济上的成功密不可分。他通过社会达尔文主义的镜头反映了所有这些观点，他写道，任何没有"完全发展他或她的身体有机体"的人都"不是真正的男人，也不是完整的女人"。麦克法登给出了这样的建议：

这是一个金融时代。为财富而奋斗是一般人生活的主要目标。但是，当在认识到超高效率的重要性之后，世界各地的人们很快便会清醒过来，意识到，在为人生的巨额奖励而奋斗时，无论是在经济上还是在其他方面，一台出色的机器都是很重要的。而这种性质的机器在任何意义上都必须是完整的。一个充满力量，充满能量的身体，能够比一个虚弱和不发达的身体做更多更好的工作。

1937年出版的一期《体育文化》杂志怪异地阐述了这种效率的程度可以被视为美国文化DNA的一部分。该杂志延续了戈尔顿关于基因优势婚姻的思路，上面发表了一篇题为"你能做些什么来改善人类：在与未出生的孩子赌注中，你如何通过基因色子来孕育优秀的孩子并提高种族水平"的文章。在这里，基因组合仅存在于速度和进步的社会（尽管优生学家会说"科学的"）等级中是不够的。基因本身是生产性的或非生产性的，是"精力充沛的"或"行动迟缓的"，它们就是劳动者：

"单一饮食"指的是减少饮食的多样性。麦克法登在报告中称，一个月只吃四季豆和糙米（分开吃），看似无聊，但不可思议的是，"即使没有像平时那样吃到多种组合的食物，但也能享受其中的乐趣"。

我们还远不知道基因到底是如何起作用的。但很清楚它们的作用。如果能忘记它们的微小，就能很清楚地把它们想象成工人。一条染色体就是一排工人——字面上可以说是一根链条——因为基因是连在一起的，并且每个基因永远在它固定的位置上。但有些基因实际上是建筑师，有些是化学家，有些是工程师、木匠、水管工、泥瓦匠、色彩学家、营养师等。

作者写道，基因也可能行动更快。基因突变不会带来伤害，它像雷击一样随机，通过"刺激基因或'加速'它们的行动"来改善基因。这还会带来一些"身体优势、聪明精神状态和天才"的基因。随附的不同基因的条形图显示，一个"冠军"基因戴着拳击手套，而一个标有"黑色"的有害基因则拿着两枚炸弹。

这个起源故事暗示了我最开始提到的道德等式的深度：忙碌＝好。在一项关于"引人注目的忙碌"的研究中，社会学家米歇尔·希尔 - 怀斯（Michelle Shir-Wise）发现，无论工作与生活是否平衡，忙碌都可能成为一种终极生产力表现，"不表现出忙碌的样子可能会被认为自我发展不充分、不匹配"（或者，正如麦克法登说的那样，"不是一个真正的男人，也不是一个完整的女人"）。我们从一开始就被教导，要忠实地从自己的 24 小时中挤出最大的价值，"像时间一样稳定"，这是一个优秀的人应该做的；不断拓展，追求机会，在每一个参与的领域中都取得领先地位，这便是美好生活的意义。但是，如果工作存在于社会无意识中，那么它便是一种符合历史特定理想的工作：速度快、肌肉发达、不懈怠、白皙。认识到速度、效率和进步的某些概念是如何深入我们文化中的，是理解布里特尼·库珀所说的"白人拥有自己的时间"的另一种方式。

考虑到这一点，让我们回过头来谈谈琳达。如果一个像琳达一样的人精疲力竭了，她的情况可能和非琳达一样的人（一个社会和经济上更不稳定的人）有所不同，而且完全的精疲力竭可能不会让她流落街头。但如果认为一个像琳达的人的倦怠感和一个非琳达一样的人的倦怠感完全不一样，那就错了。当一个非琳达一样的人直接受到外部环境的控制和监视时，她便会认为自己受到文化"扩张逻辑"的控制和监视。如果琳达不参与到这种情况中去，她将受到评判，并必须付出代价，这种代价不分是社会上还是经济上的。

琳达和不稳定的人之间的区别在于琳达有能力支付社会费用。琳达和非琳达一样的人相似之处在于，她的"计时器"（忙碌文化）和非琳达一样的人的"计时器"（雇佣劳动和结构性劣势）有着共同的根源。他们支持同样的系统，在这个系统中，时间只能是一种获利的手段，而其他人只能作为你的竞争对手出现。因此，为了她和其他所有人的利益，琳达应该考虑付出代价——让自己的形态不那么像男性，这样就没法安心地待在车里面了。车里面的许多人都以这种或那种方式正在"死"去。我并不是说这样做本身就具有革命性，只是说这样做更有意义。它为一个重要的认知打开了大门：不为共同的后果，而为共同的事业。

在《潜地：谋划逃逸与黑色学习》一书的一段对话中，弗雷德·莫顿（Fred Moten）模拟了一种思考这种认知的有用方法。他说："那些快乐地宣称并接受自己享有特权的人，并不是我最关心的人。我并不会先为他们担心。但如果他们到了有能力为自己担心的地步，我会很高兴的。因为到那个时候也许我们就可以谈谈了。"然后他转述了黑豹党领袖之一弗雷德·汉普顿[1]（Fred Hampton）的观点：

听着：联盟的问题在于，联盟的出现并不是为了让你来帮助我，这种策略总是会与你自身的利益有关。联盟的出现是因为你们意识到情况对自己来说是一团糟，就像我们也意识到一团糟一样。我不需要你的帮助。我只需要你认识到这破事也在摧毁你，不管它用多么温柔的方式，你这个愚蠢的混蛋，你到底能否搞清现在的状况？

这在即时的个人层面上意味着什么？伯克曼对我们的"狂热行为"做出了一些观察，他建议道，当我们致力于政策变革时，像成就主体这样的人应该接受他们的死亡，并放弃对完全控制和优化的追求，因为这种追求显得有些遥不可及。我想补充的是，"放弃"部分对那些有能力这样做的人来说是最真实的，这意味着对自己的特权进行诚实且可能痛苦的清算。这一切又回到了可自由支配时间的"自由裁量权"部分。伯克曼写道，并不是所有的任务都是生存所必

---

1. 弗雷德·汉普顿（1948—1969）是美国历史上一位重要的政治活动家和黑豹党成员。其在二十世纪六十年代积极参与了民权运动和黑人权益争取的斗争，致力于为黑人社区争取社会正义、平等和权利。

需的，也不是所有人都"必须挣更多的钱，实现更多的目标，实现我们在各个方面的潜力，或者更好地融入社会"。忙碌对不同的人意味着不同的东西。但如果你真的是一个只会让自己疲惫不堪的成就主体，那么我建议你调整一下自己的自由裁量权：在生活的某些方面尝试一下看似平庸的东西。然后，你可能会有时间去思考，为什么它很平庸，对谁来说它很平庸。

当然，接受一种没有某种野心的生活并不等于接受一种没有意义的生活。只有知道你在自己生活的限度内想要什么之后，你才能决定什么可以是（假设）平庸的，暂且还不必讨论这个限度是实实在在存在的——我将在第六章和第七章重新讲到这个话题。与此同时，解读一下"过最好的生活"的建议是可以的，因为它有时是这样的：从高分的意义上说，"过上最美好的生活"是必不可少的。那只选择"过生活"又怎么样？有时候，当我发现自己过于执着时，我就会用父母对孩子的语气对自己重复说，这一切也许都不是真的。其他时候，我试着以一种幽默的态度对待美国无止境扩张的逻辑，包括它的任性、它的荒谬，以及拒绝它时它显现的那种安静、滑稽的尊严。我想起了《瘪四与大头蛋》中一个特别的场景，一位顾客来到了大头蛋上班的快餐店点餐。顾客说："我要一个双层芝士汉堡、一大份薯条、一小杯沙拉和一个苹果派。"大头蛋答道："嗯……抱歉，我没记下来。"顾客重复了一遍自己的点单，声音更大也有些愤怒。大头蛋又轻飘飘地回复道："嗯……可不可以请你少点一些呢？"

穿过脸书园区的马路，是一片荒芜的草地和灌木：有郊狼灌木丛和柳叶石楠。我从来都不知道这片区域到底是怎么回事，在谷歌地图上，它是一片"毫无意义"的混乱，只是一片空白和灰色。在等红绿灯时，我们看到田野上方的一个静止点原来是一只白尾风筝（一种看起来介于鹰和海鸥之间的鸟）：风筝的翅膀摆动很小，这使它几乎处于假死状态，在完全相同的地方盘旋着。然后，绿灯亮了，我们左转，朝着山的方向前进，山边一棵棵树的剪影现在可以看到了。我们很快就会到那里。

在一个以扩张为基础的世界里，放弃扩张可能会引发问题。2016 年，一位名叫骆华忠的年轻工人辞掉了工作，骑着自行车从四川省前往 1300 英里外的西藏，靠兼职和自己的积蓄生活。骆在百度上发表了一篇名为《躺平即是正义》的文章，总结了自己的经历。他说："这段时间我都很冷。我可以像第欧根尼一样，躺在自己的木桶里晒太阳。"这篇文章引发了"躺平运动"，他在写这篇文章的时候，这一运动仍在蓬勃发展。2021 年 5 月，中国社交媒体上流传着一幅插图，画的是一个躺着的男人，上面写着："你想让我站起来？这辈子我都不可能站起来。"

当年青的美国千禧一代在 2021 年跟上这一潮流时，躺平文化已被视作可耻的——但将其从国家责任的语言翻译成了自力更生的语言。艾莉森·施拉格（Allison Schrager）[1] 在彭博社的一篇题为《如果你想要"躺平"，那你就要准备好付出代价》的专栏文章中驳斥了美国的"躺平人士"，认为他们是一群享有特权的人，他们做出躺平的选择实际上是"一种他们可能会为之后悔的奢侈品"。时间正在分秒地流逝，世界在快速发展，与以前一样，人们面临着要么适应，要么死亡的风险："经济正在经历一场巨大的转型。在新冠疫情之前，

---

1. 艾莉森·施拉格（Allison Schrager）是彭博社观点专栏作家，也是曼哈顿研究所的高级研究员，专注于金融和风险管理领域的研究和撰写。

科技和全球化就已经在改变经济状况了，而新冠疫情所带来的后果将加速该趋势。那些能够接受变革并从中受益的人中将会出现赢家和输家。但这将是一个混乱和不可预测的过程。不过有一个群体肯定会被淘汰，那就是那些选择完全躺平的人。"

和范德坎一样，施拉格也提出了很好的职业建议，她指出大多数加薪发生在 45 岁之前。考虑到所有重要的事情——技能发展和人际关系——都发生在你二三十岁的时候，因此这是一个"中年危机发生的可怕时期"。但是给你一个建议吧，要想在激烈的竞争中胜出，你得假设自己在不停奔跑，而不是从一个正在消失的梦想中抽身出来。"躺平人士"在推特上用尖酸的语气回复了这篇文章。一位用户写道："每天我们会读到许多关于流行病、气候变化、饥荒、干旱、火灾、飓风、武器计划和战争的头条新闻，但彭博社的人却想让我们每年只收入 3.6 万美元便能解决这些问题，这对我来说太疯狂了。"另一个人这样总结施拉格的文章："亿万富翁：'快，你们赶紧在我拥有的报纸上写一篇文章。文章是关于年轻人意识到他们几乎不能养活自己，他们只是在给我赚更多的钱，他们永远不会拥有自己的房子以及他们需要父母都全职工作来养家之后，开始懒惰生活的故事。'"又有人说："何必要辛勤工作呢？我又不是为自己工作。"

在这里，我试图说明有能力"躺平"的人和不能"躺平"的人之间的区别和联系；能拒绝工作的人和不能拒绝工作的人之间的区别和联系；能花时间的人和不能花时间的人之间的区别和联系。换句话说就是自动定时器和被动定时器（尽管，正如我所提到的那样，它们之间的界限并不总是明确的）。承认这种关系之所以重要——"这玩意儿虽然温柔，但也在毁灭你"——有几个原因。最根本的是，它开启了团结的可能性，在真正意义上分享共同的事业（"这玩意儿")。但它也是一种保护措施，防止有时特权阶层对自己的倦怠做出的反应：加固由慢生活、极简主义和真实性所构成的围墙花园。往好了说，这样的反应使人们更容易抛弃这个世界，不受现状的影响。相反实际上它加深了现状并创造了一个场景，在这个场景中，慢生活成为一种你从别人身上购买的产品。在闲暇领域，这种情况的发生带来的危险更大。

第三章

还会有闲暇吗？

购物中心和公园

工作像山峰主宰平原一样，主宰着周围的一切。

——迈克尔·邓洛普·杨（Michael Dunlop Young）和
汤姆·舒勒（Tom Schuller），《工作之后的生活》

在前往山上的路上，必须先在一个园区里停一下。我们下了车，路过了陶谷仓，一个内部装饰很精美的家居卖场，也闻到了加州比萨厨房里散发出来的咸甜的香味。周围的环境让我们感觉自己不像活生生的人，而是像那些你有时会在华丽的建筑渲染图中看到的没有脚的人。绿色的音响嵌在玫瑰和金鱼草的花盆里，其他的音响则藏在玉兰树上。音响中播放着罗德·斯图尔特（Rod Stewart）的《永远年轻》。蒂芙尼公司的一名员工正在休息，她在打电话，双臂交叉、眉头紧锁。在她身后，一家尚未开业的商店的橱窗上，一块朴素的白色广告牌上写着："哪怕是在最微小的事物中也能感受到幸福。我们的热情在于将日常生活变成更有意义的时刻。"

我们所在的人行道与另一条人行道会合，形成了一个仿制的小镇广场，广场上有一个古色古香的牌子，上面简单地写着：亭子；在一家名为"La Baguette"的面包店铺外摆放着几张咖啡桌。在拐角处，一面墙被巧妙地绘成了另一种样子：巴黎的一条林荫大道，在阴影处有一个通往"钓鱼的猫"街道的"入口"。虽然这个入口是假的，但彩绘门上的门把手是真的，挂在彩绘窗户下面的空陶罐也是真的。这个小镇的（真正的）一个居民走了过去，手里晃着一个空的矿泉水瓶，打了一个小嗝。我们一直看着他，看到一个独立的数字屏幕，此时屏幕上是一幅巨大的时钟图像，时间是 10：10，与手表广告中经常出现的时间相同。[1] 这是皮亚杰手表公司的广告，该公司销售的一款名为 Possession 的镶钻手表的售价为 3.84 万美元。

2020 年 3 月下旬，当世界上大多数国家开始进入封锁状态时，instagram 上的旅行网红劳伦·布伦（Lauren Bullen）发布了一张自己从游泳池走出来并走进雨中的照片，照片背景是弯弯的芭蕉类植物。她闭着眼睛，咧着嘴笑，并配文道："我们只有现在。"五天后，她穿着睡衣懒洋洋地躺在一个无边的泳池边上，淡紫色的天边有一只鸟儿栖息在那里。她依然闭着眼睛。这次的配文是："这一切都会过去的。"

布伦并没有在旅行。她似乎大部分时间都待在家里，待在她和

---

1. 使用这个时间有几个原因，其中之一是用手表的指针框住了品牌标志。

杰克·莫里斯那年一起在巴厘岛建造的豪宅里。这些钱主要是他们当网红赚来的。在一张配文为"目前困在天堂里"的照片里,她穿着白色的连体泳衣,拿着一把来自巴厘岛的编织手扇。在第二天发布的一段视频里,布伦躺在一个石头浴缸里,手和腿自由地搭在浴缸外面,其背景是更多的芭蕉植物。她转过身,露出微笑,敷着一张木炭面膜,并把头放在前臂上,看起来很放松。这一次,视频中配了一个黄色的标题:"这一刻,爱自己。"

在 instagram 上,不管是不是网红发的,这么多帖子都有一个不言而喻的目标,那就是施加影响。关于慢节奏、照顾自己和"抽出时间"的帖子有一种模糊的布道的氛围,很难被忽视。就像广告一样,它们或含蓄或明确地向大家发出劝诫:你也可以(应该)这样慢下来!这种隐退的愿望通常是非常美好和稀有的,且存在于其他地方——存在于与这里相反的地方,这里,人们肩负重任,脏盘子堆积如山等待清洗,安静的时刻很少。

在《放慢现代性》一文中,研究员菲利普·沃斯塔尔(Filip Vostal)以批判的眼光审视了流行文化和学术文化中有关"慢"的修辞。他认为,慢"并不一定等同于沉着冷静、深思熟虑、长期主义、持续性、成熟以及由此带来的人类进步"。最直接的讽刺是,当作为一种产品出售时,"慢"只是我们在前一章试图摆脱的增长逻辑的另一部分而已。沃斯塔尔举了一个极端的例子,其描述了一款价值为260欧元的"慢速手表",其表盘是按分钟数细分的24小时,零点位于表盘底部。随附的说明书写着:"当你踏上全新的人生之旅,我将成为你忠实的伴侣——在这个旅程中,你将学会慢下来。"但问题不仅在于"慢品牌的商品化,还在于手表表面强加的时间感与主导的钟表时间不一致",沃斯塔尔写道:"确实,打造'慢节奏者'社区是一个很棒的结局，用品牌创始人的话说，就是'让世界慢下来'。但似乎这将是一群特权人士的社区，他们不仅买得起这些配饰，更重要的是，他们可以采用一种不同的认识时间的方式，且在这种情况下，准时性和精确性是可以忽略不计的。"

这款手表就是一个实例，它展现了产品和服务是如何成为"快速资本主义中充满矛盾但不可或缺的一部分的"。在这个世界上，慢生活与其说是被制定出来的，不如说是用来消费的："慢生活现在处于'待售'中，它接近一种消费主义的生活方式，主要面向都市的中产阶级居民——他们中的大多数人可能都没有参与到有关变革、进步甚至社会主义的议程中去。可以说，许多人会承认'一切都需要放慢速度'，但这种慢往往会成为一种消费品，并且是那种私下的消费。"

当然，没有人期望向布伦这样的人提出一个有关社会主义的议程，其表面上的工作就是为旅游目的地展现一种特权生活的形象，并加以推销。如果说这里有什么问题的话，这只不过是对闲暇消费主义的最新解释罢了，在闲暇消费主义中，"慢产品和服务"恰好与快速（或任何其他类型）的产品和服务相适应。早在 1899 年，托尔斯坦·维布伦[1]（Thorstein Veblen）的《有闲阶级论》就描述了人们是如何利用炫耀性消费向低于自己阶级的人展现自己的社会地位的，与此同时，他们也渴望获得更高的地位。社交媒体是一个无休止的比较轮盘，可以比以往更轻松地做到上述这两点。

拥有慢生活、脱离生活和自我照顾元素的产品已经成为"体

---

1. 托尔斯坦·维布伦是美国的经济学家和社会学家，其以对消费和资本主义社会的批判性观点而闻名。

验经济"中受欢迎的产品了。1998 年，B. 约瑟夫·派恩二世（B. Joseph Pine Ⅱ）和詹姆斯·H. 吉尔莫（James H. Gilmore）在《哈佛商业评论》的一篇文章中创造了这一术语，并提出了"商品是可替代的，商品是有形的，服务是无形的，体验是难忘的"理论，后者是经济价值目前最高的进化形式。事实上，他们推测，当体验本身越来越被视为一种商品时，那些无主题的公园收取入场费就会越有意义。[1]这可以把时间变成金钱，但同时也会创造一种促进销售的心理氛围。

这篇文章提到的著名例子包括耐克城商店、热带雨林餐厅和拉斯维加斯的论坛商店，在这些地方，"每个商场的入口和每个店面都是精心设计的罗马风格娱乐场所。人们经常会喊出一句'恺撒万岁！'"。在对畅销主题的狂热追求中，我们不会放过任何一个细节，会想尽一切办法抓住细节。"当一家餐馆的主人说'可以准备用餐了'时，客人并没有感受到特别意义。但当热带雨林餐厅的主持人宣布，'冒险即将开始'时，它则为一些特别的事情打下了基础。"快餐店的垃圾桶通常都有一个写着"谢谢"的牌子，而精明的体验设计师则可以"把垃圾桶变成一个会说话的吃垃圾的角色"。当盖子打开时，会表达自己的感激之情。

派恩和吉尔莫可能无法预见到社交媒体将如何推动体验经济的发展，整个世界成为一个 24 小时运营的立体商场，到处都可能是二维背景。旧金山的冰激淋博物馆等场所明确迎合了 instagram 用户，然而对于拿着相机，并且有着苏珊·桑塔格（Susan Sontag）所说的

---

1. 体验经济要求人们在一个地方为一段特定的时间付费，就这一点而言，它与租金的概念有些重叠——这是另一种将时间转化为金钱的方式，显然超出了本书的范围。

"求取精神状态"的人，任何一家冰激淋店都可以被视为博物馆。在体验经济的背景下，无论是在实际的广告中，还是在朋友的生活照片中，号称"社交平台"的instagram都更应该被理解为一款购物应用软件，一个用于推销商品，也用于浏览所"求取"商品的市场。[1]虽然派恩和吉尔莫似乎认为体验本身就是纪念品，但事实证明，一张照片（体验的可传递符号）已经足矣。

"insta-bae"这个词于2017年最早兴起于日本，结合了"instagram"和"haeru"，意思是将闪耀；也是一个形容词，用来形容在instagram上表现出色的东西。同年的一项研究显示，五分之二的美国千禧一代会根据自己的instagram偏好来选择旅游景点。英国记者兼作家瑞秋·霍西（Rachel Hosie）在《独立报》上写道，想去风景如画的地方旅行并不新鲜，但他们现在的做法则是更具体的，因为"有些风景、度假村和无边泳池的照片，分享在广受喜爱的社交平台上，更有可能获得点赞"[2]。考虑到人们在有意或无意中发布的帖子都可能是一个广告，对instagram偏好的搜索极具传播性。（在布伦最新发布的一个帖子里，她在一片薰衣草田中摆着姿势，很轻松地展示地点，告知粉丝如何通过谷歌地图到达这个地方。）旅游业也已经注意到了这一点。《旅游研究杂志》上的文章详细的介绍了"社交媒体忌妒"和"附带的间接旅行消费（IVTC）"的多种用途，并指出自卑的人

---

1. 在我最初写这本书的时候，只是想打个比方而已。但在2022年3月，instagram宣布它将允许包括创作者在内的所有用户在其发布的帖子中标记产品。该功能是在ins的其他购物功能基础上添加的，包括产品页面和在应用程序内购物。

2. 柏·本汉（Bo Burnham）在其2021年发布的特别特辑影片《我的隔离日记》（*Inside*）中，面无表情地说道："外部世界是个非数字化的世界，只是一个戏剧空间，在这个空间里，人们会为更真实、更重要的数字空间提供舞台并加以记录。我们应该像对待煤矿一样对待外部世界。穿好制服，收集需要的东西，然后返回世界表面。"

特别容易受到影响，但营销人员应该对此特别感兴趣。

事实证明，"慢"是一种非常 insta-bae 的东西。布伦在多洛米蒂山附近的一个度假村发布的一个帖子显示，她从床上爬起来，端着一杯咖啡，欣赏着窗外的群山，然后慵懒地漫步离开。这明显是一个精心设计过的场景，容易让人心生忌妒。但是，在 instagram 上，几乎任何东西都可以成为 insta-bae。2021 年 9 月，演员安娜·塞雷吉娜（Anna Seregina）偶然发现了一些照片，这些照片是旅行者在牛津的一家由监狱改造的豪华酒店里拍摄的。在她收集并分享在推特上的照片中，客人写下了像"刚刚在监狱里度过了一夜，我很喜欢"和"可以习惯监狱生活"这样的文字。虽然这听起来有些可怕，但牛津的酒店和多洛米蒂度假村实际上有一些共同之处。正如监狱变成了一个静止的、打造得很干净的旅游景点（并且这里偶尔还会放映《肖申克的救赎》），多洛米蒂度假村的"自然景观"则是一个静态的背景。该度假村提供了"一种安静的状态，并将其视为新型奢侈品"，同时它也"将自己视作一个被自然包围的隐居之地，在这里，时间可以再次被感知，并通过身心专注来充满情感价值"。

风景、人物、历史时刻和运动都为体验经济提供了原材料。正如旅游业长期以来所理解的那样，生产这些体验需要提取和提炼——首先要去除环境的外壳，就像咖啡豆、糖果等任何其他商品一样，其特性和生产条件都被隐藏起来了。购买体验包的人并不期望它们很复杂——至少他们会在某些方面花一些钱。派恩和吉尔莫也明白这一点，他们认为零售员工不仅需要工作，还需要表演，他们本质上是舞台的道具。2021 年的电视剧《白莲花酒店》的开头就能很好地说明这种动态，该剧讲述的是一群白人游客在夏威夷一个豪华度假胜地所发生的故事。当度假村的经理阿蒙德（Armond）看到游客到达时，他给新员工提了一个建议：

> 阿蒙德：这是你第一天上班，不知道你在其他公司是怎么做的，但在这里，我们不推崇自我表露，尤其是不用对这些船上来的贵宾表露。你说话的时候不必说得太具体。
> 你只需展现出你存在于此，你是一个员工，但说话的时候可以更宽泛一些。
> 兰妮：更宽泛一些？
> 阿蒙德：是的。这是日本的一种风气，我们被要求隐藏在面具后面，仅仅作为一个和蔼可亲、可交换的帮手就行了。就像是一个来自热带的歌舞伎吧。我们的目标是让客人对这里的总体印象是……模糊的，但这种模糊感又会让他们感到很满意。他们得到了自己想要的一切，但他们甚至不知道自己想要什么，不知道今天是什么日子，不知道在哪里，不知道我们是谁，不知道到底发生了什么。

我对消费主义的闲暇感怀有一种特殊的厌恶，这与我在湾区郊区长大的经历有关，那里到处都是模仿主题公园的热带雨林咖啡馆。由于这个经历，哪怕我日后在一个真正的主题公园里工作，也没有感觉更好。有两年的夏天，我的工作是在类似"家乡广场"、"庆典广场"和"所有美国角落"的人造公共空间附近闲逛，说服路人坐下来被我画成漫画。实际上，人们买的不是这些画（经常很糟糕），而是被画的体验——我有10分钟的时间来完成画作，但我更喜欢和大家闲聊和忍受偶尔被画得非常恐怖的父亲。我们被激励着去招揽客户，这不仅是因为资金，还因为有一条规定，除非在为人画像，否则我们不能坐下来。

　　我驻扎画画的地点，附近的扬声器要么播放着派拉蒙旗下电影和电视剧中的歌曲（包括《人人都爱雷蒙德》的主题），要么播放着毫无特色的爱国音乐。但一想到这儿的话，听起来像是把约翰·菲利普·苏萨（John Philip Sousa）的全部曲目都输入给了人工智能。有一天，我和同事站在红色塑料遮阳伞下，我们发现人行道太热了，热到甚至可以用鞋子轻轻推动地面的某些部分，就露出地下的热水。

　　休息区有一个卖Hostess产品的自动售货机，就在过山车的正下方，每隔5分钟左右，就会出现晃来晃去的腿和尖叫声。在轮班结束时，我会从公园巨大的环线中心出来，这是一个后台区域，在那里可以看到泄了气的游戏奖品、胶合板背景的背面，甚至可能还有一个看起来筋疲力尽的海绵宝宝吉祥物在抽烟休息。然后，在回家的高速公路上，我会经过主题购物中心，这让我感觉自己一直没有离开主题公园（没有下班）。有些同事很可爱，但我那时候的日记表达了自己年少时的愤世嫉俗。我写道："当你所做的一切都是工作，而你的工作基本上只是在敲诈（剥削）别人的时候，生活便没有太多意义了。"

　　这段经历，让我对"乐趣"以精心设计的方式售卖的观念更加反感。我对花钱买惊喜、花钱买欢乐和花钱买超越这种好处持怀疑态度——这是典型的青少年抱怨"这个世界太假了"的一种方式。2002年，当一个名为桑塔纳街区的露天购物开发项目在离我家几英里的地方迅速兴建时，它承诺要模仿某个欧洲知名市中心的有机变化。没有其他的事情可做，我和我的高中同学就像无聊的电影中的临时演员一样，在鹅卵石小路上闲逛，走过了连锁奢侈品零售店、巨大的户外棋盘和新粉刷的复古风的墙壁——这是对"城市"这个概念的一种想法。试图在这样的空间里感受到真正的差异、惊喜或历史体验,让我觉得自己就像金·凯瑞在电影《楚门的世界》结尾时那样,他驾驶的帆船撞上了一堵漆成像地平线一样的墙。

正是这种古老的怀疑主义影响了我对体验经济的理解。并不是说在体验中没有设计和表演的艺术,也不是说在它的商业对应的屏幕后面隐藏着一些简单的"真实的"体验——如果我能抓住这点就好了——也不是说人们不能在像主题公园这样的地方享受真正的美好时光。只是,当体验经济扩展到包括慢生活、社区、真实性和"自然"等商品化概念时——所有这些都是在收入不平等扩大和气候变化迹象加剧的情况下诞生的——我看到可能的出口被封锁了,在这种情况下,我感到恐慌。我一直想做点什么,而只是消耗这种体验感。但在寻求新的生存方式时,我只找到了新的消费方式。

在一篇名为"为什么千禧一代不想买东西"的文章中,青年企业家委员会成员乔什·艾伦·迪克斯特(Josh Allan Dykstra)更新了派恩和吉尔莫的体验经济,受众群体主要是那些渴望让联系变得更有意义的人群:"我们能从所有权的消亡中获得的最大见解是有关联系的。这是现在稀缺的东西,因为当我们获得任何东西都变得很容易时,问题就变成了,'用这些东西来做什么?'现在这个阶段,行动才会有价值。"迪克斯特建议大家"通过自己的业务帮助人们与他人建立联系"。他补充说,"销售不再仅仅是'销售东西',而是建立一个社区。"但是,在其他方面,销售在很大程度上仍然与卖东西有关:"我们只需要以一种稍微新一点儿的方式来思考销售的'东西'。"我想不出更好的方式来描述商业社交媒体了,其中的"东西"

其实是一种归属感。我对在线社交网络这个想法没什么意见；我只是不想在一个暗中鼓励我宣传自己的平台上，通过关注广告来购买社区感，与此同时这个平台还收集了我的数据。我觉得这很邪恶，就像雀巢公司卖给我们私人瓶装的公共用水一样。[1]

图片和体验就像是你在空闲时间里的"好搭档"。有些人愿意花钱解决，而不是寻求他人帮助。这些人一般也会鼓励你去享受悠闲的时光，而不是帮助别人。从某种意义上说，这不仅可以被视为炫耀性消费，还可以被视为补偿性消费，即你通过购买某些东西来弥补某种心理缺陷或威胁。但现在，需要加以应对的方面太多了。当被问及 Insta-bae 这个词时，研究日本年轻人"生命历程"的石田宏（Hiroshi Ishida）指出，日本年轻人对未来的焦虑程度很高。他说："但正因为如此，他们给人的一种感觉是，他们想趁自己还可以的时候更多地收集有价值的经历。"

无论是炫耀性的、补偿性的，还是两者兼而有之，消费长期以来都与闲暇有着联系，这使得闲暇成为一种受限制的自由，有些奇特。虽然闲暇通常被定义为工作的对立面，但从历史上看，将两者分开的这个界限也将它们联系在了一起。在对新教职业伦理内部矛盾的讨论中，凯西·威克斯（Kathi Weeks）描述了这种伦理——最初是警告人们不要花掉自己为之奋斗的财富——是如何在二十世纪初适应了消费主义的："除了储蓄，消费也成了一种基本的经济实践；与单纯的无所事事相反，非工作时间被认为是与经济相关的时

---

1. 自 2017 年以来，instagram 便允许在 ins 故事中投放广告。我永远不会忘记自己看到的一个场景，一个朋友发自内心地发布了一则 ins 故事，关于她发现自己亲近的人去世了的故事，紧接着是一则 VÖOST 令人惊叹的维生素增强饮品（"Effizzing Amazing Vitamin Böosts"）的广告。

间，是创造更多工作理由的时间。"

因为新教的职业道德主要是关于工作，所以你可以得到东西，只要你需要一直为其付出努力就行。事实上，闲暇甚至可以开始取代工作。社会学家观察到，一旦装配线工作让人们很难看到一个人工作得有多好或多努力，人们便会看到一个人有多少消费能力。这种消费能力反过来又成为表明一个人工作有多努力的新方式。威克斯引用了马克斯·韦伯（Max Weber）对新教职业道德的经典研究："仅仅因为占有涉及放松的危险，因此它才令人反感。"

如今，工作可以更直接地影响闲暇时的消费，这在一定程度上要归功于"扩张逻辑"。克里斯·罗杰克（Chris Rojek）观察到，"没有刻意计划的闲暇时光，已经变成了一种生活指导"。举一个极端的例子，Sensei Lāna'i 是一个"以证据为基础"的度假村，由甲骨文公司（Oracle）前首席执行官赖瑞·埃里森（Larry Ellison）推出，位于一座名为 Lāna'i 的夏威夷小岛上。2012 年，赖瑞几乎买下了这座小岛的全部。参加最佳健康计划的客人被要求为他们的住宿设定身体和精神目标，水疗中心会跟踪他们的睡眠、营养和血液流动情况。一份公司说明写着"客人可以奢侈地做出无限的选择"，另一份说明提到 Sensei，在日语中是"大师"的意思，这里的"大师"则指的是数据。

大多数人永远都负担不起一位 Sensei 的精修费用，但我们很熟悉这类修辞。就像进步时代对社会有益的公共闲暇的看法一样（我们稍后会讲到），个人闲暇消费也包含类似的有用性概念。我们可能没有一个个性化的健康团队，但有数百个自我跟踪应用程序可供我们选择。一款名为 Habitshare 的应用程序可以让你设定每日目标，并让朋友看到你的进步。但更多人选择使用 instagram 来让朋友看到自己，它是一个建立、改善和培养自我形象并获得持续反馈的地方。

每一个靠社交媒体谋生的人都知道，他们需要工作，他们甚至可以充当自己的广告代理商。瑞秋·赖琴巴赫（Rachel Reichenbach）是一位艺术家，她从大学生时期便开始经营一家服装店，并逐渐使用 instagram 来推广自己的店铺。她记录下了她在 2020 年与 instagram 合作伙伴关系团队里一位媒体专家的对话："把 instagram 想象成一个会为你打分的算法程序。单凭一次考试并不能决定你的整个成绩——还有参与分、家庭作业、课堂作业、项目等。你必须参与到整个课程中去，而不仅仅是参加一次考试然后拿个 A。"与她交谈的媒体专家建议每周发布 3 个帖子，8 到 10 个故事，4 到 7 个短视频，以及 1 到 3 个 IGTV 视频（现在称为 instagram Video）。赖琴巴赫在博客上配的插图是一只筋疲力尽的青蛙，它的眼睛看起来很疲惫，并且在疯狂地笑着："哈哈哈哈。"instagram 的负责人在 2021 年宣布，instagram "不再是一个分享照片的应用程序"，它会将重点放在视频上。一些创作者对这个消息表达了恐惧、愤怒和厌倦的情绪，哀叹道视频制作需要更大量的工作和曝光度。

诚然，赖琴巴赫和其他一些创作者是在经营自己的生意，大多数 instagram 用户并没有这样具体的理由来担心自己是否可以提高创作指标。但这正是社交媒体的问题所在：我们永远不清楚个人和企业家的界限在哪里。对于一个崇尚"灵活性"的时代，情况尤为如此。而"是什么让你与众不同？"则是一个标准的面试问题。因此，曾经看起来像是闲暇的东西很容易成为永恒的自我升级和寻找某种独特性的舞台。以前给公司的营销建议——例如"找到你的利基[1]"——现在适用于个体（个人）的每时每刻里。

周围都是一些拍照很上相的家庭，我们在另一个广场上坐了一会儿，这个广场位于苹果商店、特斯拉商店和梅西百货之间，偶尔会看到狗狗在一小块草地上尽情玩乐。突然想起几年前，一群蜜蜂在梅西百货墙上的藤蔓上安了家，有人在旁边竖了一个牌子，用朴素的字体写着：蜜蜂活动处。但现在没有这样的景象了。取而代之的是罗布·托马斯（Rob Thomas）在种植园里对我们唱道："也许有一天，我们会精彩地生活。"这让我开始觉得有些恼火。是时候朝着山上前进了。

要到达山上，必须经过一个巨大的高尔夫球场，以及一系列的机构，包括银行、对冲基金和风险投资公司。它们的办公楼并不显眼，大多隐藏在树木和小山丘后面，但偶尔会瞥见公司名字——Accel-KKR、Lightspeed、Aetos、Altimeter、Schlumberger、Kleiner Perkins、Battery Ventures。穿过高速公路，弯弯绕绕地经过另一边的树林，这片树林里同样隐藏着一些房屋，这些房子目前的售价为300万至500万美元。

不久，就看不见这些房子了，我们进入了一个开放空地保护区的碎石停车场。从桥上看到的那张被撕破的蓝纸现在变成了另一番景象：黄色的草坡和一簇簇黑色的橡树，都向西延伸到茂密的山脉中。我们现在就处于其中。异常干热的空气吹过脸颊。游客中心有一张巨大的3D地图，展示了公园里的3个植物群落（草地、橡树林地和河岸走廊）、Ohlone 部落使用过的灰泥碗、一本引用了环保

---

1. 利基：指针对企业的优势细分出来的市场，这个市场不大而且没有得到令人满意的服务。

主义者奥尔多·利奥波德（Aldo Leopold）言论的小册子，还有一个按钮，按下后你可以听到草地鹨的叫声。虽然几乎一切都似乎在夏季的炎热中越发干枯，毫无生机，但这里的风景仍然美丽，阳光下，橡树和草地的边缘在闪闪发光。最重要的是，这里很安静。

在这里，我想重新谈谈在引言中提到过的尤瑟夫·皮柏的书《闲暇：文化的基础》。与要消费的体验或要实现的目标形成鲜明对比的是，皮柏认为的闲暇更接近于一种精神状态或情感姿态——就像熟睡了一样，只有通过放手才能实现的状态。它混合了敬畏和感激，这种敬畏和感激"恰恰源于我们无法理解的事物，源于对宇宙神秘本质的认识"。它通往混沌和比自我更大的事物，并在其中找到平静，那种感觉就像你看到巨大的悬崖峭壁或欣赏日出时的感觉一样。作为"安静的一种形式……这是理解现实的先决条件。真正的闲暇需要进入一种空无状态，在这种空无中，会记住自己存在"。

可能，你还记得皮柏提到的第一个区别：人们在闲暇中和在工作中时，对待时间的态度是完全不同的。但闲暇并非在工作之余享受的提神剂，它是一种完全不同的东西，为自己而存在。皮柏提到的另一个区别是，作为"一种精神态度"和"一种灵魂状态"，闲暇并不能自动地诞生于环境之中。例如，他强调，这种精神状态"并不能简单地归结为外部因素的结果，它不是空闲时光、节日、周末或假期会带来的必然结果"。人们无法在假期时得到闲暇的原因有很多，包括我已经提到的一些内在现象（除了意识到旅行结束后你必须回去工作这个原因之外）。与此同时，这里也有很多方式可以让你体验皮柏所说的闲暇，哪怕你并不需要真正去度假。

在关于我的第一本书《如何无所事事》的采访中，有时会有此

105

类问题，譬如：为了"无所事事"，我会选择什么样的活动。皮柏的"闲暇"强调一种精神状态，而不是依赖于某个地方、产品或服务，这让我明白了上述问题难以回答的真正原因。在做饭、整理袜子、收邮件、等公交车，尤其是坐公交车时，我都经历过"闲暇"状态。

疫情期间的某一天，为了保持社交距离，在排队等待进入杂货店的这段时间里，都让我从全新角度观察街道，发现了一些从未注意过的细节：树上长出的新叶，旁边墙上的泥灰，以及一天特定时间中的光线质量。我和杂货铺之间的障碍，不是排在我前面的人，而是超现实历史时刻的各个旅伴。简而言之，我忘记了时钟时间，在进去杂货店前的那一刻，感受到了皮柏所谓的"无法理解"和他"对宇宙神秘本质的认识"。

然而，虽然闲暇可能并非简单的外部因素就可产生，但也不可能说其与外部因素没有关系。即使不总是按照字面或确定的方式，皮柏所描述的精神状态涉及了时间、空间和环境。体验他所说的闲暇，可能不需要到一个公园来体验，但住在公园附近，且在逛公园时不会受到打扰，这肯定是很好的。可能会在假期之外找到闲暇，但如果你的整个生活没有被不安全感、焦虑或创伤所支配，这种闲暇感确实会有所帮助。如果说我在排队买东西时表现出了闲暇的精神状态，那至少来说部分原因是我不担心付钱。

从皮柏的定义中跳出来很难，因为即使是一种精神状态，也会受到历史和政治竞争环境的影响。很难解释清楚这一问题，不仅仅难在协调个人能动性与结构性力量之间的关系上；也意味着要努力在横向中看到垂直，在不自由中看到自由，甚至是在一个充满暴力的世界中，依然能够看到内心的平静。沿着这条线，我进入了一个感觉很开放的区域——在这里，关于闲暇的整个概念，甚至是"自由"的闲暇，都有可能成为一个幻想。在这样一个世界里，闲暇到底意味着什么呢？

举个例子，请跟我从另一个角度，重新看一下《如何无所事事》中的一个论点。这一次，我把空闲时间与公共空间联系在一起，描写了一种情况，即"自我的公园和图书馆随时可能被改建成公寓楼"。在此，我提到了一个非商业闲暇空间，即奥克兰的一个市政玫瑰园，它本应代表一种逃离，从充斥着工业和商业化的地方逃离到其他地方——一个可以从照顾和工作中解脱出来的地方，包括从自我优化工作中解放出来。从理论上讲，玫瑰园的游客只做她自己就够了，不用做工作人员或消费者。与环球影城步行街这样的商业、"脚本化"和布满监控的区域相比，我写道："置身公共空间里，理想情况下，人是一个有能动性的公民；但在人为营造的公共空间里，要么是消费者，要么是对该空间设计的威胁。"

选择玫瑰园作为一个隐喻，也是我在表达一种对罗斯福新政时代公共闲暇理念的怀旧之情，尽管可能不是重点，这种理念曾经是新政策时代的特征。奥克兰的莫孔玫瑰花园是大萧条时期联邦政府出钱建造的，在其建成一年后，美国公共事业振兴署（WPA）便陆续在全国范围内建造了 1000 多个公园。这些项目反映了一种观念，即向公民提供闲暇资源是国家的责任，这种观念受到多种思想的影响，包括进步主义、萌芽中的社会科学以及——现在听起来很荒谬的——担忧更多人拥有过多闲暇时间。1930 年，英国经济学家约翰·梅纳德·凯恩斯（John Maynard Keynes）假设现代化将把人们每周工作的时间缩短至 15 小时，并对自由时间的前景感到担忧，"对于没有特殊才能的普通人来说，这是一个可怕的问题"。在大萧条时期，由于受到高失业率以及国家复兴管理局（NRA）[1]毛毯政策（blanket codes）的影响，国家鼓励企业将每周工作时间限制在 35 到 45 小时。对一些人来说，充足的非工作时间便成了现实。

罗杰克认为"现代闲暇的诞生……与公民社会中自由公民的管理问题密不可分"。带着一种类似于学校成绩是在社会效率运动之下诞生的敏感，二十世纪早期的改革家将闲暇时间视为一种风险和机会，认为其可以帮助公民变得更健康、成为更有用之人。全国成年生活丰富委员会在 1932 年甚至提出了："美国人民今后在业余时间所做的活动将在很大程度上决定我们文明的性质。"虽然小心翼翼地将公共闲暇与消费主义闲暇强制性地区分开来，但在当时对前者表述的用途可能极为务实：考虑到大萧条期间人口出生率的下降，一项研究表明，闲暇的一个重要功能是让人们相遇、结婚然后生育；另一个提到的功能则是让人们保持健康，以备应对将来服兵役的需求。

1950 年，有一部名为《娱乐的机会》（*A Chance to Play*）的公共教育电影，很好地展示了从美国制度和经济角度来看，继续娱乐活动是多么的有用：可以让年轻人远离麻烦，让男性保持好的体形以便在国家需要时被征召入伍，让精神病人避免入住疗养院（这花的是纳税人的钱），并且维系核心家庭的团结。总的来说，闲暇带来

---

1. 美国国家复兴管理局（National Recovery Administration，简称NRA）是罗斯福总统于 1933 年创建的，作为应对大萧条的一项政策举措。Blanket codes 是指由 NRA 制定和推广的一系列行业规范，也称为"蓝鹰标准"（Blue Eagle Standards）。这些规范旨在规定各个行业的工资、工时、生产标准等，以确保公平竞争、提高工人生活水平并促进经济复苏。为了展示企业遵守了这些规范，企业可以获得一个蓝色的鹰徽章标志（Blue Eagle），以象征它们的合规性。——译者注

了"健康、快乐并且提升了效率"。影片指出，许多公司也注意到了这一点："许多大型工业公司意识到，无论工作是什么，有机会在业余时间娱乐的美国工人总会表现得更出色。今天，发展不错的公司不仅鼓励其员工参加娱乐活动，而且会经常合作一些运动场供员工使用，并在需要时进行维护。"这一最后的评论是影片中另一个部分的开始，该部分是关于灯光照明娱乐区域的需求——但一旦了解到，这部电影的投资不仅来自国家娱乐协会，还有通用电气公司之后，就不会感到那么惊讶了。[1]

当然，在这种实用主义之外，休闲也可以被强调为一个有益健康的自由和表达领域。它可以为游客提供空间和时间，让他们自主行动，而不是去工作和消费。任何纯粹为享受生活而设计的东西都可以得到公共资助，这是一个美好的想法。正是这个概念，这个版本的自由和能动性，我几乎完全接受并放入了之前有关公园的隐喻中。

我们正沿着一条小溪前进，按照惯常，这里可以称为小溪，但很不幸，由于其上层地段受到了干旱的影响，它现在变成了一条河岸走廊。天气太热了，穿梭在阴凉地带之间，除了想着走到下一个树荫区，别的什么也不想思考。从小溪另一侧的山上，我们可以听到维修货车在地下铺设电线的声音，这么做是为了减少该地区发生火灾的风险。

---

1. 参见同年的《更好地利用闲暇时间》（Coronet 教学片）。在这部电影中，一位讲述者教育一个年轻人，与他辛勤工作的祖先相比，其生活是多么轻松，因此他有责任找到一项有建设性的闲暇活动来填补时间。这个年轻人选择了摄影，这既符合爱好，又可以成为职业。在影片的结尾，镜头对准了一个时钟，时钟的嘀嗒声越来越响，与此同时，这位讲述者对观众说道："你会让时间从身边溜走呢，还是好好利用它呢？"

　　这条小路曾经是一条牧场公路，在穿过一片长满大橡树和月桂树的树林时，拾起一片掉落的月桂叶，闻一下味道：是一种香草、丁香、柠檬和黑胡椒混合的味道。无法确定这些树有多老。凝视着这片树林，我们从现在，跌入了这个地方的过去——它曾经是怎样的牧场，在那之前它又是另一种不同的家园。我们在游客中心看到的奥隆尼（Ohlone）[1]部落使用过的灰泥碗和杵大约来自1750年，距今也不是很久远。

　　这条路一直沿着山坡往上爬，其顶点处与一条私人道路相会。在我们的右边，竖着一块大牌子，上面写着那块地是私人所有。在我们前面有一扇门，门后面是一片壮观的景色。这扇门代表着另一个公园的边界，这个公园自二十世纪六十年代以来一直只对帕洛阿尔托（Palo Alto，一个以白人为主的城市）的居民开放，直到去年才彻底开放。美国公民自由联盟（ACLU）代表当地的美国全国有色人种协进会（NAACP）提起了诉讼，称公园的这种限制和很多事情一样，是吉姆·克劳（Jim Crow）[2]时代种族隔离的一种延续。限制入园的痕迹已被清除了，只有一个指示牌告知即将进入另一个公园。

---

　　1. Ohlone，又称Costanoan，是加利福尼亚地区原住民的一个群体。他们在美国加利福尼亚地区的中部和北部沿海地区生活，包括现今旧金山湾区、蒙特雷湾区等地。Ohlone群体在西班牙和墨西哥殖民时期与欧洲殖民者接触，这导致了他们社会和文化的巨大变革。

　　Ohlone人以狩猎、采集和捕鱼为主要生计，他们使用了许多不同的自然资源来满足生活需求。他们还创造了丰富的文化、宗教和艺术传统，包括传统的艺术和手工艺品。——译者注

　　2. 吉姆–克劳（Jim Crow）是指十九世纪末到二十世纪中期美国南部针对非洲裔美国人实施的一系列种族隔离和歧视政策的代称。这些政策旨在将黑人与白人在社会、教育、交通、餐饮、住房等方面分隔开来，限制黑人的权利和机会，维持种族歧视的社会秩序。——译者注

美国 1934 年的一项社会学研究调查了人们关于愉快的闲暇体验的问题，一些参与者提到了自主闲逛。例如，一位 49 岁的社会工作者描述了一次 3 小时的徒步旅行和午餐的情况，地点大概是在山里的一个公园。其对这一天的详细描写里有许多像皮柏那样的沉思和欣赏的时刻。最后他写道，"喜欢这一天主要是因为"：

1. 在度假，无忧无虑。

2. 有一个志趣相投的伙伴，喜欢她的沉默，也喜欢与她谈话。

3. 公园里到处都是美丽的大自然风光：云、树木、阳光、灿烂的天气。

4. 最重要的是：这次娱乐活动不是由任何人提前计划或指挥的。想去哪里就去哪里，想什么时候动身就什么时候动身，没有预先制定的目的地。

我也喜欢在漂亮的小路上漫无目的地徒步，有时会感到无忧无虑。但在 1934 年，很大一部分美国人会觉得这种描述很陌生。但事实上，许多人仍然会这样做。

加内特·卡多根（Garnette Cadogan）[1]在 2016 年的一篇名为《步行中的黑人》（*Walking While Black*）的文章中提到，他比较了自己儿时和长大后的步行环境，前者是在牙买加金斯顿，后者是在新奥尔良和纽约。在金斯敦的线路多种多样，让人陶醉，并使他感到有安全感，也让他暂时远离了家中的虐待。但在新奥尔良很快就显示出了不同的情况。从早上穿好"防警察衣服"的那一刻起，直到回家，步行都不再简单，也不再自由。相反，这是一场"复杂且往往是令人感到压抑的谈判"：

在夜晚，当看到一位白人女性走来时，为了让她感到自己是安全的，我会马上走到马路另一边。当发现自己把东西忘在家里时，如果有人走在后面，我不会立马转身返回，因为我发现突然转身可能会引起他的警觉。（我有一条基本原则：与那些可能认为我危险的人保持较远的距离。否则，我可能会遇到危险。）我突然觉得新奥尔良比牙买加更危险了。人行道成了雷区，每一次犹豫和自我审查后的补偿都降低了我的尊严。我尽力了，但从来没有在街道上感到过舒适安全，甚至连一个简单的问候都是可疑的。

这一切都为卡多根的步行增添了一种不可避免的限制，让 flânerie（散步、闲逛）的乐趣荡然无存。卡多根写道："作为一个黑人，步行被限制了体验感，独自散步的浪漫变得遥不可及。"他把这个与女性朋友的生活进行类比，她们同样难以获得这种自由。皮柏

---

1. 加内特·卡多根（Garnette Cadogan）是一名在牙买加出生的作家、学者和步行者，专注于城市研究、步行文化和身份问题。他以他在城市环境中步行和观察的研究和写作而知名。他的作品涉及城市探索、社会正义和文化多样性等主题。——译者注

对闲暇的定义强调整体性，"当一个人与自己合而为一时，当他默许自己的存在时"便是闲暇。但卡多根所居住的任何美国城市都不允许这种关系。他的经历反映了 W.E.B. 杜波依斯（W.E.B. Du Bois）[1]所说的"双重意识"，而非一个整体："这种总是透过他人的眼光审视自己，用世界的尺度来衡量自己灵魂的感觉，而这个世界满含戏谑、轻蔑和怜悯的眼光"

卡多根在其文章中回忆道，只有当自己回到牙买加的一段时间后，才能感到完整："我再次感受到似乎唯一重要的身份就是我自己的身份，而不是别人为我构建的狭隘的身份。我慢慢发现了更好的自己。"拉科塔作家芭芭拉·梅·卡梅隆（Barbara May Cameron）在她的文章《哎呀，你看起来不像来自保留地的印第安人》的结尾描述了一个类似的时刻，主要是在白人主导的世界里被人误会和不舒服的感觉。直到回到南达科他州的家里，才出现了类似皮柏所说的精神状态：

我在此找回了自己，在山间、草原上、天空下、路上、宁静的夜晚、群星之下，在听着远处郊狼的嗥叫，走在拉科塔的土地上，望着熊丘，看着祖父母皱纹斑驳的面庞，站在雷电下，嗅着山口中的味道，以及和我所珍惜的亲人在一起时，我再次找回了自己。

我的时间观念变了，说话的方式也变了，我内心的某种自由又回来了。

---

1. W.E.B. 杜波依斯（W.E.B. Du Bois，1868—1963）是美国历史上重要的黑人社会学家、作家、社会活动家和民权运动领袖，他在二十世纪早期为黑人权益和社会平等进行了积极的努力。——译者注

在闲暇里，除了可以摆脱时钟时间的限制，还有更多可以摆脱的东西。任何将闲暇视为一种精神状态的想法——不论是从闲暇的定义、条件还是目的出发——都因美国的历史变得复杂，因为许多人为了达到完整、获得能动性和内心平静而需要的任何东西都被积极摧毁了。有很多人，仅仅是走在大街上，都会被视为是"对这个地方设计的威胁"，不管这条街是公共场合还是私人领域。对他们而言，仅仅是在公共场合露面，在某些地方都会被解释为是在诱导暴力行为。2021年，反亚裔仇恨犯罪增多，一名与我妈妈年龄相仿的菲裔美国女性在纽约市遭到一名男子的残忍袭击，这位男子声称她不属于这里。我记得从那时候起，便开始看到妈妈在公共空间的活动因一些可能发生的威胁而受到限制。

正如社会等级制度已完全渗透人们的生活，每个人的经历都与之产生联系，它也贯穿了所谓的公共闲暇的历史。这与公共闲暇作为一个"远离一切"的中立、非政治性和非商业空间的形象形成了鲜明对比。与此同时，闲暇作为一种公共产品理念越发流行，有关歧视的法律程序确保了城市之间的空间隔离。虽然现在的游客更加多样化了，但奥克兰的莫孔玫瑰花园在建成的时候可能确实是一个"白色空间"。（一张二十世纪三十年代的地图，显示了带有歧视意味的社区等级划分，玫瑰园位于"B"级区域，而西奥克兰和东奥克兰则被评为"D"级，因为大部分住在这里的人不是白人，因此显示他们的"贷款风险高"。）

二十世纪三十年代的闲暇概念并不仅存在于社会阶级领域；它还积极地复制和巩固了这种等级制度。当向一个群体提供安全和自由时往往"暴力地"排斥了其他群体。安全和纯洁意味着白人和能力；改善意味着更多的白人和更有能力。事实上，正是因为公共和私人闲暇空间与自由联系在一起，才引起了人们对种族混合这件事的焦虑。历史学家维多利亚·W. 沃尔科特（Victoria W. Wolcott）写道，"即使在十九世纪九十年代吉姆·克劳（Jim Crow）被编纂成法律之前，比起其他任何地方，白人更有可能在娱乐场所强制实行种族隔离"。电影《娱乐的机会》中几乎全是白人。

对于用来休闲的设施而言，时间只是另一种隔离工具。二十世纪初的美国，一些游乐园的老板和工作人员只允许非白人在一周中的某一天（通常是周一）或一年中的某一天（至少有一次是在 6 月 16 日）参观游玩。在俄亥俄州的艾尔顿市，唯一的市政游泳池只在周一对黑人游客开放四个小时，尽管它是用包括黑人纳税人的钱在内的 WPA 基金建造的。连年份本身也被划分为优质和非优质参观日，因为一些公园只允许黑人游客在不太宜人的季节中在所谓的休息日进行参观。这些限制框定了许多人对"自由"时间的体验。在杰基·罗宾逊（Jackie Robinson）[1]的自传中，他回忆起自己一个由黑人、日本人和墨西哥人组成的朋友圈，描写了这些孩子是如何对这些限制感到恼火的："我们只被允许周二时在帕萨迪纳当地的市政游泳池游泳，有一次，因为我们去水库游泳了，警长用枪对着我们，把我们押进了监狱。"甚至是韩裔美国跳水运动员李桑明（Sammy Lee[2]）除了每周二，其他时间也不准在帕萨迪纳的那个游泳池里游泳，所以他不得不建造一个分划板和沙坑，以便在一周的其他六天

---

1. 杰基·罗宾逊（Jackie Robinson）是美国历史上著名的棒球运动员，在二十世纪四十年代末和五十年代初成为美国职业棒球大联盟（MLB）中的第一个非裔美国球员。——译者注

2. 李桑明（Sammy Lee），美国历史上的一位著名的跳水运动员，也是美国第一个亚裔美国人夺得奥运金牌的选手。——译者注

里进行训练。顺便说一下李桑明在 1948 年和 1952 年的比赛中都获得了金牌。

最终，这些设施拥有者抵挡不住来自抗议者或 NAACP 组织的反对，他们要么任由这些设施自然老化，要么关闭，要么卖给了私人开发商。沃尔科特在她关于美国种族隔离娱乐的书中，表达了对已经逝去的公共闲暇的"黄金时代"的怀念，这也是我无意中展现出来的一段已经被粉饰忘却了的历史。然而有时候，历史会以意想不到的方式浮出水面。沃尔科特写道，2005 年，密西西比州斯通沃尔的房地产开发商注意到一些建筑表面露出了混凝土，发现了一系列过去的事情："通过进一步挖掘，发现了一个游泳池，里面有瓷砖和水下灯。原来是二十世纪七十年代初，镇上的官员为了不让当地黑人和他们的白人孩子一起游泳，匆忙地把游泳池埋了起来。"

安全的闲暇空间就是白色空间的想法不断以新的方式重新出现，包括网上也出现了这些观点。2020 年，科学作家克里斯蒂安·库珀（Christian Cooper）在中央公园观察鸟类时，一名白人女性报了警，这之后柯丽娜·纽瑟姆（Corina Newsome）、安娜·吉夫蒂·奥普库–阿吉曼（Anna Gifty Opoku–Agyeman）和其他人一起组织了"黑人观鸟者周"。在社交媒体上、在活动中和文章里，参与者分享了自己在一项主要由白人、男性、中产阶级主导的休闲活动中感到不适和遭到区别对待的故事。艺术家瓦尔特·基通杜（Walter Kitundu）在观察鸟类时曾多次与警察发生冲突，他告诉《华盛顿邮报》："我真的想不出还有什么比站在树下看蜂鸟筑巢更有益身心的了，但我认为，如果我们的活动超出了白人想象中为我们建立的可能性框架，那么我们就有危险了。"[1] 但是，当带有"黑人观鸟者周"（Black Biraers Week）话题的内容（包括华盛顿邮报的文章）被发布到在线观鸟小组时，有时会遭到警告，有时会被删除，甚至直接将发帖者的账号查封——这便是现代版的地下游泳池了。

同年晚些时候，非营利组织"抢救红杉联盟"发表了一份声明，是关于其创始人之一在美国优生学运动[2]中所发挥的作用。很荒谬的是《伟大种族的消逝》一书的作者，麦迪逊·格兰特（Madison Grant），曾将红杉与北欧种族联系在一起，并将对红杉生存的威胁等同于对种族纯净化的威胁；他所写的这本书后来直接影响了纳粹党的政策。在红杉联盟的网站上，大多数关于这一声明的评论都是积极的，对这个问题得到了解决表示宽慰。但一位评论者却显得不太高兴。他称这一声明"不合适"，并坚称"肤色与头发颜色或眼睛颜色一样重要"，他写道，"对我来说，红杉联盟一直是特殊的和平之地，是一个不考虑身份、政治的地方，我觉得网站上最近的帖子侵犯了这种神圣性。我希望红杉联盟能继续保持其以往的作风，按照一个庇护所本来的样子运行下去——远离分裂性的身份言论，虽然这种言论已经分裂了社会的其他部分。"和平、圣洁和庇

1.　在一个公园里，一名男子在他能听到警铃的范围内报警后补充说道："警察会照顾你的。"在这件事之后，基通杜张贴了一些传单，传单上面印有他和自己摄影装备的照片，标题是"警告！你见过这个人吗？"其附带的文字解释道："他是一个黑人，也是一个鸟类摄影师。虽然这种组合可能很罕见，但请放心，他通常是不会带来危险的。"传单上还印有"这名男子拍摄过的真实的照片"。

2.　美国优生学运动（Eugenics Movement）是二十世纪早期在美国和其他国家兴起的一场社会运动，旨在通过控制人类繁殖，改善人类种族的遗传品质。该运动认为通过人为干预，可以剔除"不良"基因，提高种族的生物质量。优生学运动的支持者认为这可以通过强制绝育、种族选择、婚姻限制等措施来实现。——译者注

护所这三个词引出了一个问题：庇护所是为谁而设立的？这句话还不包括对一个地方"本来的样子"的非历史的看法，好像它一直都是这样的，没有过暴力、掠夺和谋杀的历史。《剥夺荒野：印第安人的迁移和国家公园的建立》一书的作者马克·大卫·斯宾斯（Mark David Spence）等作家讲述了美国建立的国家公园和自然保护区（荒野地区）是如何违反了与土著部落的条约的，不仅如此，美国还大规模地构建了美国人关于"'真正的'荒野或'原始的'景观"的观念。

在看到那人在抢救红杉联盟网站上的评论后，我发现自己反复思考了很长一段时间。有种东西，某种听起来就像把脑袋埋在沙里的方式，让我不得不思考闲暇到底意味着什么？除了从工作中恢复之外，闲暇的"目的"是什么？我在《如何无所事事》一书中也用了一种庇护所式的心灵平静的语言，我注意到奥克兰的玫瑰园是以某种方式建立在一座小山上的，远离了周围的喧嚣。但是这个人对庇护所的坚持使这个想法听起来是错误和荒谬的——就像在沙漠中放一台冰箱一样。

从大门口折回来后，我们在一个我觉得很熟悉的池塘边停了下来。这个池塘已经完全干涸了。在这里我看到了一个从未见过的景象，在有水的地方，形成了一个小型森林，里面长着一些奇怪的植物——也许是藜属植物。我习惯在这里观察成千上万只鸟，但几个月前出现的一个场面一直困扰着我，在向南大约 20 英里的一个类似的池塘里出现了死鱼，那个池塘因干旱而缩小了。我们坐在长凳上，尽可能忍受这些微小但持续存在的黑色小虫子。一只胸口是白色的五子雀（吃虫子的）来了一会儿，发出了几声带着鼻音的叫声，然后就消失了。这张长凳是为了纪念某个最近去世的人，放在这里是为了让人们享受池塘的美景。不管我们现在在做什么，在这样的景色里，感觉都很不一样，但我还是宁愿待在这里，而不愿去购物中心。

在旧金山南部沿海小镇佩斯卡德罗附近的一次观鸟旅行中，我又问了自己一次"闲暇是为了什么"的问题。就在我开始沿着岩石悠闲地散步时，看到沙子里有一个奇怪的形状。那是一只死灰鹭，而那天我看到被冲上岸的海鸟还不止这一只。虽然我知道很多人经常看到更糟糕的事情，但这个景象依然令人痛心。手机还有一格信号，我查了"2021 年佩斯卡德罗海鸟死亡"的相关信息，翻阅了全国各地关于海鸟死亡的文章。那天余下的时间里，我一直在想着气候变化和其连带损失的事情。我注意到植物开花的时间比平时更早了，并为那个冬天到现在为止还没有降雨而烦恼。当太阳落山时，我坐在海滩上的一根圆木上，悲伤地望着大海，仿佛它能给我一个答案。它只是用惯常的咆哮回应——又是一天，又是一波巨浪。

　　这就是闲暇吗？按照传统的标准，可能并不是。当闲暇视为一个完美庇护所的观念中可不能出现死鸟，这和商业休闲度假区中不能出现"不相关"和令人不愉快的事情没有什么不同。海滩本应该呈现出它"本来的样子"，不受时间影响，没有遭到蜗牛入侵，鳟鱼数量也没有减少。在这之前，我对碾磨石部落（Amah Mutsun）[1]一无所知，这是当地的一个部落，其后裔被强行带到了圣胡安·包蒂斯塔和圣克鲁斯传道院，现在正在努力恢复这片土地的生态平衡。我必须以一种"色盲"的眼光来看待公园里的游客。换言之，这种情况就如同一张明信片——我只是明信片的买家，而不是一个充满生气的现实时刻和地点，遭受着与其他任何地方一样的痛苦和不公。

　　如果说这次旅行没能让我内心变得平静，但它却带来了肯定和一种责任感。心碎并没有减少我对鸟儿的爱；并没有减少海洋的美丽；这只会让我在看到它们的时候，心中充满一种希望事情有所不同的强烈愿望。从这个意义上说，我的到访不能被描述为消费者购买产品，甚至不能被描述为一个无忧无虑的公园游客的游玩，而是一个遇到麻烦的人陷入困境的世界。最重要的是，这次相遇发生得很及时。它和明信片正好相反，明信片是没有办法拍摄的——因为照片一拍出便会过时，而且有太多东西不会出现在镜头中。这是复杂而苦乐参半，发生在生态时间、我个人的记忆、不公正的历史和对未来的担忧之间的交错之处——所有这些都被瞬时的光影模式所冲淡了。

---

　　1. 碾磨石部落（Amah Mutsun）是加利福尼亚州中部地区一支原住民族群的名称，他们的传统领土位于今天的美国加利福尼亚州。这个群体属于哥斯达黎加－瓦希阿诺语族，曾在该地区生活和繁衍。——译者注

也许这就是皮柏所说的"垂直"时间——也许这种垂直不仅是因为它与水平是相对的,而且还因为它深入了历史的深处,在它向无限的乌托邦理想延伸的时候。如果闲暇概念有什么用途,对我而言,它一定是:一种中断,一种领悟,让我们有机会一瞥真相,又能看到与通常看到的完全不同的东西。这种闲暇不仅与工作世界格格不入,与我们所习惯的日常世界也格格不入。如果有机会慢下来,我发现重要的不是慢本身,而是一直以来那些在我感知之外发生的事情。

新冠疫情期间,许多待在家里的人对自己突然成为宅男宅女感到不舒服。在某些情况里,人们称这种不舒服,是因为自己需要保持高效,但我认为也不尽然。在我的认知里,当人们知道自己生活在平静和舒适中,而他人正身处于相反的处境时,会感到很糟糕。也许他们想要的并不是为了效率而"提高效率"——就像《摩登时代》中查理·卓别林扮演的小流浪汉一样不知道如何停止工作这个动作,只是想做点其他事情,使他们的闲暇时间能富有意义。

设想一种与当前秩序相悖的闲暇活动,使我们有可能不将其看作一种特殊的逃避,而是与政治想象力密切相关的东西。如果说闲暇一直是这些从规则中获得好处的人的非政治避难所,那么对于那些没有获得好处的人来说,闲暇则是政治避难所,对他们而言,享受愉快、有尊严地生活,不可避免地成为一个正义问题。我脑海中浮现了马克·海尔(Mark Hehir),湾区残疾人权益倡导者,在回答关于最喜欢徒步旅行时说的话。马克自己也一样,无法实现"独自步行的经典浪漫体验":1996 年,他被诊断出患有肌肉萎缩症,以后要靠轮椅和呼吸机生活,这便需要有人陪伴。马克告诉我:"对我来说，当开始徒步旅行时，我经常会有一种回家的感觉。"然而，马克在大自然中有像家的感觉意味需要创造一个"家"（让自己能够自如出入大自然），这需要多年的跟踪审查和向公园官员提供反馈，最初都是靠他自己主动提出，现在他则成了圣克拉拉县公园的官方残疾联络员。

无论是过去还是现在，制度机构使公共闲暇空间更具包容性是非常重要的事情，许多类似的组织已经朝着这个方向迈出了重要的一步。尽管公共公园的历史比较复杂，我对其仍怀有强烈的感情，因为在新冠疫情期间，这些公园救了我的命（可能也救了许多家中没有户外空间的人的命）。那些不太显眼、本质上更具政治性的闲暇空间的历史也同样值得被记住：比如教堂、厨房、后院、工会大厅、同性恋酒吧、社区花园和各种活动中心。这些地方很脆弱、存在时间也很短，它们没有足够的资金，且不引人注意，它们不仅能疗愈心灵，还是一个可以让人们平静、娱乐的地方，也是建立权力的地方——至少因为它们的存在本质上与周围环境不一致。

如果这些地方是庇护所，那么它们不是让人把头埋在沙子里进行逃避，而是保存着来自不同时间、有着不同形式的语言。它们是一种家的化身，一种为了自身而存在的"别的东西"，就像皮柏在集体层面上实现的精神状态一样。在 2021 年的一次采访中，专注于非裔美国人研究的作家和学者赛迪亚·哈特曼（Saidiya Hartman）描述了一种在经济和社会等级之外建立家园的方式："人们通常认为照顾关心是一件极其私人化的事情。但我认为照顾好自己，在一定程度上，是我们毁灭这个世界、创造另一个世界的方式。我们互相帮助，以适应原本不适合居住的残酷的社会环境。"

公共关怀和政治迟缓的一个例子，来自诗人、行为艺术家和社会活动家崔西亚·赫尔西（Tricia Hersey）[1] 的作品，与"放慢"生活形成鲜明对比的是，它并非简单地重新巩固体制。她的组织"午睡部"会开展包括写作、研讨会、表演和集体午睡体验的活动。2020年10月，赫尔西在推特上写道："休息并不是在像机器一样工作并且筋疲力尽后给自己的一种额外奖励，也不是一种可爱的小奢侈品。休息是我们通向自由的道路。是治愈之门。也是一种权利。"

赫尔西在工作中使用社交媒体，但对社交媒体鼓励"工作狂文化"的方式持批评态度，这种文化的根源始于资本主义和白人至上主义。她在推特上说，"内容创作者在制作'表情包、信息图表、视频、抖音舞蹈挑战、诙谐有趣的小品和直播'时，就已经筋疲力尽了。每隔一秒钟你们就能创作一个新的东西出来，但光是看到这些东西我就很困倦。"赫尔西也意识到，她的言论和想法正在被白人资本主义健康运动所采纳（他们必须在她的帖子中感受到一些比较适合发 insta-bae 的材料）。这是一个特别残酷的讽刺，因为"午睡部"特别想要解决的问题有两个，一个是被奴役者睡眠被剥夺的问题，另一个则是被视作商品化主体的问题。对赫尔西来说，休息同时是"一种精神实践、一个种族正义问题和一个社会正义问题"。

在美国国家公共电台的洞察天下事（*All Things Considered*）节目中，赫尔西接受了一个4分钟的采访，谈到了她自封为午睡部长。主持人问道："关于如何在生活中开展休息这一点，你会对人们说什么呢，尤其是在他们觉得自己现在无法休息的时候？"

赫尔西回答道："关于这个问题，你知道吗，我喜欢重新想象资

---

1. Tricia Hersey 是一位美国的创作者、社会活动家和社区组织者，以创办 "The Nap Ministry（午睡部）" 而知名。她的工作主要关注休息、自我关怀和社会正义，她鼓励人们在现代社会的忙碌中找到平衡，拥抱休息和不断内省的重要性。

本主义和殖民制度之外的休息。所以我喜欢把休息想象成一件颠覆性和创造性的事情——将眼睛闭上 10 分钟，花更长的时间淋浴、做白日梦、冥想、祈祷。所以无论在哪里，都能休息，因为无论我们身在哪里，都能找到自由，因为我们的身体是一个自由的地方。所以现在便是休息的时候了。我们总能——"

"我得打断一下，"主持人打断了赫尔西的发言。她的采访时间到了。

离开池塘后，小路向前延伸，遇到了一条种植着橡树和红木的路，与小路形成了鲜明的对比。这里没有栅栏，在分界线的另一边，干燥、灌木丛生的草地突然变成了浇过水的草坪，草坪不断延伸，延绵不绝。这里是帕洛阿尔托山乡村高尔夫俱乐部。我们在网上查询，发现俱乐部的网站事先谨慎地保留了价格，但确实告诉了你入会费、每月会费以及适当花费可以享受：打高尔夫球、使用游泳池、打网球、去健身中心锻炼，以及你的孩子可以做的很多事情。我从来没有去过乡村俱乐部，在我想象中，它们中的大多数都像美剧《消消气》(*Curb Your Enthusiasm*) 里的那个乡村俱乐部吧。也许是预料到了这些联想，俱乐部的网站写道，"在这个多元文化的俱乐部里，我们每天、每月都强调着变化、创新、乐趣和友谊。这里保证了多样性，每个人都会找到真正适合自己的东西"。网页顶部是俱乐部场地上一个大型户外时钟的标题图像，上面写着"没有虚度光阴"。

闲暇的概念总是包含着矛盾（人们对闲暇的概念看法各异）。从历史上看，闲暇的支持者和学者分为两类：也就是罗杰克所说的实用主义者和远见者。皮柏很有远见，但最杰出的远见者是亚里士多德。对他而言，工作世界和闲暇世界之间的鸿沟是如此之大，以至于任何有实际目的的活动，哪怕是娱乐，都不能被视为闲暇。在他看来，只有哲学——对事物的本质进行深思、考虑和探究——才是人类的最高使命。

然而，亚里士多德对闲暇的定义也要求工作作为其基础：古希腊是一个奴隶社会。亚里士多德对不同类型的论证进行了区分，他认为有些人天生就没有高级思考的能力，这也使他们成为"天生的奴隶"。具体而言，他认为非希腊人也有这种特征——这非常容易观察，因为在希腊大多数被奴役的人都是非希腊人。亚里士多德认为，如果一个城邦拥有自主的劳动机器，就不需要奴隶，但与此同时，自然奴隶的存在又是一件好事。之所以好是因为理想的城邦应该有闲暇时间，一些人拥有闲暇时间，就意味着另一些人需要去工作。更重要的是，那些被奴役的人是无法独立思考的，他们受益于在能够思考的人的庇护下工作。他们的主人追求闲暇时光，而他们可以在这其中做出一些贡献，从而实现自身的意义。这种天生的劣等性和相互恩惠的模式将被一遍又一遍地引用，为殖民、奴役和压制妇女而服务。[1]

如果这里有闲暇的基础设施，那也只是一种社会等级制度，在那里，奴隶被视为外来者（他们创造的闲暇空间的外来者）。这就是

---

1. 亚里士多德在《政治学》中写道："因此，从本质上讲，大多数事物都是统治和被统治的关系。因为自由人统治奴隶，男人统治女人，男人统治孩子的方式各不相同，所以虽然灵魂的各个部分存在于所有人身上，但它们以不同的方式存在着。奴隶完全缺乏与人协商的条件；女性有条件，但缺乏权威；孩子有条件，但其观点不完整。"

后来，这种等级制度也会通过基督教的视角来加以解释。在美国1856年的一次支持奴隶制的布道中，一位南方长老会牧师认为奴隶制只是反映了基督教的自然秩序，他引用了《创世纪中》对夏娃的一句话："你必恋慕你丈夫，你丈夫必管辖你。"牧师又补充道："在那律法里，那就是上帝所命定的政府的开端。这是上级对下级的统治的开始，人们必须服从。"

在第一章中提到的劳动分工的核心，在这里，有些人的时间不仅价值更低，而且还被视为"为了别人的时间"而存在。即使工作环境发生了变化，这种情绪仍然存在。在美国北部工人阶级自我教育的浪潮中，一位杰克逊派民主党人在 1830 年的一次祝酒词中表达了自己的期望："在文学修养方面，最贫穷的农民应该与他更富有的邻居站在一个水平上。"作为回应，费城《国家公报》的编辑坚持认为，阶级之间的划分是在高雅文化和稳定的前提下进行的："'农民'必须在他富有的邻居可以用来从事抽象文化的时间里劳动……；技工不能为了学习通识而放弃工作；如果这么做了……倦怠、衰败、贫穷和不满的景象很快就会出现在各个阶层中。"

换言之，闲暇作为一种可识别的时间类别，只能通过与工作时间的对比而产生，而工作时间是属于别人的。但学者约昂－吕伊斯·马尔法尼（Joan-Lluís Marfany）[1]对近代初期欧洲无聊且有闲阶级为了追求新鲜事物而"发明"出来了闲暇这一论点并不认同，他提出"在采集社会或原始农业社会可能根本就不需要'工作'和'闲暇'这两个截然不同的概念，但很难相信，一旦……引入某种形式的社会经济分化，反对意见就不会出现了"——例如，契约劳动或雇佣劳动。对有闲阶级来说，空闲时间让他们感到无聊；但对其他人来说，工作让他们感到无聊，而且劳动人民可以毫不费力地决定如何利用分配给他们的闲暇时间。这一点也没有真正改变。马尔法尼写道，"真正令人吃惊的是，最流行的娱乐形式仍然和六七个世纪以前一样：玩一些游戏，喝酒，跳舞，在树荫下或火炉旁

---

1. 约昂–吕伊斯·马尔法尼（Joan-Lluís Marfany）是一位西班牙历史学家，专注于研究社会、经济和人口历史，尤其是在中世纪和近代时期的加泰罗尼亚地区。其研究涵盖了人口普查、家庭结构、社会等多个方面。——译者注

悠闲地聊天。人们在纽约的布莱恩特公园玩的跳棋，就和他们在巴家（Bagà：西班牙加泰罗尼亚地区的一个小镇）的广场上玩的一样"。

如果真正的闲暇真的"与工作形成直角关系"，那么闲暇的存在至少意味着一个新方向的开始，朝着工作之外的生活前进，朝着工作相关的正当消费前进，以及朝着把人视为劳动时间储存库的观点前进。事实上，早在凯恩斯对自由时间感到烦恼之前，在美国缩短工作日的运动中，关于工作在工人生活中的首要地位的问题就一再出现过。在十九世纪，休闲需求也引出了一个基本问题：工人到底是为资本家而存在，还是为自己而存在。这条宝贵的生命有多少是欠资本的？

这里提到的自由时间绝不意味着什么都不做。将缩短工作时间的需求与结束童工的呼吁结合起来，抗议者认为闲暇时间本质上是动态的：它将不仅是指享受的领域，也可以用来进行自我教育或者组织活动，这将导致更大的需求和更大的政治权力。与二十世纪三十年代的社会改革家不同，十九世纪的劳工领袖并不担心这个新时代背后的潜在影响。艾拉·斯图尔德（Ira Steward）是十九世纪末缩短工作时间需求的重要的支持者之一，作为一名劳工领袖，他因信奉"劳工兄弟会"的种族包容性愿景而闻名。按照他的说法，闲暇是"一张空白的——消极的——白纸"。每天工作 8 小时本身并不是目的，而是"必不可少的第一步"：这将让工人有时间想出更多获得自由的方法，并让其意识到"在选举日让无知的劳工和自私的资本结成联盟，这是不可能的"。就像我提到的其他被政治化了的关于闲暇的例子一样，斯图尔德的"空白"与其说是保持等级制度的泡沫填充物，不如说是一种气体，每增加一点都有可能导致系统出现更多裂缝。

二十世纪七十年代，在新自由主义政策和全球化影响下，有组织的劳工被削弱之前，这种不断扩大的冲动和对自由的需求在美国工人中再次显现出来。彼得·弗雷兹（Peter Frase）[1] 观察到，劳工接受雇主的要求以换取加薪的"福特式工资妥协"的结果是两头都不令人满意；企业主不得不应对一场强大的劳工运动，工人发现他们实际上想要的不仅是金钱和闲暇的附属品——他们想要的是在一开始就不卖掉自己的时间。弗雷兹引用了历史学家杰弗森·考伊（Jefferson Cowie）有关"蓝领忧郁"的描述，认为这种不满指向了蓝领工人的真正愿望："争取更多的自由时间，控制劳动过程，并从雇佣劳动中解放出来。"或者，正如演员哈威·凯特尔（Harvey Keitel）在 1978 年的电影《蓝领》中饰演的角色所说，"有房子、冰箱、洗碗机、洗衣机、烘干机、电视、音响、摩托车和汽车。买买这个，买买那个。最后你得到的只是一堆垃圾"。

从最无用的角度来看，闲暇时间的概念反映了一个不体面的过程：工作是为了购买暂时的自由体验，然后在工作的水平面上从微小间隙中忠实地呼吸空气（在工作间隙里得到喘息的机会，但又要心系工作）。休息和娱乐就像维修一样，从闲暇期到喂食期。巴巴拉·拉克（Barbara Luck）在其 1982 年的诗《错过的东西》中清晰地表达了这种"自由"的荒谬感：

---

1. 彼得·弗雷兹（Peter Frase）是一位美国作家、记者和社会评论家，主要关注社会主义、科技、劳工、环境和政治等领域。其著作涵盖了未来主义、社会变革、技术发展和经济不平等等议题。——译者注

错过的是没有计划的时间，

会自我创造的时间，

就像孩子们过暑假一样，日复一日，

没有一个广场不拥挤，

各就各位、预备、跑，玩得开心、

快跑快跑。

时间到了。

又回到了往常的生活。

你玩得开心吗？不太有趣吗？

太忙了吗？

工作更轻松了，不是吗？

嘿嘿嘿嘿

　　然而，最有用的是，闲暇时间是一种临时手段，可以质疑围绕着它的工作界限。就像是文化中的支架，在不能容忍看似空虚的文化中，它可能会在工作与休息的水平领域提供垂直的裂缝——这是关键的停顿，在这个停顿中，工人会想知道自己为什么要这么努力，集体的悲伤在哪里能得到处理，新事物的边缘又在哪里开始得以显现。

　　在适应了这个地方的节奏之后，我们开始注意到更多的居住和住所的迹象，有些是与人类"合作"修建的：发现了鹿的踪迹、山猫的踪迹、鸟箱、地上的蛇洞、树上的啄木鸟洞、木鼠的巢穴（我们以前认为它们只是一堆树枝）。草地上的小圆柱体原来是受保护的橡树幼苗，这是当地为恢复橡树林所付出的部分努力。其他的存在，其他的生命。当我们经过时，一只粗尾棉尾兔在一丛干枯、易碎的茴香丛中看着我们，然后朝着河床的方向跑去了。它不知道"公园"是什么意思，有那么一瞬间，我们也不知道。

在写这一章的时候，我与迈阿密的废奴主义社区组织者兼艺术家尼基·弗兰科（Niki Franco）进行了一次交谈。她告诉我，她和朋友们在国家公园里受制于严厉的监管，有时因为警笛声，她无法享受自己的花园景色。我们都想知道，在一个充斥着父权制、资本主义和新旧殖民主义的世界里，像闲暇这样的东西怎么可能会存在。然后我问了她一个问题，这个问题和那项 1934 年有关闲暇的研究中提到的问题一致：还记不记得自己最近一次体验闲暇精神状态是什么时候呢？

作为回应，尼基回忆起自己在波多黎各的那段长时间旅行，那时她每周都会和好朋友一起徒步。这段经历远非"政治空虚"：她一直都知道波多黎各是世界上最古老的殖民地，处于美国的占领之下。在迈阿密时，她曾在新闻上看到波多黎各这个岛屿被飓风玛丽亚摧毁，当时遗憾至极，这导致她后来到了波多黎各，就会想起这种心碎感。当时许多人声称，这个岛屿永远不会从这场风暴中恢复过来。但是，在这些纯粹出于感激之情的徒步中，在她深为信任的朋友的陪伴下，在以某种神秘方式受到了雨林和鸟类的感官包围下，"之前的那一切都似乎不存在了"：

　　某些事情的发生吓得我后退了一步，这也让我感受到我们存在的重要性，以及我们是多么的渺小。这就像找回了我们的人性……这听起来有点戏剧性，但就是这种感觉。而且，当我意识到我的存在不仅与我的工作、社交媒体和其他事情有关——在发生这些事情之后，我便会觉得，哦，哇，在这个时刻，我是一个活生生的人。哇，即使会遇到很多破事儿，我真的很感激自己能活着。

　　大约在这次交谈的一个月后，我碰巧在圣塔安娜（Santa Ana）风[1]事件期间参观了莫哈维沙漠。圣塔安娜风是一种强劲干燥的风，从高海拔的沙漠吹向海岸。能以每小时 40 英里的速度呼啸而过，在当地人的传说中它臭名昭著，因为它会让人们紧张不安，变得暴躁。在我逗留的头两天里，我的生活处处与风有关：听风，会被它搅得心神不安，但又尽量置身于事外。可到了第三天，风停了下来，几乎是在顷刻之间留鸟就出现了：背啄木鸟、白冠麻雀、走鹃、勒氏弯嘴嘲鸫和菲比霸鹟。它们的歌声响彻在这片新的宁静之中。我注意到一只神秘的小鸟在房子外面的鸟巢旁飞来飞去。这只鸟做出了明智的选择：它没有选择周围的三齿拉瑞阿灌木，而是在一棵小的假紫荆属树木上筑了巢，这棵小树枝繁叶茂，内部经得起每小时 50 英里的大风。这阵大风甚至吹倒了庭院里所有的家具。

　　到了第四天，风又刮起来了。场面和以前一样激烈。但我想起了它那仁慈的停顿，想起了其间我所听到和看到的一切。我现在知道没有风的沙漠是什么样子了。我想起了皮柏的垂直时间"与工作成直角"的观点，这些基本的中断总是会坍塌回水平时间里，想起了尼基在短暂的感激和敬畏中听到的鸟鸣，然后又回到心碎的风景中。当风停下的时候还能听到什么歌声呢？在从工作中被夺去的时

---

　　1. 圣塔安娜（Santa Ana）风事件是指在美国加利福尼亚州南部地区发生的一种特殊的气象现象。圣塔安娜风是一种热风，通常在秋季和冬季出现，吹拂自大西洋的高压系统，带来干燥、炎热的气流。这种气象通常在夜间到清晨最为强烈，它能够导致气温升高、湿度下降，并带来强烈的风。

间里，躲避着持续的破坏——什么样的认知瞬间，什么样的关联方式，什么样的其他想象世界，什么样的自我？

　　还有其他类型的时间吗？

第四章

让时间回归正位

佩斯卡德罗附近的海滩

但是，从已经消失的太阳的空白、黑色边缘，迸发出一个完美的亮点。它跃动着、燃烧着。这种凶猛无法形容，亮得让人睁不开眼睛，有点（我不好意思说，但的确如此）像一个词。于是，世界再次明亮了。

——海伦·麦克唐纳（HELEN MACDONALD），《日食》

从公园往西走，我们穿过了古老的圣安德烈亚斯断层（San Andreas Fault）。虽然看不到断层，但在它的另一侧，感觉有所不同。连绵起伏的山峦消失在身后，道路蜿蜒爬升，一个急转弯后，进入另一条道路，路边林立着红杉、道格拉斯冷杉、栎树和枫树。沿途，偶尔会出现感谢消防员的手绘标志，让我想起了当年的大火灾。经过了山坡的一部分，为了防止坍塌，这个部分用石头围砌了起来，路过一条名为"记忆巷"的路，还有一家建于1889年的杂货店。

　　最后一段高速公路上没有树木，阳光明媚，但前方却是一片灰蒙蒙的。当到达海岸时，我们也置身于灰蒙蒙之中，灰青色的大海出现在了眼前，它带有一种终结感，令人生畏。把车停下，我们靠近悬崖的边缘，那里覆盖着坚韧的植物，叶片上覆盖了厚厚的一层冰，风吹过来几乎一动不动。海浪拍打着脚下的峭壁，海鸥不时地鸣叫，但我们的目光还是被西边吸引了，朝那一成不变的地平线望去，目光所及之处没有任何东西，甚至连一艘船也没有。在那里，大海看起来仿佛被冻住了。

　　社交媒体如果是一个指标，新冠疫情则是让人们开始疏离标记时间的常见形式。随着通勤减少，社交活动被取消，人们在家办公，时间让人感到困扰：时间太多了，但也变得同质化了。在此期间，一个关于时间任意性的笑话开始流传开来：

James Holzhauer @James_Holzhauer2020 年 3 月 17 日

在时间成为一个无意义的概念之前，我把我所有的时钟都调快了一小时。

jello @JelloMariello・Mar 2020 年 3 月 28 日

隔离严重扰乱了我们的时间观念

原来凌晨 2 点的崩溃现在改到了早上 10 点

Seinfeld Current Day @Seinfeld2000 2020 年 4 月 7 日

在我失去了所有有关时间的概念后，我于今天凌晨 3 点跑到街上去了。（接着是 George Costanza 在街上大喊："六月了！"）

Mauroy @_mxuroy 2020 年 4 月 9 日

如果有人不确定的话，今天应该是 4 月 47 日，星期四。

当时，我正在体验着自己身上的"时间异常"。在卧室里，我用

Zoom 上了两节课；学生们从肯尼亚、韩国和美国东海岸等遥远的时区登录课堂。工作日和周末几乎没有区别。工作和闲暇之间的区别通常意味着我的浏览器中有两个不同的标签页。如果我不是在课前准备，也不是在写这本书，也不是和朋友在同一台笔记本电脑上开 Zoom 直播间，那么我和男朋友乔就会在社区里疯狂地散步。每天晚上，我们都会边吃晚饭边看电视，通常是看像《黑道家族》这样的长篇连续剧。并不是说这个状态不好。但是，就像在疫情迷因中一样，我所经历的时间是重复、恒定的，似乎发生在真空中。关键是，在那时，疫情并没有要结束的迹象。它将保持这样一种形式：时间的盒子，永无止境地填满我那个狭小的房间。

在这期间，我开始访问 explorer.org 网站，看上面的一个实时网络摄像头，拍摄的是爱荷华州迪科拉的一只正在筑巢的鹰。3 月的时候，这只鹰已经下了蛋，它偶尔会站起来检查一下蛋的情况，或者赶走一些闯入者，这些闯入者通常不在摄像头范围内，我们看不到。我很快开始看第二个网络摄像头，在加州大学伯克利分校的萨瑟塔拍摄游隼；我看的第三个网络摄像头拍摄的是里士满船厂起重机上筑巢的鱼鹰，从我住的地方往北走大约半小时。每个巢里的小生命都是在 4 月底或 5 月初孵化出来的，然后它们又都从笨拙、毛茸茸的一团突然长成了它们父母的样子。我在浏览器的书签栏上为这些网络摄像头设置了快捷方式；有时候我会把它们打开，并在我的电脑屏幕上给它们留一个小角落，因为它们能给人以安慰，有一种护身符似的感觉。在一些深夜里，我会看着昏暗的拍摄鱼鹰的摄像头，试图说服自己：晚上到了，该睡觉了。

2020 年 9 月，当附近的火灾变得越发严重，以至于检查空气质量指数（AQI）和风图成为外出的先决条件时，我会切换进另一个标签：Windy.com 上的脉动气流图。我习惯性地缩小视野，看到了当地的风沿着海岸以某种更大的模式旋转着，汇入太平洋上更大的气旋中。很快，我发现自己看到的是南极洲海岸上以每小时 60 英里的速度移动着的风。当然，我可能会很自然地猜测南极洲海岸刮着风，但在这种情况下，重要的是我是如何到达那里的：我弓着背坐在电脑前，将鼠标一个接一个地朝着下一个气旋移动。放大或缩小视野，我会认为所有的空气都在推动周围的空气。那些紫色的旋涡和我头顶的（当地的）绿色旋涡有关系。

现在换个话题，聊一下家里真正的窗子。在还未意识到自己为何要这样时，我便拿出了旧三脚架，把相机架在上面，将镜头指向了窗外——就指在街对面公寓的上方，这样看到的大部分都是天空。在接下来的几个月里，我每天都会走过去按下快门键，然后翻看这些照片，这成了一种 DIY 的延时摄影。碰巧的是，3 月是这里天空景色和天气变化较大的月份之一。在房间里，时间的感觉是一样的，但在照片里，一会儿下雨了，一会儿风暴了，一会儿雾从旧金山飘了过来。有时云层巨大，轮廓分明；其他时候，云层遥远而朦胧。中午，天空可能是深蓝色的；傍晚时分，它会变得柔和、变成一种难以形容出来的紫色或粉红色。

如果工作和网络生活是《陆地飞行日》（*Groundhog Day*）[1]，那

---

1. 土拨鼠节 (Groundhog Day) 是美国的一个传统节日，通常在每年的 2 月 2 日举行。根据传统，如果在这一天土拨鼠从洞里出来后看到自己的影子，那么将会回到洞中并继续冬眠，表示冬天还会持续 6 周；如果土拨鼠没有看到自己的影子，就会离开洞，表示春天将会提前到来。这个节日源于美国的一项民间传统，也因为电影《陆地飞行日》（*Groundhog Day*）而变得更加著名。这部电影中的主人公反复经历同一天，成为一个寓意深刻的故事，常常被用来表示时间的循环和反复。——译者注

么在一天中，无论我从这些琐碎中瞥见了什么，都会感觉非常不同。它开始让我想起 17 岁时注意到的一些事情。从那时起，我经常会在日记里抱怨无聊或作业太多，我也会偶尔提到一些我称为"它"的东西。"它"既不是环境中的事物，也不是内心的情感（如果真的有这种东西存在的话）。相反，它是一种整体的感知，总是出人意料，总是转瞬即逝——就像在一瞬间闻到某种味道，或者记住了某种巨大的东西。尽管我的描述有些羞涩，也不完整——我总会描述一些"不存在于此"的东西，或者描述一段"时间之外"的时间——但我还是将这些相遇记录了下来，并写道，未来的我将确切地知道自己在说什么。

2003 年 11 月 3 日

最近，这个……不知名的、无法识别的"异类"（实在找不到更好的词了）比以往更多地出现了。我可能会用不充分的描述来扼杀它。这就像试图描述一种你从未见过的颜色。我的词汇量不够。

2003 年 11 月 8 日

这个地方不仅在地理位置上很陌生，而且在时间上也很陌生。它要么是通往未来的无限距离，要么是通往过去的无限距离。关于它有一些完全不一样的东西。几乎来自外星，但又不是在另一个星球上。

2003 年 11 月 21 日

我在朱尼佩洛·席拉高速与史蒂文斯海湾的交叉口看到了它，在从学校出来的左车道上。它出现在我走神儿的一瞬间里。这在很大程度上是一个提醒。由某些品质引起的似曾相识的感觉（sp?）。

2003 年 12 月 9 日

我在报纸上找到了它——它是玻利维亚和智利附近的一个火山口——一个探险队的成员把它描述为"地球的本质"，并认为它是"压倒性的，宏伟的"。

日期不详，晚上 10 点 43 分

我在去萨拉托加图书馆的路上又找到了它。天气非常晴朗，山看起来比平时高 5 倍。我像同时出现在了两个地方。一个是萨拉托加，另一个是非常遥远的地方。

日期和时间未知

这是我无法解释的事情，超出了我的认知。它是通过某些事情表现出来的东西，这一点都不符合美国的特征，一点都不符合任何特征。

直到我长大成人，我才开始对"它"的含义有了更好的理解。在法国哲学家亨利·柏格森（Henri Bergson）1907 年出版的《创造性进化》（*Creative Evolution*）一书中，我第一次在书籍中发现它的线索。对柏格森来说，时间是一种持续的东西——一种创造的、发展的、有点神秘的东西，而不是抽象的、可测量的东西。在他看来，我们对时间真实本质的所有问题，都源于想要想象离散的时刻在空间中并排存在。

他进一步指出，这个"空间"不是具体的环境空间，而是纯粹

概念性的东西：想想有时出现在科幻电影虚拟空间中的黑绿网格，并将这种时间中的时刻想象成存在于该空间中的立方体。（这个概念也为在第一章和第二章提到的可替代时间概念提供了依据。）柏格森认为，我们用这些空间术语来思考时间的原因来自我们操纵惰性物质的经验；我们希望以同样的方式看待时间，将其视为可以分割、堆叠和移动的东西。[1]

从抽象空间的隐喻角度来思考时间并没有让柏格森的观点得以证实，他发现这个概念是"对异质性的一种非同寻常的反应，而异质性正是我们经验的基础"。相反，他对时间的理念是一种相互渗透和重叠的序列、阶段，其强度也有所不同。在《创造性进化》中，他将这种运动的模型称为生物进化，一个不断分支和重叠发展的过程，每一步都必须在下一步中有所体现，但整个过程并非确定性的。我发现另一幅有助于思考柏格森的时间概念的图像是熔岩流穿过相对平坦的地面的图像，在那里，流动在最前端的熔岩流是活跃的，也是动态的。是的，在任何时候，你都可以回头看，看到熔岩流到达现在的位置所经过的连续路径，但这并不意味着熔岩流到了那里就注定会停止流动；它也不会让你准确预测它的走向。在这个过程中，试图将特定时刻相互隔离开来——就像在空间中分离立方体一样——是徒劳的。

与此同时，当你站在那里思考的时候，熔岩流的边缘正在向未来移动，这在当下的每一刻都迫在眉睫，但也包含了以前发生的一

---

1. 抽象时间和抽象空间是柏格森持续关注的问题。在《创造性进化》中，他写道："这种媒介从未被感知；它只是被构想出来。"在《物质与记忆》中，他将抽象时间和空间描述为几乎像是一块野餐毯子铺展在始终变化的现在之上，是"我们对物质最终行动的示意图设计"。柏格森承认人类需要这些感知工具；问题不是在于使用它们，而是在于过于认真地将它们视为现实的结构。

切的历史。类似的例子还有，当一种植物的种子从这株植物中掉下来，那么这粒种子也携带了植物的生长信息。这些过程中所表达出来的时间——柏格森用他所谓的"生命动力 élan vital"（通常翻译为"生命动力"或"生命力"）对此加以解释——并不是一个可以计算和测量的抽象数量。相反，这是万花筒[1]又一次不可逆转的变化。导致出现了分裂、繁殖、生长衰变和复杂性。古语称"你永远不会踏入一条河的河水中两次"，这也印证了伯格森所说的。当你继续考虑河岸的演变，河流缓慢地在峡谷中流动，甚至你脚下的细胞都在进化时，万物皆在改变，你永远也不会经历相同事物。

然而，即使在我看来这种时间表达很直观（很简洁易懂），我也经常发现自己很难完全放弃那些熟悉的、抽象的、空间的时间隐喻——时间是一条线性的、独立的、并排的时间单位路径。了解你所拥有的默认时间感的历史特殊性是一回事（已经足够让人困惑），而能够放下刻板思维则更难。这种困难甚至比学校的时间表、计时考试和成绩单灌输给我的时间感更普遍；这些只是我成长并继续居住的地方文化的一部分。在这一切之下，是一个基于抽象空间隐喻的线性时间观。它就像我们曾经为打开电视大多数人会说英语一样。所以我们每个人的时间观都深受历史、文化和个人经历的影响，而想改变它则十分艰巨。

图 1 将日晷时间和标准时钟时间做了比较。图表记录了日晷上显示的时间在一年中的哪些时候会领先于标准时钟，哪些时候又会落后于标准时钟。正如约翰·达拉谟·彼得斯（John Durham Peters）所写的那样，这种差异的存在是因为"日晷直接模拟了自然事实，

---

1. 万花筒这里为一种形容世界或事物多样性和变化性的比喻。——编者注

产生了弹性的天数和小时，它们因地球绕太阳公转的速度或延长或减短；但时钟就像太阳情绪的稳定器，将太阳公转的用时，划分为24 个小时的平均单位，无论天气如何，它都在嘀嗒地流逝"。这就是基于地点的观察与抽象的、标准化的系统之间的区别，我们将在第一章中看到后者的演变。

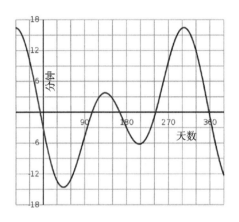

图表显示了时间的两种读数，它们并不相同。日晷时间是用时钟时间来描述的，这是进行比较的依据。就像人类学家卡罗尔·J.格林豪斯（Carol J. Greenhouse）所描述的那样："时钟本身就是某种普遍时间感的物化。"时钟时间并不是我们所经历的唯一的时间计算形式，但它肯定是我们许多人思考会用到时间的"计算"的主要方式。正是对时钟时间的忠诚，使得殖民者、人类学家和当代西方观察者普遍认为非西方文化和土著文化没有时间感，或者处在时间之外。

在《无法看清时间：感知其他时间性的问题》（*In Time Blind：Problems in Perceiving Other Temporalities*）一书中，人类学家凯文·K. 伯斯（Kevin K. Birth）写下了我们思考时间时所遇到的语言障碍。在他引用的 2011 年的一项研究中，来自朴次茅斯大学和巴西朗多尼亚州联邦大学的研究人员发现，亚马逊土著部落阿蒙达瓦人使用隐喻和语言来表达时间，这让拥有西方背景的人（来自西方国家的人）很难向西方大众解释清楚。为了防止在与公众分享时出现翻译错误，该研究的作者写道："我们强烈否认对我们所提供的数据的任何解读，因为这些解读会暗示阿蒙达瓦人是'没有时间的人'。"然而，媒体适时地歪曲了这些发现，将阿蒙达瓦人呈现出一种永恒的"原始人"形象。他们使用的标题是说明性的，措辞上似乎没有什么不同，只是似乎缺少了一点儿东西："关于时间：没有时间的部落"（《新科学家》），"阿蒙达瓦部落缺乏抽象的时间概念"（BBC），"亚马逊部落没有关于时间的语言"（《澳大利亚地理》）。

对于这个问题，我所见过的最好的描述来自泰森·尤卡波塔（Tyson Yunkaporta）的书《沙语：原住民的思维如何拯救世界》（*Sand Talk*: *How Indigenous Thinking Can Save the World*）。泰森·尤卡波塔既是学者，又是艺术评论家，同时也是澳大利亚昆士兰州 Apalech 宗族的成员。在书中，他是这样说的：

想要解释原住民的时间观念是徒劳的，因为你只要用英语把它描述为"非线性"的，脑海中立马就会出现一条线。你不会注意到"非"——只会注意到"线性"两字：因为这就是你处理那个词的方式，它已在你脑海中形成了形状。最糟糕的是，它只强调了概念不是什么，而没说明概念是什么。在我们的语言中没有"非线性"这个词，因为从一开始就没有人会考虑沿直线旅行、思考或说话。弯弯曲曲的小路就是一条小路，因此它不需要名字。

试图克服这一障碍并以不同的方式来看待时间的挑战——不是作为某种异国情调的替代品或无聊的猜测，而是以一种从根本上能感觉到的方式——这很困难，但同时又很吸引人。这也是一个紧迫的政治和生态问题。时间的概念与我们如何以及在哪里发现能动性息息相关，包括发现我们自身内部的能动性。这些观点现在尤其重要，因为我们的世界不仅呼吁采取行动，而且呼吁建立一个不那么以人为中心的模式，让人们了解什么人和什么事务才应该得到尊重和获得正义。

多年来，当读到关于时间的另一种概念时，我都可以从抽象的智力层面去理解它。但我花了更长的时间才把它和我个人的有关"它"的经历联系起来。如果说我在过去的几年里学到了什么，那就是思考和相信的区别。观察自然界的过程是一回事，而处理则是另一回事，正如伯斯所指出的那样，我们的观察一开始就存在着统一时间的假设。就像神奇之眼的图像中突然出现一个 3D 的形状一样，只要努力，我们就可以把网格的突出部分和日晷的突出部分调换一下。但该怎么做呢？

我们在这里是没有办法做的。我们得去海滩上。一条小溪慢慢地冲刷（侵蚀）着我们所在的悬崖，形成了一条小峡谷。我们小心翼翼地沿着焦糖色的崖壁走下去，崖壁上布满了海滩多肉植物。一旦风被崖壁挡住，就会有一股炽热的海藻香气袭来。我们还不得不赶走沙滩上的小苍蝇。偶尔，一股白色巨浪从黑色的近海峭壁后面冒出来，提醒我们要小心那些突然而强烈的海浪。

海洋的"唑唑"声和撞击声在这里要响亮得多。我们脚步踩在沙滩上发出嘎吱作响的声音——实际上，更像是原始的沙子。俯下身去，你会看到直径约四分之一英寸颜色各异的鹅卵石——有暗红色、黑色、灰色、橙色、沙白色、乳白色、绿色——其间还夹杂着几只白色的小贝壳。你捡起一把鹅卵石，并把它们按形状分类：有块状的、碎片状的、球状的。

其中有燧石、石英、粉砂岩和砂岩。岩石的身份与时空有关（岩石是在时空之中诞生的）。比如，要成为燧石，数百万年前"你就必须在那里了"。如果是在遥远的近海，燧石通常会出现在上升流区；如果是在浅海，被称为放射虫的微小海洋生物会使二氧化硅骨架降落到海床。在中生代时，这种物质形成了燧石，然后它又被分解、侵蚀，并在多次循环后成为鹅卵石。到最近一次海底因构造活动而隆起时——在更新世，一个剑齿虎和可怕的狼在陆地上游荡的时代——鹅卵石便已经嵌入了海底的其他物质中。更多的海浪侵蚀着隆起的陆地，将鹅卵石"释放"了出来（成为烁石，也就是现在我们站立在上面的石头），而其余的东西则被冲回了大海。当然，并不是说这个过程已经完成了。在我们面前，鹅卵石慢慢地变成了沙子，随后的每一次海浪都会对其进行侵蚀。

再看看这些鹅卵石。别搞错了；它们既不是时间的标志，也不是时间的象征。不，它们实际上同时代表着两个东西：上一个冰河期的海床以及未来的沙子。

把鹅卵石挖深一点。会触到一些光滑的东西。当把鹅卵石推到一边时，会看到一个水平的脊状表面。

这些脊线与周围的一系列较大的条纹岩石相吻合，条纹在我们刚刚下来的悬崖和大海之间延伸。每条条纹都是由 1 亿到 6500 万年前沉积在水下的一层沉积物构成的，远早于鹅卵石的形成。我们习惯于认为岩层是自上而下形成的，但与我们身后的悬崖沉积物不同的是，构造活动使这组沉积物从原来的位置折了 63 度。这意味着，在这些岩石中，时间在海滩上横向流动着。

在这里休息让我们对"准时"有了一个不同的理解。与其说化身穿过空白的日历，不如说我们实际上掌握了跨越数百万年的过去和未来过程的物质成果。突然间，我们看到的一切都被具体时间充斥着：不仅是鹅卵石、峭壁和悬崖，还有向南慢慢移动的雾气；每一个波浪都是对潮汐和风的不可复制的表达；苍蝇在海滩上疯狂地飞着；空气和水在我们体内扩散；甚至当我们思考这些想法时，闪过突触的化学反应。它们也一样，永远不会重复发生，它们也会让世界焕然一新。

岩石将让你明白时间和空间的不可分割性。（这里我所说的"空间"指的是环境空间，而不是牛顿网格。）地质学家马西娅·比约内鲁德（Marcia Bjornerud）将这种感觉称为"时间感"，她写道："我看到过去的事件仍然存在着……这种印象不是对永恒的一瞥，而是对时间感的一瞥，是一种对世界是如何由时间构成的敏锐意识。"柏格森的一句话同样也让我想起了岩石地层、树木年轮和蛤蜊里的珍珠层，他写道："不管（某些东西）生活在何方，在某个位置，都会有一个记录时间的记录表。"我们可以把我们对这些记录的一些疏离归因于无知或缺乏接触自然世界的机会。但至关重要的是，我们在此遇到的困难也涉及我们对时间和空间的看法。对柏格森来说，抽象时间和抽象空间是一起产生的概念；在比约内鲁德的时间感概念中，试图将时间与空间分开是没有意义的。我想柏格森也会看着海滩，看到一些充满时间感的东西。

就如时间就是金钱的概念一样，时间和空间的抽象和分离在人类历史上是一个特定于文化的、崭新的事件。这个想法在艾萨克·牛顿的"发条宇宙"中得到了最充分的解释，在这个宇宙中，离散实体和有界实体之间的事件和相互作用得以展开：如同一种因果关系的台球世界（宇宙），如果我们拥有足够的信息，就可以对其进行全面的描述和预测。然而，在物理学领域，这个概念并未长久存在；在牛顿完成《数学原理》的大约两个半世纪后，爱因斯坦阐述了空间时间的存在，以及像柏格森和阿尔弗雷德·诺斯·怀特黑德这样的思想家从不同的角度削弱了抽象时间的概念。事实证明，牛顿的观点并不牢靠。斯坦丁洛克苏族活动家、历史学家和神学家维恩·德洛里亚（Vine Deloria, Jr.）观察到，尽管量子物理学和哲学有了发展，"大多数西方社会的观点仍然倾向于牛顿的观点，而思想家和哲学家则放弃了自然存在的观念"[1]。值得注意的是，这种黏性不能仅归因于文化惯性：抽象的牛顿时间是一种可测量、购买和出售的时间。带薪工作要求我们将时间视为脱离身体和环境的"东西"。

为了理解抽象时间和抽象空间的文化特殊性，将"牛顿观"与德洛里亚等人在原住民世界观中描述现实的方式进行对比也是有帮助的。试图将时间和空间分离在功能上是毫无意义的，季节便可以作为一个例子。然而，正如乔尔达诺·南尼所指出的那样，时间的抽象使得欧洲人有可能"随身携带四季，无论他们走到哪里，都将自己融入了（叠加、附加）当地的季节中"，大多地方过去没有（现在也没有）四季。然而，每个地方都会经历一些与当地特定地方的生态特征相对应的阶段。例如，在现在那个被称为墨尔本的地方，

1.　在 1992 年为《变革之风》撰写的一篇文章中维恩详细阐述了物理学中的相对论是如何与美国原住民的本体论产生共鸣的："对于美国印第安人而言……没有必要假设存在一个不受空间或时间影响的理想世界或完美形式，也没有必要认为空间、时间和物质是物理世界固有的绝对性质，这种性质如果可以用数学术语恰当地描述，那就能准确地解释宇宙。"他补充说，"对大多数印第安部落而言，能够了解生物的行为方式就已足够"。

Kulin[1] "根据特定动植物出现的时间,识别出了七个季节,每个季节的长短都不同":"袋鼠苹果季(大约是 12 月),旱季(是 1—2 月),鳗鱼季(大约是 3 月),袋熊季(是 4—8 月),兰花季(是 9 月),蝌蚪季(是 10 月)以及草花季(大约是 11 月)。还有两个为期更长的,且重叠了的季节也被识别了出来:火灾(大约每隔 7 年出现)和洪水(大约每隔 28 年出现)。"

对于季节长度的划分没有固定的原因,让四个季节的长度完全相同更是不可能的。一直以来(直到现在),对季节或季节实体的命名和识别都是采取某些行动的一个指标:收集、狩猎、采集。[2] 同样,季节中的任何元素都不能从空间、时间或其他因素中单独孤立出来——你在这里找不到完美的台球[3],只有相互关联或重叠过程中所出现的密集网格。尤卡波塔写到了澳大利亚的丝橡树,它的原始名称和药用用途只有在一个扩展的时空背景下才能被理解:"在土著语言中,丝橡树和鳗鱼的名字是一样的。它的木头和鳗鱼肉的纹理是一样的,它会在鳗鱼肥美的季节开花,告诉我们现在是吃鳗鱼的好时候。鳗鱼油也是那个季节会出产的药品,可以用来治疗发烧。"[4]

---

1. Kulin 是澳大利亚维多利亚州一些原住民族的集合名称,包括了几个不同的部落和社群,如 Wurundjeri、Boonwurrung、Taungurong、Dja Dja Wurrung 等。这些部落在维多利亚州的境内有着悠久的历史和文化传统。在原住民澳大利亚的文化中,不同的部落和社群拥有各自的语言、习俗、传统和土地联系。——译者注

2. 英语单词 season 中保留了一些有关季节的含义,它的词源是拉丁语 satio,意思是"播种"。

3. 台球这里比喻那些被认为是孤立、独立运动的事物或元素。——译者注

4. 尤卡波塔给出了另一个遵循这种计时方法的例子:居住在密苏里河沿岸的部落会种植玉米作物,然后在仲夏时节暂时"抛弃"玉米,搬到高平原和山区居住。他们已经学会了用山上的马利筋作为"指示植物",知道当其种子达到一定的状态时,就是时候回去收割玉米了。

人们普遍认为，与其他地方相比，湾区"没有季节之分"，当然这是一种误解。从中西部或东海岸等地方搬来的人的角度来看，这种感觉可能最强烈，因为这些地方的冬天非常冷，温度波动更大，气候事件更有可能会打断日常生活的节奏。但即使是一个在这里长大的人，我对旧金山湾区的这种误解也内化了，这反过来又使我对其季节变得不敏感了。

最近，当我向一位在圣克鲁斯山脉住了很长时间的人提到这个问题时，他提出了一个推论，即我们所拥有的不是突然的变化，而是持续渐进的"展开"。多年来，我学会了如何看待这种"展开"：太平洋狗舌草会在鸢尾花开放之前出现，而鸢尾花又先于酸浆属植物盛开。帆布背潜鸭会在冬日前往这里，而优雅的燕鸥则会在夏日到来。随着干旱的持续和火灾季节的延长，我变得比以往任何时候都更适应潮湿的季节——2月和3月的降雨，以及夏季笼罩在海岸上的浓雾。正如德洛里亚所说，如果每个地方都表现得很有"个性"，那么它不仅是由谁构成的，还由多少、什么时候构成：一系列重叠的发展，就像一首歌的旋律一样。这首歌在每个地方听起来都略有不同：即使在圣克鲁斯山脉，我也观察到，一座山灌木覆盖的一侧与红木覆盖的一侧有着不同的行进方式。

可替代时间的必然结果是可替代空间：某个房产所涉平方英尺或通往某个目的地的路上要遇上的麻烦事儿。无论是由于缺乏兴趣、缺乏时间、缺乏可以到达的安全的户外空间，还是三者的某种结合，现今许多城市和郊区的居民可能很难确定他们每天所居住空间的生活状况，或购物中心的地下状况——这被尤卡波塔称为"个性"。在《本土化未来：为什么我们必须在二十一世纪以空间方式思考》（*Indigenizing the Future: Why We Must Think Spatially in the Twenty-*

first Century）一书中，俄克拉何马州马斯科基族的尤奇族（Yuchi）成员丹尼尔·R. 威尔德卡特（Daniel R. Wildcat）想知道，"如果人类再次占据——空间维度——我们生活的地方并将其作为时间或时间维度历史的组成部分，又会发生什么"。这是一个至关重要的问题，就像人行道下的树根一样，它与可替代的时间网格背道而驰，尤其是当越来越多的人很难长时间生活在一个地方时，这种冲撞感更为明显。如果我们能更好地看到我们所看的位置，我们对时间的看法又会变成什么样呢？

我们继续向着这个地方深入，来到一个潮池聚集在泥岩脊的间隙中的地方，我们在第一次挖鹅卵石时便看到了这些地方。停车场的指示牌告诉我们，"观看潮池生物的最佳方式是安静地坐着，直到动物们从藏身之处出来，恢复正常活动"。我们沿着其中一个较深的池塘走着，凝视着一副似乎基本静止了的景象：被沙子和水磨得光滑的岩石上覆盖着各种藻类、红色和黑色的小海草还有精致、飘动着的绳藻。

过了一会儿，我们以为是鹅卵石的东西原来是蜗牛（又黑又圆）。有些蜗牛仍然保持着原来的姿态，而另一些则在狭小的、多山的水下地形上蹒跚前行。一只大约一英寸宽的螃蟹突然进入了视野。当它离某块岩石太近时，一只更大的螃蟹就会出现，随之而来的是一场短暂而安静的螃蟹大战。一场实力悬殊的微型戏剧就这么展开了，其背景依然是不断冲击着的海浪。我们观察的时间越长，岩石中出现的戏剧性场面就越多。

乔治·佩雷克（Georges Perec）在 1973 年写下了文章《靠近什么》（*Approaches to What*），并在文章中创造了 "intraordinary" 这个词。他写道，媒体和公众对时间的看法，主要关注的是一些不平凡的事物，比如灾难性的事件和动荡。相反，"intraodinary"是普通事物内部或下面的那一层，要想看到它，就需要突破习惯带来的挑战。这不是一项小任务，因为隐形是习惯本质的一部分。佩雷克写道："这甚至不再是条件反射，而是麻醉。我们一生都在无梦的睡眠中度过。但我们的生活在哪里？我们的身体在哪里？我们的空间在哪里？"

佩雷克显然是一个有意让熟悉的事物变得陌生的人，他曾经写了一部 300 页的小说，该小说没有使用字母 e。对于发现不寻常（intraordinary）的事物，他也有自己独特的方法。在《穷尽巴黎某地的尝试》中，他选择了市中心附近的大型公共广场圣叙尔皮斯广场作为学习场所。接连几天，他每天都会多次从不同的咖啡馆或一个户外长凳来观察这个地方，坐下来列出他所注意到的一切。这份清单听起来像是咒语，带有警用（爆笑）笔录的影子：

一辆邮车。

一个牵着狗的孩子。

一个拿着报纸的人。

一个毛衣上印着大大的 A 的男人。

一辆"Que sais-je"货车："La Collection 'Que sais-je' a réponse à tout（'Que sais-je'系列能够对一切给出答案）"。

一只猎犬？一辆 A70 路公车。

一辆 A96 路公车。

（人们）正把葬礼的花圈从教堂里抬出来。现在是两点半。

一辆 63 路、87 路、86 路还有一辆 96 路公交车经过。

一位老妇人用手遮住眼睛，以便辨认前来的是哪辆公交车（从她失望的表情我可以推断出她在等 70 路公交车）。

他们把棺材抬出来了。丧钟再次响起。

灵车开走了，后面跟着一辆 204 路公交车和一辆绿色雪铁龙 E-MEHARI。一辆 87 路公交车。

一辆 63 路公交车。

丧钟让一辆 A96 路车停了下来。

现在是三点一刻。

在这篇文章的介绍部分，佩雷克简要地列出了圣叙尔皮斯广场的常见的景点，比如区议会大楼、警察局，以及 "Le Vau, Gittard, Oppenord, Servandoni 和 Chalgrin 等人都曾工作过的那所教堂"。由于它们是引人注目的景点，因此佩雷克对它们没什么兴趣。他写道，"我想要描述的是其余的东西，那些通常不被注意，不被关注，不重要的东西。除了天气、人、汽车和云朵在运动变化，而其余都没什么事情发生时，会发生什么呢？"

什么都没发生的时候会发生什么呢？佩雷克肯定意识到了这句话的讽刺意味，因为要说 "没什么事情发生" 从来都是不太可能的。天气、人、汽车和运动都是会移动的东西。即使你站在沙漠中央一个巨大而贫瘠的混凝土广场上，你也会被旋转的空气颗粒、头顶上移动的太阳、漂动的地壳板块以及你用来感知这些事物的身心的衰老感所包围。在 2010 年版的《穷尽巴黎某地的尝试》的译者后记中，马克·洛文萨尔（Marc Lowenthal）对该书标题中的 "尝试" 二字进行了强调，他写道："时间具有不可抗拒性，这便与佩雷克的计划背道而驰了。" 每一辆经过的公共汽车，每一个走过的人，每一个物体，每一个东西以及每一件事情——所有发生了的和没有发生过的事情，最终都没有别的意义，只是成了无数的计时器，成了标记时间和侵蚀永恒的信号、方法和线索。

在连续四年中一个接一个季度里，我常常会给我的设计专业的同学布置同样的课堂作业，这些作业大致都基于佩雷克的文本。我会让他们到教室外面待 15 分钟并将自己所观察到的事情写下来。当他们回到教室时，我们会开展一个讨论，内容不仅限于他们所看到的事情，也包括他们为什么认为自己注意到了这些事情。大多数时候，我的学生会在校园里完成这个练习，在众多事物之中，他们倾向于关注人类的社会互动行为。但当我在 2020 年 4 月布置这个任务时，我们中的大部分人都没有身处校园。在大多数情况下，我的学生都是从父母或朋友家里登录 Zoom 上课的，为了完成作业，他们要么会看向窗外，要么会走到外面的院子里。在他们回来讨论他们15 分钟的研究之后，我们发现了一个惊人的结果：他们中的许多人都注意到了鸟类。此外，他们还注意到，他们以前从来没有真正注意过这些鸟——至少没有对窗外或者院子里的鸟类加以注意过。

他们的观察结果可能预示着一个更大的全国性趋势的开始：对于那些在新冠疫情期间待在家里的人来说，鸟类开始变得更加引人注目。在《鸟类可没有被封控，越来越多的人在关注它们》一文中，《纽约时报》采访了黑人女性鸟类学家科丽娜·纽桑（Corina Newsome），她指出，疫情封锁（管控）是与鸟类的春季迁徙同时发生的。她认为，这可能会"让我们保持平静并明白，即使我们的节奏被打断了，也有一个更大的节奏在继续着"。在线数据库 eBird（观鸟社群）报告称，2021 年发布鸟类观测帖子的用户增加了 37%，并且 2020 年 5 月某天所上传的观测帖子数量打破了以往的纪录。2020 年 6 月，双筒望远镜的美元销售额比上年增长了 22%，2020

年 8 月，Lizzie Mae 的 Bird Seed 的鸟食和观鸟设备的销售额增长了
50%。康奈尔鸟类学实验室的鸟类识别应用程序 Merlin 在 2020 年 4
月创下了有史以来最大的月度下载量增幅。

为了让观鸟这个活动受到来自不同年龄、阶层和种族的欢迎，
相关人员付出了长久的努力，这也是参与人数增加的其中一个原因。
还有人是受到了疫情居家的影响，封控导致他们经常从窗户向外看，
或者从相机镜头里往外看：到了 5 月，参观康奈尔大学活鸟摄像机
的人数翻了一番。对于那些已经习惯观察鸟类的人来说，这场疫情
带来了一种转变，从在自然保护区寻找稀有物种，到关注"在什么
都没发生时发生了什么"，以及观赏那些一直在附近进行着微小活动
的鸟类。事实上，在一些地区，eBird 上郊区鸟类的观察率在居家令
颁布后有显著增加。在爱达荷州，全州范围内的封锁使人们在 eBird
上提交的鸟类清单数目增加了 66%，"常见居住物种"的报告增加了
一倍多，包括松鸦、山雀和棕色爬行动物，"这是一种神秘的物种，
你观测它的时间越长，就越容易发现它"。

事实上，这个神秘的棕色贴行鸟可能是"用持续的局部观察来
揭示事物"的好例子之一。它长约 5 英寸，重仅 0.3 盎司，有着巧克
力和白色的斑驳纹理，能够很好地伪装在树干上。还有，这种鸟不
像其他鸟那样经常坐在树枝上，它会侧身贴在树干上，偷偷摸摸地
上下跳动着。我过去常跟朋友开玩笑说，要想看到一只棕色的贴行
鸟，唯一的方法就是在合适的时候，意外地盯着树干。当我第一次
看到它的时候——当然是偶然——我当时以为自己产生了幻觉，误
以为树干的一部分断了下来，然后又不知怎么开始向上移动了。既
然我已经知道如何去分辨它们的叫声（以后观察它们的时候），我
就可以更注意这一点了，至少当我听到它们叫声的时候，我的眼睛

会看向正确的方向。但是，正如康奈尔实验室 All About Birds 在线
指南在对该物种的描述中所建议的那样，我仍然需要耐心等待，并
"睁大眼睛寻找动静"。

　　这个星球上的大多数生物和系统显然不是按照西方的人体时钟
生活的（尽管有些生物会适应人类的活动时间，比如能够记住城市
里每天垃圾车路线的乌鸦）。观察棕色䴓行鸟的活动，它一会儿爬上
爬下，一会儿凝视着树缝，并用它那牙医般的小喙啄出虫子。这种
观察是一种逃离网格的方式，也是一种时间感的方式，这种时间感
如此不同，以至于我们几乎无法想象。从珍妮弗·阿克曼（Jennifer
Ackerman）的《鸟类的方式》（*The Bird Way*）一书中，我对雄性黑
金丝鸟有了一定的了解，它是一种南美鸣禽，翻筋斗的速度非常快，
人类只有在放慢速度的视频中才能看清楚它的身姿。有些鸟鸣包含
的音符（唱得）太快或音调太高，我们都听不到。[1]画眉鸟，一种与
美洲知更鸟有关的物种，可以提前几个月预测飓风并相应地调整它
们的迁徙路线，目前还没有人知道它们是如何做到这一点的。鸟类
自身的身体状况和行动受到了时空的影响：如果一只潜鸟生活在高
纬度地区，就意味着是夏天，此时这种鸟大部分是黑色的，皮毛上
面有醒目的白色条纹。如果这只潜鸟在我奥克兰的工作室附近出现，
这便意味着冬天来了，这时它几乎变得完全不一样了，皮毛呈现出
一种暗淡的灰褐色（我唯一一次看到有黑白图案的潜鸟，是在华盛
顿州离北边足够远的地方）。因此，如果你给一个专业的观鸟者看一
张某些物种换毛中期的照片，他们也许能猜出这只鸟在迁徙途中的

---

　　1. 举一个动听的鸟鸣声的例子，让我们一起听听 BirdNote 上对太平洋鹪鹩的慢速录音
吧：birdnote.org/listen/shows/what-pacific-wren-hears。

位置。[1]

2020 年 6 月，eBird 报告称，（能够观鸟的）庭院名单的新注册量增加了 900%。在 eBird 上，庭院列表是"补丁列表"的一个子集，补丁的例子包括"你当地的公园，附近能散步的地方，或者是你最喜欢的湖泊或污水处理厂"。补丁的概念很有启发性。与道路、地铁线和城市边界不同，补丁通常存在于不寻常的领域，是只能通过关注度来划定的非官方空间。正如玛格丽特·阿特伍德（Margaret Atwood）在一次关于观鸟的采访中所说的那样，这种关注反过来又回应了这样一个事实："大自然是分块儿的"，因为鸟类有自己特定的社区。在我的社区周围，我也拥有自己的补丁区域，比如我知道在合适的月份，在一个不整洁的微型公园的一侧，能看到北美纹霸鹟。J. 德鲁·兰汉姆（J. Drew Lanham）是克莱姆森大学的观鸟者和野生动物学教授，他曾痛苦地写道：在南卡罗来纳州的一条公共道路上，我花了"数百小时巡航"，直到当地一位农民对他进行了种族歧视这件事之后，他开始三思而后行。在此之前，他"会坐着、看着、听着，感受灌木丛里各种麻雀的存在"。

补丁的大小随你而定，想多小就可以多小。我设定过的最小的补丁是附近市政公园里一棵加州七叶树上的一根树枝，在疫情期间，我去或经过那里数百次。七叶树在这里是暂时引人注目的：它

---

1. 2019 年，在金门奥杜邦协会梅根·普雷林格老师的一节有关潜水鸭类的课上，我第一次了解到了潜鸟。在文章 *Loons, Space, Time, and Aquatic Adaptability* 中，普雷林格指出，潜鸟所属的潜鸟目进行了一次耗时更长的迁徙：在南半球得到进化后，它们现在只居住在北半球。和其他水生生物一样，潜鸟目也经历了多次世界范围内的灭绝浪潮。普雷林格指出："智人缺乏深厚的历史，无法让我们理解或凭直觉判断这些划时代的时间框架。"因此她建议道："我们最好去尝试，并对潜鸟加以模仿：也就是说，去想象我们的物种已经在地球上生存了数百万年。"

们在夏末休眠，光秃秃的树枝看起来像一个通电的大脑，它们最终会长出坚硬、褐色且有毒的豆荚，有桃子那么大。春天里，它们白色花朵上散发的香味是我最喜欢的味道，我每年都期待着它们的绽放。

从 2020 年底开始，每次我去公园，都要检查一下我最初称为"我的树枝"的地方。12 月底，树枝的末端长出了一个红色的小芽。到了 1 月，花蕾变大变绿了。2 月初，花蕾开放，露出了紧凑的小叶子。在接下来的几个星期里，叶子和树茎长得很快，到了月底，它们已经完全张开，失去了山脊和蜡状光泽，变成了深绿色，且感觉很松软。到了 3 月，我发现树叶上被虫子啃了一些洞，树枝上开始长出了花茎。到了 4 月，花茎的大小增加了一倍，然后其中一些茎上的花开了——终于，那香味出现了——在阳光下长出了长长的雄蕊。5 月，所有的花都开放了，这不仅是对我的邀请，也是对附近街道上嗡嗡作响的蜜蜂的邀请。到 6 月初，一些花已经开始凋谢，一种明亮的黄色开始从叶子的尖端沿着叶子蔓延。到 7 月中旬，所有的花都枯萎了，叶子变薄，颜色变成褐色，像纸一样。8 月，七叶树的果实开始变得引人注目，其颜色起初是薄荷绿色，并且有些模糊，然后在 9 月果实硬度变硬，颜色开始变成棕色，那时枯叶也刚刚挂在树上。到了 10 月，叶子完全没了，但来年叶子的芽已经长出来了。11 月，七叶树的果实从树上掉了下来。

更重要的是，所有这些过程都不均匀地发生在或大或小的时间模式中。在一根花茎里，有些花开了，有些没有开，与此同时，路对面的其他一些树只有花蕾或者完全已经枯萎了。衰老也是如此：有些树会比邻近的树更早变脆，甚至在一根树枝上，黄色的侵蚀（树叶变黄）也在不均匀地进行着。如果你砍掉我的那根树枝，你会看到其正在形成的年轮：这些年轮比树干上的要少一些，因为这些树枝的年龄还不大。当然，这棵树总有一天会死去的；七叶树通常能活 250 到 300 年。

在某种程度上，我所在意的那棵树一定是种在公园里的，但野生七叶树在更广阔的景观中的位置就不那么容易解释了。许多植物依靠鸟类和其他动物来播撒自己的种子，这使得它们分布模式回响着过去生物的运动轨迹。但是，不断成长和适应过程汇总，七叶树的每一部分都是有毒的。在《旧金山湾区自然》的一篇文章中，乔·伊顿（Joe Eaton）指出，与其他依赖动物的物种不同，七叶树主要依靠自身又大又重的种子荚掉落并滚下山坡来播种。然而，他观察到："这些树并不局限于生长在山谷底部。有些生长在山脊、山顶，甚至是悬崖边缘。"他列举了当地土著部落对七叶树的用途——

他们将七叶树的种子烘烤并过滤以去除毒素，或者用它们来麻痹溪流中的鱼——他写道，山脊上的七叶树可能是由这些部落在以前的加工地点丢弃的种子生长而来的。

此外，七叶树的存在——像任何其他物种一样——掩盖了进化的时刻。在夏末，它光秃秃的树枝是 300 万年前气候变化的记录，当时的七叶树适应了新出现的干燥的夏季，这种气候导致了当时同时代的树木的灭绝。实际上，七叶树是通过改变自己的生长日历来适应那种气候的：它在冬末开始自己的生长周期，到夏天时便开始落叶，这样树木因蒸发而损失的水分会变得更少。

时钟是什么？如果它是"报时"的东西，那么我的那根树枝就是一个时钟——但与家里的时钟不同，它永远不会回到原来的位置。相反，它是一个物理见证和对重叠事件的记录，其中一些事情发生在很久以前，而另一些在我写这篇文章的时候还在发生着。

这种观察练习是我所认为的"在时间中解冻某些东西"的一个例子。这样做意味着将某物或某人从他们的边界中释放出来，作为一个存在于抽象时间中的所谓稳定的个体实体。这不仅要将他们视为存在于时间内，而且视为时间本身正在进行的物化。对我来说，这里很重要的一点是，要注意到将树视为时间证据和将树视为时间象征之间的区别。虽然从一棵树的分支结构中可以得出一些有关时间和命运的富有成果的想法，但我想说的是：你面前这棵真实存在着的树正在编码这一刻的时间和变化。

这种在时间中及时解冻事物的练习并不难。如果你想看到不可替代的时间，只需在空间中选择一个点——一根树枝，一个院子，一个人行道或广场，一个网络摄像头——然后简单地观察就行了。在那里，有一个故事正在被写下。就像 Windy.com 上越来越大的风旋一样，这个故事与所有生命的故事密不可分，甚至是你自己的故事。这个故事最终成为"它"的标志：一种不安分的、不可阻挡的、不断颠覆的东西，让一切都运转了起来。

要涨潮了。潮水似乎已经准备好将这些水池淹没了，毕竟，这些水池只是（潮汐）时间中的一瞬间罢了。蜗牛在下面将自己盘了起来，螃蟹准备四处游荡，潮间带跳蛛将退回到它用丝密封好了的藤壶壳里。这些岩石会消失一段时间。我们也要消失一段时间，因为我们得掉头返回到悬崖上去。

但在此之前，我们应该用这种自下而上的视角来欣赏这些动物，欣赏我们之前所在的那片奇特平坦的土地。平坦本身就可以作为一个记录。这是一个海洋阶地，形成于更新世。当时海平面稳定了很长一段时间，以至于海浪切入海岸的一侧，留下了一片平坦的区域，这片区域后来由于构造活动而抬升了。根据地球下一个寒冷阶段的发展情况来看，我们现在站的地方可能是未来（海洋）阶梯的顶部。

在一个很容易察觉到伯格森提到的绵延概念和比约内鲁德所谓的时间感的世界里，在一个时间会回到原处的世界里，会发生什么呢？你可能会开始更多地将"事物"看作时间的模式，而不是被时间中空洞的"东西"简单划过，未产生影响的事物。这个世界，就像一座城市的建筑一样，是由不同时间、不同年代、不同世纪的成果拼凑而成的，它们会不断地被建立起来，也会受到侵蚀——不断进攻，慢慢移动，向着未知的方向飞翔。

在时间中及时解除某种东西可以将它从一种商品转化为另一个事物，这个过程通常涉及必须承认某种与商品化过程无法同化的独特因素——这些东西与"它"相关。罗宾·沃尔·金默尔（Robin Wall Kimmerer）是一位植物科学家，也是波塔瓦托米族部落的一员，她在她的苔藓史中加入了一个名为"所有者"的说明性章节。这个章节讲述了一个人无法以他想要的方式来购买时间的故事，最主要的原因是他不知道该如何观察时间。作为一名苔藓学家，金默尔受邀为一座庄园提供咨询，该庄园的主人想要"完全复制阿巴拉契亚山脉的植物群"。为了能够显得更加真实，他希望将本地苔藓作为整体设计的一部分。

当金默尔到达庄园时，一名工人暗示她迟到了。"他看了看手表，说老板很仔细地监控着顾问的时间使用情况。时间就是金钱。"一位园艺学家带她参观了庄园，其间，金默尔瞥见了一个装满非洲艺术品的画廊。这位园艺学家自豪地宣称，这些物品都是真品。但它们不仅被偷走了，还被冻结在了时间里。金默尔写道："在陈列柜里，一件东西变成了它自己的复制品，就像挂在画廊墙上的鼓一样。只有当人的手碰到鼓的木头和皮革时，鼓才是真正的鼓。只有这样，他们才能实现它的价值。"

事实证明，庄园的主人对苔藓也有类似的看法。当看到一块巨大雕刻岩石上覆盖着美丽的苔藓时，金默尔意识到这种组合是不自然的——那些物种永远不会以这种方式生长在一起。当她问他们是如何做到这一点时，这位园艺学家淡淡地回答说："强力胶。"但强力胶不适用于采石场的巨墙，这也是老板希望金默尔提供帮助的地方。他们告诉金默尔，这堵墙是高尔夫球场的背景墙，因此需要让它看起来有些历史的痕迹："但（贴在墙上的苔藓）又会让它看起来很老，所以我们需要让这些苔藓长起来。"金默尔知道这是不可能的：因为唯一能在阳光充足、没有水分的酸性岩石上生长的苔藓，并非主人想象中的郁郁葱葱的绿色苔藓。然而，当她试图表达这一点时，这位园艺学家并不担心，他还说，如果有用的话，他们可以安装一个喷雾系统，甚至可以"在整片苔藓上安上一个瀑布"。换句话说，钱不是问题。金默尔写道："但这些岩石需要的不是钱，而是时间。'时间就是金钱'这个等式反过来是行不通的。"当他们俩参观附近一个长满岩石和苔藓的峡谷时，园艺学家说这正是房主想要他的房子达到的效果。金默尔说道："我又一次解释了时间和苔藓之间的关系。因为我观察到峡谷里的苔藓床已经有几百年的历史了。"对于庄园主人想把苔藓移植到庄园的岩石露台上的这个想法，她也同样持怀疑态度。在专门研究了苔藓是如何"决定"在岩石上进行生长之后，金默尔了解到生长在岩石上的苔藓"对驯化有着极强的抵抗力"。

　　一年后，金默尔被邀请回到了庄园，却发现他们不知怎么还是把苔藓弄到了露台上。起初，她对这一景象印象深刻，但后来在得知这是如何实现的后，她感到震惊：庄园设计师选择了附近峡谷中"最美丽"的部分，并用炸药来提取这些覆盖着苔藓的岩石。她被带进来的原因是这些偷来的苔藓病了，变黄了。目前还不知道主人身份的金默尔非常愤怒。"这个毁掉长满苔藓的，只为将自己的庄园装扮得古色古香的人是谁？这个买了时间并买下了我的人到底是谁？"金默尔对庄园主人"独特的人类行为"进行沉思，她想知道当主人看着他的花园时，他看到了什么："他看到的也许根本不是生命，只是艺术品罢了，就像他画廊里无声的鼓一样，都是没有生命的物体。"

　　金默尔认为，悬崖爆炸是一种犯罪行为，哪怕庄园主人在法律上"拥有"这些岩石。她写道："这种法律上所谓的拥有削弱了事物与生俱来的主权。"如果主人真的喜欢这些苔藓，"他就会放开它们，每天都去看它们。"在时间里看到某样东西，就是承认它有生命，而且承认这种生命不仅仅是牛顿世界中机械性的因果关系。按照这种思维方式，苔藓"决定"自己在哪些岩石上生存，甚至岩石也有生命。[1]

在《自然因素》一书中（我将在最后一章详细介绍这本书），芭芭拉·艾伦瑞克阐述了一种对能动性的理解，这种理解与西方思维模式不同，更接近金默尔的思维模式。根据她在细胞生物学方面的博士研究，她描述了细胞的决策，假设"每一秒钟，个体细胞和我们称为'人类'的细胞群都在做同样的事情：处理数据和做出决定"。艾伦瑞克在一个更小的方面上也看到了这一点，她引用物理学家弗里曼·戴森的话："原子有一种跳跃的自由，这种自由似乎完全是它们自己选择的，没有任何外界的输入，所以在某种意义上，原子是有自由意志的。"对于艾伦瑞克而言——我怀疑她会赞同金默尔关于岩石和苔藓的观点——能动性只是意味着"发起行动的能力"。如果以这种方式构想，能动性"并不集中在人类或他们的神或他们喜爱的动物身上。它分散在整个宇宙中"。如果我们回想一下柏格森的"时间被铭刻"的"记录"，这些行为和决定似乎就是铭刻的一部分。

如果对岩石可能是有生命的这个想法感到有些抵触，请问问自己这是为什么呢。尽管有生命者和无生命者之间的鸿沟似乎很明显——或者像西尔维娅·温特所称的"超文化"——但它不可避免地又与文化有关。在一项名为"土著社区儿童中的有生命和无生

---

1. 这个故事，以及"在时间中解放"的想法，与柏格森的直觉概念有一些相似之处——直觉是一种可以承认绵延概念的观察方式——被"黑人性运动"所采用，用来批判欧洲殖民主义的观察方式。塞内加尔政治家、理论家、诗人、该运动的联合创始人列奥波尔德·塞达·桑戈尔写道，欧洲观众"将自己与对象区分开来，并与其保持一定的距离，将其固定在时间之外，在某种意义上，也固定在空间之外，固定并杀死它"（我的重点）。在《非洲艺术作为哲学：森戈尔、贝尔克松与"黑人主义"的观念》一书中，苏莱曼尼·贝希尔·迪亚涅将这种情况称为"冻住了的表情"。

命模型"的研究中，墨西哥研究人员采访了纳瓦儿童，询问不同类别的事物是否有生命。这些问题的答案往往反映了学校里所教授的"生物学"观点，即有生命意味着会吃饭、呼吸、繁殖等。但其他时候，它们反映了一种"文化"模式，即"有生命意味着无生命的物体有能力作用或影响人类和动物的生命，或者是由特定的物质组成"——这一模式类似于艾伦瑞克的"发起行动"。第二种模式出现在墨西哥研究人员与一名 6 岁的纳瓦学生的对话中：

> 研究人员：我们在有生命的区域放什么？
>
> 学生：地面。
>
> 研究人员：为什么地面有生命？
>
> 学生：因为我们住在那里。
>
> 研究人员：因为我们住在那里。那为什么它就有生命了呢？
>
> 学生：因为这是对动物而言。
>
> 研究人员：但是，如果我们不考虑动物，那地面还有生命吗？
>
> 学生：是的（并点头）。
>
> 研究人员：好的，那这又是为什么呢？
>
> 学生：对于植物来说也是如此。

对于西方思维来说，岩石可能是观察能动性方面最大的挑战。在 Quora[1]（问答网站）上，关于岩石是否有生命的问题的答案大多是否定的，但一些受访者也在努力解决这个问题的局限性。岩石可能没有生命，但像石灰岩这样的东西是由海洋生物的壳构成的，它可

---

1. Quora：是一个问答网站，由脸书前雇员于 2009 年创办。——编者注

以支持地衣形式的生命。有一个人想知道放射性衰变是否可以被认为是岩石死亡的一种形式，如果我们用更长的时间跨度来衡量，这个问题又会有多大的不同呢？许多人承认，关于生与死的定义本身就是一个哲学问题。有人简单地指出，从某种意义上说，我们来自岩石，总有一天也会变回岩石。

在《石头会呐喊：意识、岩石和印第安人》一书中，奥塞奇族学者乔治·"丁克"·廷克（George "Tink" Tinker）论证了岩石会说话。廷克指出，由于目前对于意识是什么还没有达成一致意见，所以他认为"全球化资本下的新兴世界文化和西方科学下都确定岩石肯定没有意识这个观点，既自大又傲慢"。

学习如何听石头说话需要哥白尼式的转变，即远离人类中心主义。廷克描述了他参加的一次会议，会上一位 Kānaka Maoli 族（夏威夷原住民）艺术家回答了关于他自己是如何发现所雕刻的巨石这个问题。艺术家说："不是我发现了它们；而是它们发现了我！我可能正在海滩上散步，这时一块石头会伸出来绊我的脚后跟。"廷克汇报称，一位从事美国研究的英国教授立即反驳道："这就是你们这些人的问题所在。你们太以人类为中心了！你以为世界上的一切都是按你的方式运转的。"廷克对这种批评进行了反思，他认为这种批评是"情绪化的，并不理性"：

"它"根植于近一周为跨越文化障碍而进行交流的失败尝试以及一生沉浸在一种文化中，这种文化认为自己是某种普遍存在的现象和规范——因此在本质上是优越的——持着一种西方执念的立场，不管实际情况是多么的幼稚。当他结束他的长篇大论时，我站起来反驳道，实际情况恰恰相反。"很抱歉，W 教授，但你的评论肯定会受到质疑。你看，你们才是真正的人类中心主义者。你相信世界上的一切都与你的自我不同。"

换言之，W 教授认为，自然与人类根本不同，因为自然的行为是具有决定性。如果这里涉及时间，不是通过一系列行动来刻画的，而是一种物质驱使的力量，仿佛物质是具有惰性的。廷克写道："欧洲 – 西方人已经开始将世界划分为一个明确的等级，即神、人、自然——从大到小，按照这个顺序排列。"下一章我将回到有关发展的部分，这种分裂在历史上与种族概念的创造有关，那些欧洲人在其远征中遇到并奴役的人被重新想象为在达尔文进程中走向真正的文明的早期阶段。原住民不仅被视为"历史之外的人"，而且不管是作为个人还是群体，他们经常被评论为懒惰的、对未来缺乏兴趣或理解的人。简言之，他们被视为缺乏真正的能动性，而这种能动性的模式却有着欧洲定义。

在廷克关于岩石的论文中，一个经常出现的词是"尊重"。例如，在讨论将思维视为"大脑的物理过程"的还原论观点时，他对"高度发达的新皮层大脑在某种程度上是意识的终极成就"的假设有所不满。[1] 相反，廷克观察到，"例如，虽然爬行动物没有新皮质大脑，甚至没有边缘大脑，但这并不会影响印度人对蜥蜴智慧和意识的深

---

1. 关于还原论的一个例子可以在日常生活中看到，在这种现象中，我们的记忆似乎"活在"物理物体、地点和风景中。就像我们使用写作和其他记忆辅助工具一样，有时你也会在到达某个地方后才记起一些事情（例如，你生活中有关某个时代的细节）。关于土著文化如何利用这种关系，明确地将故事和记忆与自然环境的持久特征联系起来的例子，请参见 Keith H. Basso 的 *Wisdom Sits in Places: Landscape and Language Among the Western Apache*。

刻尊重和欣赏"。同样，当 J. 德鲁·兰汉姆（J. Drew Lanham）[1] 在节目《生命的味道》（*On Being*）[2] 的其中一集中告诉克里斯汀·图特尔（Krista Tippett），他"崇拜"自己看到的每一只鸟时，很明显，这种"崇拜"与庄园主人对苔藓的贪婪"热爱"截然不同。尊重和不尊重事物的区别在于承认事物不是一个自动装置，它是通过行动来记录时间的，而不仅是存在于时间之中。

虽然到目前为止我把它与殖民主义联系在一起，但在我们与他人的日常互动中，这种差异是显而易见的。亚当·韦茨（Adam Waytz）、茱莉安娜·施罗德（Juliana Schroeder）和尼古拉斯·埃普利（Nicholas Employ）称其为"心智不足问题"，这是一种认知偏见，导致我们低估或忽视我们认为与自己不同的其他人的情感现实，包括偏见地认为这些人比我们更有偏见。我们可以将其解释为，我们认为这些"外来群体"中的人更像机器人，而不是人类。这些作者描述了一个令人难以置信的实验，在这个实验中，参与者被要求考虑"典型的非人性化群体"，比如吸毒者或无家可归的人。对于他们之外的人来说，想起这些群体中的人通常不会激活其大脑中与心智理论相关的区域，即想象他人心理状态的能力。但是，"当参与者被要求直接与这些外来群体成员的思想进行接触时，比如简单地问一个无家可归的人是否喜欢某种特定的蔬菜，那么这些神经区域就

---

1. J. Drew Lanham 是美国的一位鸟类学家、作家和保护主义者，他也是野生动物生态学的教授。——译者注

2. 《生命的味道》（*On Being*）是一档美国的广播节目和播客，这个节目探讨了一系列深刻的主题，涵盖了宗教、道德、生活意义、科学、哲学等方面。节目采用深入访谈的形式，邀请各领域的思想家、作家、哲学家、科学家等来分享他们的见解和经验。——译者注

会被激活，就像他们与地位较高的外来群体成员打交道一样"。[1] 关于蔬菜的问题是用来假设一个人有欲望。而欲望，是一种对未来的态度和对过去的反思，只能存在于时间之中——那个人所居住的时间之中。

我认为这就是金默尔所说的"与生俱来的主权"以及廷克要求我们要尊重的部分。在新的地方构想主权可能需要一个相当重大的转变，对于一个习惯了人类中心主义（就此而言，是指欧洲中心主义）的人来说，及时解放整个世界可能会让人迷失方向。例如，我记得 2001 年纪录片《迁徙的鸟》中的一个特定部分让我有种天翻地覆的感觉。影片的开头和结尾都在同一个地点和季节，这向我们展示了一些简单而又深刻的东西：不同候鸟的生存状况。在整个纪录片中，制片人使用轻型摄像机与加拿大鹅和其他鸟类一起移动，试图从更接近它们视角的角度展示它们的风貌。[2] 电影稀疏的配乐和旁白让人更容易进入那个视角，或者至少让人感受到自己想要这样做

---

1. 《实习医生格蕾》和《丑闻》的编剧珊达·瑞姆斯在大师班的一堂关于创作现实主义电视剧角色的课上也提出了类似的观点。瑞姆斯认为，引人注目的角色已经完全形成了希望和欲望——换句话说，就是对时间的态度。瑞姆斯补充道，当人们试图写出他们认为与自己最不同的角色时，写出带有刻板印象、静态和无聊的角色的风险最高。

2. 在 2009 年出版的《批判性动物研究杂志》（*Journal for Critical Animal Studies*）上，Nicole R. Pallotta 回顾了《迁徙的鸟》这部纪录片，其中包括一些更具有侵入性的拍摄技术。她写道："在一个理想的世界里——至少在我的理想世界里——人类不会干涉非人类动物，会让它们独处。然而，我们的世界与理想世界相去甚远，在这个世界上，这部纪录片具有关键的潜力，可以起到重要的作用。"其中一部分重要作用与"相似性原则"（类似于较小的心智偏见）不仅可以扩展到人类以外的群体，还可以扩展到动物的子集。例如，1993 年的一项研究发现，受访者在感知疼痛能力方面对鸟类的评分低于哺乳动物，高于爬行动物和鱼类；该评分追踪了受访者对动物群体与人类的相似程度的感受。Pallotta 对此持保留意见，她认为《迁徙的鸟》是成功的，至少是"一次去对象化的练习"，将鸟类从"点"变成了"字符"。

的欲望。

对我来说，最让我迷茫的部分是纪录片里当加拿大鹅飞过纽约市的时候。作为加拿大鹅几千年来进化旅程的一部分，我突然觉得天际线很陌生；"纽约"变成了一个奇怪的集合体，在一个特定的河岸边形成了坚硬的形状和突出的东西。这座城市也是为加拿大鹅而存在的，但它们对它的理解是不一样的，也许是作为其他许多路标中的一个，这些路标也可能包括其他的河流。它们的飞行路线将这些地方联系在一起，形成一个大日历。当鹅群经过港口时，我不能说我看到了它们所看到的景象（最明显的就是，我没有能力感知地球磁场），但我没有看到我平时看到的景象。虽然时间很短，但日晷和网格最终翻转了，我抓住了一些（我的）时间之外的东西（不属于我的时间的东西）。

我们身后有一些奇怪的、海绵状的岩石形态。它们被称为"塔弗尼"（tafoni），人们普遍认为它们代表了一种盐侵蚀形式，但仍然是一个未解之谜。盐可能是导致岩石产生孔洞的原因，但并不是唯一的因素：实际上，复杂的坑、凹痕和梁可能依赖于每块岩石的组成差异以及其他因素。要真正解释这种岩石的特征，需要理解这个特定地方的多个重叠的过程和反馈循环。塔弗尼是一些戏剧化的视觉呈现，实际上这种事情每时每刻都在发生，无处不在，包括在人体内：事物对其他事物的作用。它们是类似经历的痕迹。

在英语中，experience（体验）与 experiment（实验）这两个词有共同的起源。体验某件事就是为了它而存在，反响积极，成为正在发生之事的共同创造者——就像鸭子和（加拿大）鹅一样，它们通过感知天气并决定何时离开来实现迁徙。已故博主梅尔·巴格斯（Mel Baggs）患有自闭症和残疾，在一段名为"我的语言"的慷慨

感人的视频中，展示了他们自己的体验。视频里，他们用身体的不同部位与家中的各种物品互动，以此产生效果、动作和声音，作为视频背景音乐的一部分。背景音乐也是由他们自己演唱的。视频的前几分钟里没有出现文字（就是我们平常见到的"文字"）。在标题为"翻译"的部分中，当巴格斯的手在水龙头下做圆周运动时，一个计算机化的声音朗读着字幕："这个视频的前一部分是用我的母语写的。很多人认为，当我说这是我的语言时，这意味着视频的每个部分都必须有一个特定的符号信息，旨在让人类的大脑加以理解。但我的语言并不是关于设计文字或视觉符号供人们解读。它是关于与我所处环境的方方面面进行持续的对话。"

　　巴格斯说，视频中出现的水"没有任何象征意义"，这与那位认为岩石"找到了他"的艺术家的观点相呼应。"我只是在和水互动，就像水在和我互动一样。"在视频中，体验和实验之间的联系变得清晰起来：体验就是测试、尝试和对周围环境做出反应——是一种不同主体之间的呼唤和应答。但政治性也同样变得清晰了起来，谁有能力去体验这个世界。巴格斯视频中的翻译行为（译为英语单词）是非常有必要的，因为在人们的想象中，残疾人通常都处于一种非存在和无经验的位置上。巴格斯翻译道："我自然思考和回应事物的方式，无论是看起来还是感觉起来，都与标准概念，甚至是可视化的方式大相径庭，以至于有些人根本不认为这是一种思考方式，但它本身就是一种思考方式。"对巴格斯来说，即使是用主流语言来表达他们的经历，也是在宣布他们是具有能动性的个体，他们反对那些将他们贬低为自动机器的力量（声音）。

另一个关于经验、实验以及伦理之间联系的例子出现在科幻作家姜峯楠（Ted Chiang）的故事——《软件体的生命周期》中。安娜（Ana）最初是一名驯兽师，她的任务是培养人工智能的"digients"，这是一个长达数年的过程，很像抚养一个孩子。虽然从技术上讲，这些 digients 是软件体，但它们在虚拟世界中与人互动，并在虚拟世界中测试自己的能力，当它们偶尔被放入机器人体内时，也会在现实世界中测试自己的能力。有一次，一家销售家用机器人的公司对这些 digients 产生了兴趣，但当该公司得知安娜和她的 digient 杰克斯（Jax）都希望杰克斯能获得法人资格时，谈判陷入了僵局。这位高管表示，他对为什么安娜这么长时间以来一直如此依恋它表示理解，但他们寻找的是"超级智能的产品"，而不是"超级智能的员工"。

在一次私下的估算中，安娜意识到公司"想要一些能够有着人一样的反应，但不需要像人一样承担同样义务的东西"。她发现自己的处境与金默尔相似。金默尔知道，那些看起来有百年历史的苔藓需要一百年的时间才能长成，因此当它们被偷走时，她的反应是保护性的愤怒。金钱买不到这样的时间。

经验不仅是最好的老师，也是唯一的老师。如果说她在抚养杰克斯的过程中学到了什么，那就是没有捷径可走；如果你想在这个世界上获得一些生活二十年才能得到的常识，那你就需要花二十年的时间来完成这项任务。不可能在更短的时间内构建出等效的启发式方法集合；经验在算法上是不可压缩的。

即使有可能为所有这些经历拍下快照，并无限地进行复制，即使有廉价出售或免费赠送副本的可能性，每个由此产生的 digients 仍然可以活一辈子。每个 digients 都会以新的眼光看待这个世界，它们会经历希望实现和希望破灭，体会说谎和被人欺骗的感觉。

也就是说每个人都应该得到一些尊重。

在被水染黑的岩石上，有一群银白色的海豹在休息。蛎鹬，一种长着卡通橙色的喙的全黑滨鸟，忙着在较小的岩石上穿梭，不知为什么，它从来没有被海浪吓到过。在悬崖边的小路上，穿过凋零的野花群，我们看到了一系列粗壮的木制标志，这些标志描述了当地的地质情况和植物群落对恶劣环境的适应情况。有一个标志上面写着有关侵蚀的过程，但是很难到达那里。通往它的旧路已被侵蚀了。作为回应，悬崖上又多了一块新的磨损的地方。

把世界更多地看作时间的组成部分，充满能动性，也值得尊重，这意味着放弃廷克提到的行动者和被行动者之间的等级制度。这是令人振奋还是令人恐惧的呢？威尔德卡特写道："本土思想家不仅承认偶然性和人类对世界缺乏控制；他们也认为这是一种赋权和谦卑的表现，并非可怕的东西。"如果"赋权和谦卑"听起来像一个悖论，那是因为我们通常是这样对权利进行了理解。在这样一种世界观中，当权力、能动性和经验不受个体身体的约束，而是"存在于构成生命的关系和过程"，悖论就消失了。

真正的悖论是一种思想，它认为世界是惰性的，但它可能会看到自己与其他一切事物一样，都受到同样的决定论法则的约束——在某种程度上，这是最终极的自我。优生学家弗朗西斯·高尔顿回忆说，他曾做过一些实验，以验证他的观点，即人类是"有意识的机器"，是"遗传和环境的奴隶"，其行为在很大程度上是可以预测的。表面上高尔顿是在寻找自由意志的残余，他写道："我越是仔细地询问，无论是从行为的遗传相似性，双胞胎的生活史，还是内省我自己的思想行为出发，留给这种可能的残余的空间似乎越小。"就柏格森而言，他也承认我们的行为存在于完全习惯和完全自由之间的尺度上——但他在其中一端所发现的自由具有巨大的意义，通向无限，存在于人类的内部和外部之中。他把生命力比作一枚火箭，火箭的火花总是随着物质和形式回落。他坚持认为生命力不是一件东西，而是一种"连续体"，需要不断地射出"。创造也不"神秘"，因为"当我们自由地行动时，会在自己身上体验到它"。自由就是选择，而选择分散在整个宇宙中，不断向前推进，推动前进并作用于会限制它的事物。

对于柏格森来说，日常生活中体验到的学习和认知既体现了每一刻的新鲜感，也体现了时间的不可逆性。他描述了一个场景，走过一个熟悉的小镇，那里的建筑似乎没有发生变化。但当他回想起他第一次观察这些建筑时，想到了一个对比，瞬间解放了世界："似乎这些不断被我感知并不断在脑海中留下深刻印象的物体，最终从我自己的意识里借用了某些东西；它们像我一样生活过，也像我那样老去。这不仅仅是一种幻觉：因为如果今天的印象与昨天的印象完全相同，那么感知和认识之间，学习和记忆之间又有什么区别呢？"

尤卡波塔也在"Turnaround"（转机）的语境中谈到了学习和"创造事件"。Turnaround 是一个土著英语单词，出现在殖民者发明的更广为人知的"Dreamtime"（梦幻时光）一词之前。在描述抽象的思想和精神世界与具体的土地、关系和活动世界之间的关系时，尤卡波塔写道："创造不是发生在遥远过去的事情，而是不断展开的事情。需要守护者通过文化实践中的隐喻将两个世界联系在一起来共同创造。"每当我们真正掌握新事物时，大脑中多巴胺的释放就会发生"较小但类似的周转事件"。他还写道，知识守护者"是微型创造事件的守护者，这些事件必须在获得知识的人的脑海中不断发生"。

就像岩石从深处隆起，然后被水侵蚀；就像棕色的已成熟的七叶树果实从树上落下，然后滚下山坡；就像诗歌，它打破了僵化语言的界限；或者就像柏格森所说的永远无法阻止被发射出去的火箭——我们生活中共同创造的事件不会在一个外部的、同质的时间里发生。它们是时间本身的产物。如果能充分把握这一点，这种感觉就像你在脑海中排练了一场对话一样。你的排练永远不会结束，因为你的想象中不仅缺失了与你交谈的人，还缺失了每时每刻的自己——那个随着谈话的进行而不断变化和回应的人。当记住这一点时，未来就不再像一个抽象的地平线了。在这种抽象的地平线中，抽象自我会在孤独的身体容器中向未来前进。相反，"它"是一种不可抑制的力量，能把这个时刻推向下一个时刻。始终与你对话——甚至会在你意想不到的地方展开对话。对于很多人来说，我的任务是再次学习如何去倾听。

第五章

主体的变化

帕西菲卡市海堤

"人类茕茕孑立，没有未来。"

——阿基里·姆贝贝（Achille Mbembe），《呼吸的普遍权利》

我们向北开了 30 英里，站在海边的另一个悬崖向外眺望。这一次，城市的边缘地带位于我们身后，雾气则位于海洋的更远处。在一家卖"咖啡、糕点和蛋糕"的咖啡馆里，窗户上的"蛋糕"二字几乎被海盐味的空气完全抹去。人行道的排水沟里满是沙子。前方是一个通往海滩的陡坡，沿着这条路走下去，可以在悬崖边看到一个平坦、空旷，被围栏围着的区域。这并不是人类精心设计的观景点，而是一座老房子留下的印记，它早在滑入大海之前就已被拆除了。

附近有两个标识：一个警告道"悬崖危险"；另一个警告写着"此处有离岸流，且目前暂无救生员"。

2020年9月9日，山火季，铁锈色光芒从百叶窗后面渗了进来，把我从睡梦中惊醒。很快我便发现这些光芒是附近山火产生的烟雾混合物。在一周前的一个不祥之夜里，干闪电[1]引发了一些火情。太阳能电池板获取的电量为零。在这一天的剩下时间里，新闻和社交媒体充斥着如同天启一般的内容，所有的一切都变成了橙色，贝纳尔山、泛美金字塔、奥克兰港都被染成了橙色。可能有些读者对这种情况见怪不怪，但在当时，我从来没有体验过这么大规模的山火。

上午9点，整个天空仍然是黑漆漆的一片，我不得不打开厨房里的灯。为了让自己冷静一些，我用大蒜炒了一份素食版的Tapsilog[2]，然后看着它在纸巾上变得干燥。共同经营普林格图书馆的朋友里克·普林格在推特上说："上午消失了。"上午是消失了，但这并不代表我们就不需要工作了。街对面邻居家的灯亮着，她已开始了一天的工作，开始线上会议了。我自己也需要备课、批改论文。坐下来工作时，我感觉自己的日常工作同周遭可怕的环境相比是如此的相形见绌，以至于我甚至无法决定是要开着还是关上百叶窗。

在毫无变化的一天结束时，我和乔一起散了个步，这是疫情以来养成的习惯。离开自己的公寓楼，前往独栋住宅区，这些经常路过的住宅都亮着灯，因此我们能第一次看到屋内的情况。户外的空气是冬天的寒冷、虚无、毫无异味。烟雾飘浮在大气的高处，空气质量丝毫没有受到影响。这种情况代表了我内心的感受：这种平静

---

1. 指没有伴随雨水的情况下发生的闪电。——译者注
2. 一种菲律宾早餐，由 tapa（腌牛肉）+ sinangag（大蒜炒饭）+ itlog（煎蛋）组成。——译者注

的氛围太过于阴森、沉闷。然而当晚，我做了一个去看牙医的梦。在梦里，不论这些牙医做了什么，我都感觉疼痛无比，于是便哭了出来，然后放声尖叫。梦中身体极具压倒性的疼痛十分真实，当牙医问我发生了什么时，我说："你真的把我弄得很痛，所以我才大声尖叫。"

烟雾沉降到我们可以感受到的高度，就好像是租约到期一般。空气质量指数不断攀升，超过了200。人们出现了头痛、咳嗽、喉咙和眼睛发痒的情况。天空变成了白色。我们看不见附近街区的树木，就好像它们被凭空抹去了一般。我们也没有办法去散步了。我还在做噩梦，但这次的内容和火灾有关：为了逃难，我被困在了一个交通堵塞的地方。我和一群人在一条小路上奔跑，想要躲开大火。一些人围在池塘边，不是在捞鱼，而是在打捞那些在逃离火场时被淹死的人。这些梦境里总有一堵墙（火墙或烟墙）出现，并以可怕、匀速的方式致命地向前移动，就像视频进度条上不断前进的按钮。

有关火灾的梦开始与我自己死亡的梦杂糅在一起，并在疫情期间有所增加。我在日记中写道：

"未来已经消失了：我想说它是从地平线上消失的，但其实地平线根本不存在，只看到一大片烟雾。我从未如此清晰地感觉到，每一年都将越来越糟，每一分钟都离灾难和无法挽回的损失更近了一步。你不仅能够感觉到自己身体的衰老，还能感觉到世间万物也在朝着这个方向前进。你甚至会觉得，在你离开这个世界后，万事万物将不会继续繁盛下去，而是将真切地走向终结。

我一直在回想自己的童年，我是如何在不知野火为何物的情况下长大，并自认生活在一个'正常的时代'的，而如今，我过去所经历的一切都像是在沿着一张折页的表面前行。就在刚刚，我们翻过了那张折页，之后将要经历的一切都只是为了生存下去。一切都将以我无法想象的方式发生变化，我有无数个理由相信未来将变得更糟。我认为，这个想法中所蕴含的深切恐惧也同样推动了我梦中场景的发展，不仅包括那些关于死亡的梦，还包括那些关于遭受痛苦的梦。"

　　我在另一个比以往开始得更早的、噩梦般的火灾季节中读着这篇日记，接受了自己的情绪，还产生了同情。我开始将这些噩梦视为自己将衰落主义内化的证据，即认为一个曾经稳定的社会正走向不可避免和不可逆转的厄运。与对我们的处境进行清醒、心碎的评估不同，衰落主义可能是无法避免的线性时间清算的一种更危险形式。毕竟，承认已发生之事给过去和未来带来的损失是一回事，而真正认识到历史和未来的发展如同视频进度条一般具有冷酷的非道德性又是另外一回事，除了自己本身以外，没有任何东西在驱动它的发展。衰落主义未能认识到人类和非人类行为者具备的能动性，因而忽视了斗争和偶然性的存在，从而催生了虚无主义、怀旧，并最终导致能力完全丧失。

　　衰落主义是怀旧的近亲，怀旧的对象通常不随时间的流逝而产生变化，但同时也缺乏生命力。举个例子：假设你和某人分手了，多年后发现自己仍眷念这段关系。那么，在这份充满忧郁的思念中，你所思念的对象究竟是谁？假设思念的对象仍然存在，那么毫无疑问他／她不会是你的曾经的爱侣，因为这个人会不断地衰老和发生变化。相反，你所思念的对象是他／她永恒不变的、偶像化的版本，就像一幅不论何时都会存在的全息图像。此外，可以说，有些关系从一开始就结束了，情侣之间已不再和彼此见面，而是用静态的图像取代了活生生的、不断变化的人。这样的图像无法带来惊喜，只能起到慰藉的作用。不幸的是，正如我们从苔藓那里学到的那样，认为自己爱和欣赏某物或某人，并不能保证你能让他们变得真实起来，也无法保证你能够了解他们。

这便是我和"环境"在我生命中大部分时间里的状况。在孩提时代，我和家人在北方进行了几次公路旅行，途经看似不可逾越的圣罗莎（Santa Rosa）和克拉马斯山脉。当汽车沿着101号公路行驶时，我从后座上看到了绵延数百英里的红木和北美黄杉。我欣赏着这些绵延不绝的树木，自认为那是一片远古时期的森林。（儿童也可以变得怀旧）。哪怕是在接近30岁的时候，我那"树木 = 好；火 = 坏"的观念也没有多少改观。当时我尚未了解到，在加利福尼亚，乃至全世界大部分地区实际上都处于火灾赤字[1]的状态。我并不知道当地生态环境与周期性火灾之间的关系有多密切，也不知道世界各地的原住民是多么频繁地利用火灾焚烧森林，更不知道这种做法是怎样或何时被禁止的。换句话说，我自以为在研究自然史，而不是在研究政治史或文化史，就好像这两者可以完全独立开来似的。

此后，我进一步了解到火灾可以在很大程度上影响生态环境。从澳大利亚西南部到智利，再到加利福尼亚（包括我居住的地方在内），都有各种混杂着草和灌木的灌木丛。这样的植物群落十分依赖野火定期的焚烧。干燥的环境使得森林中的东西难以腐烂或被流水冲走，定期的焚烧能够清除枯萎的灌木丛，为新植物生长腾出空间，

---

1. 指的是因为各种原因导致二十世纪火灾数量减少，从而导致植被过度生长、密度增加，为大型火灾的发生提供了燃料。这种燃料的日积月累被学术界称为"火灾赤字"现象。——译者注

并将养分带回土壤。一些植物的种子和花蕾无法在没有得到焚烧的
情况下发芽，它们浑身遍布蜡和油，基本上一点就燃。在森林的上
坡处，美国黑松等植物需要火焰烧开自己密封的果实，从而将种子
释放出来。因此，缺少火灾将产生连带效应，比如钻木甲虫减少，
这反过来又会危及啄木鸟和其他穴居物种。大规模火灾后的锯齿状
森林栖息地的生物之多样令人咋舌，正如我在徒步穿越一个先前曾
被烧毁的区域时看到的那样，并且有一部分动物物种喜欢这种情况。

在观察新冠疫情时代时，人们会得出"大自然正在治愈"的结
论，这正体现了自然怀旧观点通常忽视了人在其中所发挥的作用。
显然，一个健康的生态系统与一个深受人类和污染影响的生态系统
迥然不同。除此之外，西方人关于事物"本该是"如此的观点往往
充满问题，因为这样的观点并没有考虑是哪些人影响了一个地方的
风土人情。人们有时候认为，原住民群体更加关注生态变化和不同
时间给予的提示：花期、天气模式、动物迁移等。然而，人们往往
将此解读为原住民的不积极与非人类世界合作，参与其建设，而是
以一种完全不插足的方式，逆来顺受地适应其变化。

无论是在单株植物的微观层面，还是在整个自然景观和社群的
宏观层面上，原住民的处理方式都和其他人的一样，是可以加快或
暂停它们的发展的。在被殖民之前，许多地方的原住民使用火焰，
将森林和稀树草原维持在一定的比例和状态。在现如今属于加利福
尼亚州的许多地方，在大火焚烧后的数年里，种子的产量会大幅提
高，高大的新生树枝能够吸引鹿和麋鹿来此栖息，植物蓬勃生长，
成了制作篮子、绳子和陷阱的理想材料。在橡树下定期燃烧的火焰
能够吸引并杀死寄生蛾，这些生物生活在树冠上，会危害树木所提
供的食物。在加利福尼亚和世界上的许多其他地方，人、植物、动

物、火、土地和文化存在于一个不断变化的共同进化模式中，且各有不同。

2021 年，在伯克利新媒体中心举办的一次火灾管理会议上，致力于促进尤罗克人[1]土地焚烧的委员会执行主任马戈·罗宾斯（Margo Robbins）进行了发言。他用焚烧前后的对比图，表明了火灾给我孩提时代在汽车后座上所凝视的那片山脉带来的变化。在我一个外行人的眼中，第一张照片是一片毫无特点的"自然区域"，和公园小径边的植被一般无二。罗宾斯描述了这种情况：由于这片区域未被焚烧过，尤罗克人没法使用榛子树（一种秋季成熟的可焚烧植物）的树枝编织篮子。除此之外，其他未被焚烧的灌木侵占了榛子树的生长环境，导致动物吃不到榛子树的果实，榛子树甚至会因此停止生产果实。最后，她指着一棵北美黄杉，森林的代表性植物。"这棵黄杉开始侵占本该是橡树林地的稀树草原[2]"，她说。

根据史蒂芬·派恩（Stephen Pyne）在《美国的火灾》一书中的说法，在美国殖民时期，无尽的稀树草原以及 19 世纪土地测量员所谓的"公园式自然环境"不仅司空见惯，还愈演愈烈。根据他的测算，我孩提时那"树木 = 好；火 = 坏"的观念正好与真实情况相反：殖民者禁止原住民焚烧森林，因此，欧洲入侵者走到哪儿，森林就长到哪儿。派恩写道，"美国大森林是欧洲定居者到来的产物，而不是其受害者"。罗宾斯也强调了这一观点："我们如今的自然环境是非原住民来到这片土地所产生的结果，是受人类干预影响的产

---

1. 印第安人的一支，主要居住于加利福尼亚州胡帕保留地。——译者注
2. 稀树草原是炎热、季节性干旱气候条件下长成的植被类型，其特点是底层连续高大禾草之上有开放的树冠层，即稀疏的乔木。世界最大片的稀树草原见于非洲、南美洲、澳大利亚、印度、缅甸、泰国地区和马达加斯加。——译者注

物，……原住民有意使自然界保持平衡，就好比是你放手不管自家的院落，任其发展，过了 5 年、6 年、10 年，这个院落会变成什么样？对我们来说，森林就是我们的院子，而我们正是用人们管理自家院落的方式来管理它。"她说，尤罗克人的土地曾一度有 50% 是稀树草原，现在只剩下寥寥几块，麋鹿也不在此栖息了。"我们的目标之一，是扩大稀树草原的面积，让麋鹿回来安家。"她说。

我所见到的森林并非自古就存在于此，而是不同历史事件的产物：生活在这片土地上的各色人等关于火灾的不同管控制度造就了它，在它身上留下了标记，后来又威胁到了它的生存。这些处理方式反过来又反映了权力的角逐，以及不同人群对于土地的看法。18 世纪西班牙人及 19 世纪加利福尼亚建州之初关于焚烧森林的禁令，代表着白人对原住民部落行使了自己的殖民主义权力，这些禁令又同其他允许奴役原住民、强迫他们劳动、拆散他们家庭的法律密不可分。[1] 尽管一些拓荒者向原住民部落学习，继续焚烧森林。但在二十世纪初，新成立的美国林业局推动了一项禁火计划。在那个经济爆炸式增长的时期，它们认为森林是这个国家的木材储存库。

在这种观点下，土地成为储存木材商品的无声容器，火焰焚烧和无管制伐木便成为这些商品的威胁。后来成为首任林业局局长的富兰克林·霍夫（Franklin Hough）在他 1871 年的《林业报告》中

---

1. 1850 年《加利福尼亚州政府和印第安人保护法》第 10 条禁止印第安人长期以来的焚烧行为。有意思的是，该条款位于在违反指明法律的情况下惩罚原住民酋长的条款和另一条款之间。此"另一条款"规定，权利受到侵害的白人可以将被指控的原住民带到治安官面前，不经正当程序便可以对其施以惩罚。在加利福尼亚州研究局编写的一份文件中，金伯利·约翰斯顿 – 多兹这样总结整个法案及其修正案，"（它们）加速了将加利福尼亚州印第安人从其传统土地上被赶走的过程，使至少一代原住民儿童和成人与其家庭、语言和文化分离（1850 年至 1865 年），并将印第安人和成人与白人隔离开来"。——作者注

抱怨道，新泽西州的一场火灾烧毁了"15 至 20 平方英里森林。火灾前每英亩[1]森林价值 10 至 30 美元，火灾后只值 2 至 4 美元"。纽约州的一场火灾则"摧毁了难以计数的大量树木"。霍夫之后的第二任林业局局长纳撒尼尔·艾格斯顿（Nathaniel H. Egleston）说："我们种族的历史可以说是对树木世界的战争史，"树木不仅具有经济价值，还极具文化价值，提供了一些美学吸引力，能够阻止年轻人大量涌入城市。

在政治上，这种观点意味着政客开始宣传所有火情都是危险的，禁止发表与此观点相悖的研究报告，并轻蔑地将农村地区焚烧森林的做法贬为"派尤特式林业"[2]。在"二战"期间，关于定期焚烧森林和完全禁火之间的争论被搁置，当时的美国林业局发布了将火灾预防与战争联系起来的宣传品，其 1939 年发布的一张海报上绘有打扮成拓荒者的山姆大叔，他指着一场森林火灾说："你的森林——你的错误——你的损失！"其他海报则更为直白："造成森林火灾即是援助敌人。"甚至到了战后，这样的内容仍在流传。在一张 1953 年发布的海报上，一只新造型的斯莫基熊[3]手握一把铲子，头戴护林员帽，背后是熊熊燃烧的火灾。"如此可耻的浪费行为削弱了美国的实力！"海报写道，"记住！只有你能阻止这种疯狂的行为！"

在随后的数十年里，加利福尼亚成为全国郊区住房热潮的最前沿地带。我正是在这样的一个郊区的社区中长大的。这个社区差不

1.　1 平方英里等于 639.9896 英亩。——译者注

2.　派尤特是美国印第安人的一支，生活于美国西南部。派尤特式林业指的是定时焚烧森林的行为。——译者注

3.　斯莫基熊是美国林业局为宣传森林火灾危害而设计的虚拟人物形象，诞生于 1944 年。——译者注

多与那张斯莫基熊海报同时诞生，粗制滥造、千篇一律，毫无新意可言。许多这样的社区地处城市与荒野之间的中间地带，引发火灾的风险很高。然而，被吸引过来定居的郊区居民对火的作用不够了解，更有可能接受斯莫基熊海报中纯粹美国式的火灾零容忍态度。在二十世纪七十年代，林业局改变了方向，允许了使用火焰焚烧荒野的行为（而后批准了原住民文化中焚烧森林的行为）[1]。然而，过去数十年的禁火令给文化和生态均留下了创伤。在罗宾斯发表演讲的同一个会议上，米村人[2]部落主席暨米村人土地信托基金主席瓦伦丁·洛佩兹（Valentin Lopez）感叹道："非原住民与火之间的关系是，他们害怕火，认为这是非常具有破坏性的东西。"罗宾斯同意这个观点，并寄希望于年青一代能够帮助改变人们对于火的这种描述方式和看法。

　　然而，在受数十年禁火令及越发恶劣的火险天气的共同影响下，最近发生的特大火灾破坏力令人咂舌，因此要改变人们对于火的看法绝非易事。2021年，一场最初爆发于偏远地区的火灾改变了火势方向，摧毁了塔霍湖[3]地区的一些房屋，林业局因此屈服于政治压

---

1. 正如Jan W. van Wagtendonk所观察到的，林务局在1905年成立时"以禁火作为其存在的理由"，而加州对于禁火观念的转变是渐进式的。1968年，国家公园管理局改变了政策：在一些公园内，允许闪电引发的火灾焚烧批准的区域。1974年，林务局对荒野地区由闪电引发的火灾采取了同样的做法。林务局还开始允许原住民社区进行其文化中焚烧森林的行为。2021年，尤罗克部落为加利福尼亚州的一项法律提供了指导，该法律使私人公民和原住民无须承担进行控制性焚烧的责任。——作者注

2. 印第安欧隆尼族中使用米村语的一支，生活在如今加利福尼亚州的圣胡安包蒂斯塔传教区。——译者注

3. 位于加利福尼亚州和内华达州的交界处。——译者注

力，暂停了控管烧除[1]作业。和许多与气候有关的问题一样，这引发了人们一场关于要暂停控管烧除时间期限的争论。创口贴式的解决方案只会使我们早已高筑的"火灾债"更加恶化。生态学家克里斯托·科尔登（Crystal Kolden）称这个禁令不过是"延缓这些燃料的燃烧……而它们终将在更炎热、更干燥的情况下开始燃烧"。在关于科罗拉多州山火的类似争论中，一个生态学非营利组织的运营总监乔纳森·布鲁诺（Jonathan Bruno）说："如果我们不解决资金的投资方式，并继续采用禁火的方式来解决问题，那么什么也不会改变。我们只不过是治标不治本，一次又一次。"

从海滩上看去，悬崖上混乱地布满着岩石、管道、软管、橙色塑料锥状物，以及零星的篷布、旧围栏和混凝土搭架的残余物。从我们站立的一处位置望去，我们可以看到一栋已消失公寓楼的旧地基在悬崖边低垂着，生锈的钢筋绳索在半空中疯狂地扭动。悬崖上的软管起着将水引下悬崖的作用，为的是避免悬崖受到侵蚀，但我已无法分辨哪些软管仍能使用，哪些已成了被遗弃的废品。这样散乱的景象似乎随时都会发生变化，令人不安，充斥着葬礼上的死寂气息，而人们就坐在几码外的海滩上享受着怡然自得的时光。

你可以在这里看到人们为防止悬崖移动而进行的各种尝试。他们沿着悬崖底部堆叠了大量进口大石块（有时被称为"海岸铠甲"）。在另一个地方，一些黏土状的东西被贴在悬崖边上，就像令人垂涎的翻糖蛋糕。还有一些地方，一张细密的网被螺栓固定在悬崖边。在这些景象的下方，有人在沙石上刻下了"欧隆尼[2]"三个大字。

---

1. 又称策略烧除、减危烧除，指在受控的情况下人为引发小型山火，从而减少日后发生大型且不受控制的山火的可能性。——译者注

2. 北美印第安原住民其中的一支。——译者注

在悬崖边上硕果仅存的少数几个公寓楼之一（看起来就像是下一个将要坠入悬崖的建筑），有许多朝向着太阳的阳台。在一个阳台上，一个没穿上衣、蓄着胡须的男人靠着栏杆，用难以捉摸的表情望着大海，抽着烟。

"抑制我们面对的问题"很好地概括了我和其他许多非农村居民所面对的一系列生活现实。在加州，若仔细寻找，你便能轻易发现许多起到抑制作用的景观：大坝、海堤、沙栏、网、碎石盆、混凝土衬砌的小河道，以及偶尔被抹上灰泥的山坡，所有这些都是为了抑制水和岩石的移动，使其无法对人类和财产带来不利影响。发挥着抑制作用的项目那么多（特别是其中许多可以追溯到二十世纪），抑制失败（从多种意义上来说）可能也是迟早的事。地质学家多丽丝·斯隆（Doris Sloan）在她的政治不可知论著作《旧金山湾区的地理情况》一书中，对 1 号公路做出了判断，这条狭窄的公路在湾区蜿蜒于太平洋和极不稳定的悬崖之间："这条公路需要不断维修，同时，为了维持这条公路的使用，还需要在一个可能永远都不该尝试修路的地方建造越来越复杂（且昂贵）的工程结构。"道路塌方问题也屡见不鲜。2021 年 1 月，1 号公路大苏尔附近的路段有 150 英尺长 [1] 的路面从悬崖上滑落，直到同年 4 月才重新开放。

1935 年至 2001 年，这条麻烦不断的公路至少关闭了 53 次，但这和约翰·迈克菲（John McPhee）《自然的控制》一书中描绘的内容相比显得小巫见大巫。这本书里记载了 3 个关于人类试图阻止水、熔岩或岩石运动的故事，其中一些最戏剧性的情节出现在最后一章，主角是生活在圣加布里埃尔山脉附近的洛杉矶人。圣加布里埃尔山

---

1. 约合 45.72 米。——译者注

脉是一个快速上升的、地质学意义上十分年轻的山脉，并"以世界上最快的速度崩塌着"，经常发生极为严重的泥石流灾害。在夏季山坡灌木丛发生火灾后，冬季的倾盆暴雨能够将数百吨的岩石、泥浆和水送入峡谷。泥石流是这座山生命的一部分，并在实际上塑造了洛杉矶许多其他地区的平坦平原。但是，在现代，当泥石流抵达居民区时，它很可能夹带有巨大的石块、汽车和其他房屋的碎片。迈克菲讲述了生活在希尔兹峡谷的鲍勃一家的故事，在六分钟内，他们的房子便填满了巨石和泥浆："门刚关上没多久，就被泥石流撞倒"。泥浆、岩石、水都涌了进来，每个人都躲到了远处的墙边上。"跳到床上去。"鲍勃说。那张床很快便被泥石流越抬越高。他们跪在金丝绒的床面上，没过多久就能摸到天花板了。

在上一章中，我建议以选择一个地点加以关注的方式来观察时间。这个方法适用于较大的地点和较宽广的时间跨度。我认识的一些在圣克鲁斯山生活了五十年的人告诉我，在过去的一段时间里，你可以走到佩斯卡德罗的一块巨石上，而如今这块巨石已永久孤悬于海洋之上了。在二十世纪八十年代末，当迈克菲写下《自然的控制》时，许多住在圣加布里埃尔山脉的人根本不记得上一次大型泥石流发生于何时，也并不认为这样的灾难会定期降临。由于地质事件的无常，以及自身的疏忽，"城里的时间"的文化框架根本来不及记录地质事件的情况："1934 年发生的重大事件？ 1938 年？ 1969 年？ 1978 年？谁会记得这些？山里的时间与城里的时间如同两条平行的轨道。即使地质事件发生的间隔如此之短，人们也有足够的时间去忘却它。

除了开发商和房产中介外，这些灾害对于任何人来说都是坏消息。一个从 1916 年起就在洛杉矶生活的人告诉迈克菲："买房子的人不知道，迟早山上会有东西滑落下来。"也就是说，迈克菲书中的一些人确实知道这一危险。他们的一种应对方式是在自己的房子周围建造围墙和防御工事，和城市积极建造拦沙池 [1] 的做法异曲同工。还有一个家庭在其屋内车库的后面安装了高架门："他们在后院设置了引导泥石流流向的偏转墙。现在，当泥石流到来时，只需打开车库两端，碎石就会流到街上。"这是接纳山中的时间的一种新颖方式。

但是，除了山中的时间，我们还需要接纳这一系列被记录事件中的哪些呢？如果我们选择"抑制我们面对的问题"，那么此处的"问题"究竟是什么？在物质、日常层面上，此处情况中的问题似乎是一系列的泥石流灾难，尽管城市基础设施不断加强，但人类的财产仍在不断受到破坏。但我想说的是，"问题"实际上来自更大的范畴，来自人们并没有认识大山本身。迈克菲采访的人们喜欢大山给他们带来的益处：逃离城市的登山活动、靠近"自然"、饱览山谷美景，乃至是一些整齐的巨石。但对他们而言，圣加布里埃尔山脉不过是美景的陪衬或一个烦人之物，一些恰好存在于此的无生命物体。大山一成不变，因此人类觉得自己能够控制它，这就能解释在《自然的控制》记载的内容里，一家报纸为什么敢如此无知又狂妄地刊登这样的头条："旨在阻止山体侵蚀的项目；山谷当局投票决定，土地滑坡是不必要发生的事件。"

这种强硬的心态同样源于坚持完全禁火的态度。一群希腊地理学家研究了加利福尼亚州和希腊的火灾管控制度，描述了人们的一种心态，以在面对泥石流、洪水或美洲狮时使用。这些地理学家写

---

1. 以拦蓄山洪及泥石流中固体物质为主要目的的拦挡建筑物。——译者注

道："公众的普遍看法是，应控制森林火灾，而不是让其对人类和财产构成威胁。有趣的是，吸引人们来森林边缘定居的那种生活于'自然环境'中的感觉，恰恰是在去除了荒野中'野性'的神秘感后才产生的。"

这些地理学家认为，火焰与不断变化的自然环境之间的"本土"联系已然消失。在希腊，在农户移居城市之前，定期焚烧森林是他们与身边特定环境之间亲密关系及责任的一部分。与此相同，罗宾斯指出，尤罗克人在定期外出打猎时，也会顺便留意哪些地区需要焚烧。而在西澳大利亚，原住民土地管理专家维克多·史蒂芬森（Victor Steffensen）解释了焚烧与一个地区的特点之间的关系："每从一个地方走到另一个地方，这两位老人都会停下来，讲述这些各不相同的自然景观背后的火灾故事。他们会谈论正确的焚烧时间、所有动物适应环境的方式、生活在这个地方的植物、土壤类型。"火灾是一个主体（人类）和另一个主体（土地）之间双向责任的一部分。

19岁那年，一位国家公园的护林员招募史蒂芬森参与火灾管控工作："护林员在货车的引擎盖上摊开地图，开始用手指着自己的焚烧计划。'我们要焚烧道路的这一侧，而不是那一侧。'他们指示说。和两位老人对自然环境熟稔于心、懂得挑选正确的地方进行焚烧不同，这些护林员利用道路和围栏将各个焚烧区域隔绝开来。"在这次特殊的情况中，火势越过了道路，造成了不小的麻烦。我不会将这个意外归结为国家机构和原住民群体之间进行互动的产物，因为其中一些互动是富有成效、充满善意的交流。然而，这个故事却以一种极端的方式，比较了不同的土地对待方式之间的显著差异。在第一种对待土地的方式中，土地是一个永远不会变化的舞台，拥有了身份的人与物即可以迁移至此处。而在第二种对待土地的方式中，土地能够随着时间的推移，让所有人知道自己也拥有身份。用宝拉·古恩－艾伦的说法就是："土地并没有将自己同人类区分开来，任其独自演绎自己命运的戏剧。它不是人类生存的手段，不是人类所要经历的一切事物的背景……而是我们存在的一部分，它处于不断变化之中，不可或缺，亦无比真实。土地即是我们的自我。"

美国林业局在成立早期借鉴了德国林业科学的做法，种植了大量整齐且最具经济价值的树木，使整个商品林由同一个年龄段、同一个品种的树木组成。詹姆斯·C. 斯科特（James C. Scott）指出，德国林业科学试图用已确定能产出木材量的"抽象树木"取代真正的树木。用单一的商品树木替代整个森林的生态系统能够带来的丰厚利润，但最终却酿成了一场灾难，受到其负面影响的不仅仅包括那些依靠古老森林生态进行放牧、获取食品和药物的德国农民。由单一类型树木组成的森林更容易受到风暴和病害的影响，第一批种植树木生长良好的唯一原因是它们享受了以前老林子积累下来的大量资源。自此之后，Waldsterben（森林枯亡）在德国屡见不鲜。人们不得不应对由单一品种树木组成森林这一不幸的情况，试图重新引入被经济林战略所忽略的一切（将鸟巢箱、蚂蚁群、蜘蛛重新投放至森林）。

斯科特在他的《像一个国家一样去观察：某些改善人类状况的计划是如何失败的》一书开头就记载了这个故事，并把它当作一则寓言：

（这个故事）说明，为分离出一个具备工具性价值的单一元素，而肢解一个异常复杂且不为人知的关系和过程是如此危险。人们对于生产单一品种商品树木的巨大兴趣是一把锋利的刀，雕刻出了这片崭新却未能得到充分发展的森林。人们忽略了一切与高效率生产无关的东西。林业科学将森林视为一种商品，并将其改造为一台生产商品的机器。出于实用主义目的将森林简化，能够有效地在短期和中期内最大化木材产量。然而，最终，由于这种方法过度重视产量和账面利润、生长且产出周期较短，最重要的是其坚定地忽略了自己所产生的大量后果，导致人们又反过来自食恶果。

　　在我读大学的时候，"人类世（Anthropocene，即人类对气候和环境产生主要影响的地质时代）"一词开始盛行于科学和人文领域。梅蒂斯[1]、人类学家佐伊·托德（Zoe Todd）和其他原住民研究学者批评了这个词汇，原因有很多，包括其全盘采纳了人类和非人类、"人与物"的等级划分概念。许多关于人类世的说法与艾伦"土地即是我们的自我"观点恰恰相反，认为人类天生具备剥削性，能够对与自己不同的、不具备个体意志的事物行使自己的意志。这样的说法与数千年来"人与物"之间相互纠缠、共同进化的故事截然不同。

　　根据"人类世"的说法，非人类世界是一成不变的。很有意思的是，若仔细观察，我们就会发现，按照这种观点，人类也不具备能动性。他们只不过是在做所有人类都在做的事：搅乱"自然的状态"。人类世将"人类"视为一个整体，就仿佛人类中的某些特定组成部分无须为自己的压榨文化，以及给世界其他地区带来的环境威胁负责一样。我噩梦中无法阻挡的"视频进度条"，它的根源便来自这种为某一部分人开脱的思想框架：一个没有行为者只有机制的

---

1. 法国殖民者与印第安原住民的后裔。——译者注

历史；没有斗争，唯有线性进化。例如，许多人将"人类世"定义为始于十八世纪末瓦特发明蒸汽机这一历史事件，却轻而易举忽略了社会和政治因素。丹尼尔·哈特利（Daniel Hartley）在《人类世、资本世和文化问题》中写道："存在于人类世理论中的历史因果关系概念是纯粹机械的：技术方面和历史影响是一对一的因果关系。但这对于实际是社会关系的历史因果模式而言远远不够。技术本身与社会关系存在联系，并常被用作阶级战争的武器。人类世理论却完全忽视了这一事实。"正如哈特利所观察到的，这种决定论反映了一种将历史视为单向、不可避免的进程的观点，它永远不能被质疑或改变方向，只能加速或减缓。他引用了 2011 年一篇关于"人类世"的热门文章中的两段话：

"迁居至城市的人群通常会提高自己的期望值，并最终导致自己的收入增长，这反过来（原文如此）又会促进消费；"

"受两次世界大战和大萧条的影响，发生大加速[1]的时间可能被推迟了大约半个世纪。"（加黑处为哈特利所为）

哈特利写道："第一句话似乎刻意忽视了大规模城市贫困、城市化和掠夺性积累的历史。第二句话似乎在说，人类历史上最血腥的世纪——包括广岛、长崎的核爆，德累斯顿大轰炸，古拉格集中营，犹太人大屠杀——不过是历史进程不断上升线路上的一些插曲。"

以决定论的方式思考，就是把过去和未来发生的事当作理所当然。正如我孩提时误解了覆满森林的山脉，认为它在过去一直如此

---

1. 指 1945 年以来全球环境变化在速度、规模和范围上的小幅度增长。——译者注

一样，"人类世"的概念有可能将特定人群的特定行为所产生的结果视为自然且不可避免的情况。[1] 这种现象本应十分滑稽可笑，只可惜它会产生令人恐惧的结果。事实上，它和我最喜欢的电视剧《还不快走》（*I think you should leave*）中的一幕有着异曲同工之妙。在那一集里，一辆装扮成热狗形状的汽车撞进了一家服装店，车里却没看见司机。

"来人啊，打电话报警！我们得找到那个司机！"一位旁观者说。

"这是谁的车？！"另一个人尖叫道。

镜头转到蒂姆·罗宾逊（Tim Robinson）[2] 身上，他穿着硕大的热狗戏装，用夸张的表情表示自己的惊讶。

"是的，来吧，不管是谁干的，只要坦白就行了！我们保证不会生气！"

尽管众人纷纷指责他就是罪魁祸首，但罗宾逊拒绝认罪。"我根本没必要待在这里被你们这样侮辱，"他说。"我大可以拿上我所有能拿到的衣服，坐上那辆随机出现的热狗车——随机的！然后开走它。"

2020 年，人们反复用这段喜剧来指代特朗普和他不断出尔反尔的行为。就我目前想要表达的内容而言，它表达了人类世理论最简化且最大限度地否定了某一部分人所犯下的罪恶。牙买加作家和理

---

1. 此处并非要否认，随着时间的推移，此处所说的条件不会自行发展成其现在的样子，在某种程度上能够自我维持或自然地导致其他结果。关键在于，人类的行为确实在某种程度上促进了这些情况的产生，这些情况并不是永恒不变的、天生如此或不可置疑的。——作者注

2. 美国演员，《还不快走》的主演。——译者注

论家西尔维娅·温特曾描写过启蒙时代定义人类类别的方式：在殖民剥削时期，"人类"（白人经济人 [1]、殖民者或"人类 VS 自然"中的人类）被定义为与"非人类"相对立，并将结果重写为不受时间变化影响的生物学条件，解释了"落后的""亘古不变的""比较不开化的"人群的所谓种族特征，认为他们不属于人类。[2] 而这恰好轻而易举地掩盖了某一部分人的历史责任，就好像是霸凌者欺负了你，还说你天生就是爱哭鬼一样。人类世还提出了新的假设：不那么"人类"的人自然是低劣的，而像"人类"的人自然具备资本主义和个人主义特征。这已不再是人类选择和信仰的结果，而是具备了先验的特质，反过来讲，这也意味着没有人需要承担历史责任（就像是前面说的喜剧里，有一个人大喊道："我们都在寻找做了这件事的人！"）。

作家赛瑞娜达（Serynada）借鉴了温特的思想，也指出在十八世纪，亚当·斯密（Adam Smith）等思想家为（由"生存的需要"所驱动的）"西方人"理论作出了贡献：

人类成了经济机器，寻求最大限度地抢占稀少的自然资源。西

---

1. "经济人"理论由亚当·斯密提出，他认为人的行为动机源于经济诱因，人都要争取最大经济利益，工作就是为了取得经济报酬。——译者注

2. 这一定义是温特在她2003年的论文《颠覆存在/权力/真理/自由的殖民主义》中所描述的转变的一部分。在这一转变之前，有关"人类"的宗教概念将"真正的基督徒自我"与"非真正的基督徒他者"（异端、异教徒等）置于对立面。一旦"人类"被定义为国家的理性和政治主体，一个新群体就将承担"他者"的角色："被军事征服的新大陆上的人民（即印第安人），被奴役的非洲人民（即黑人），重新占据了'他者'的社会地位，成为非理性/次理性的人类'他者'概念实际所指的人群。"因此，对人的定义是建立在"人类"与"被进化论所抛弃的"人之间的科学界限之上的，直到被证伪为止。——作者注

方人崛起的背后，是生物进化理论以及由此而生的不可避免的掠夺冲动："我们都想要攫取更多资源，而欧洲人不过比其他人更会掠夺。"生物进化理论为资本主义、白人至上主义、帝国主义背书。西方发明了"人类"的概念，并把这个概念投射到过去，使其具备自然性和永恒性特征，而不是历史和文化的产物。

从这个角度来看，人类世理论看起来并非一个描述性词汇，而是坚信资本主义人类是"自然的、永恒的"，而自然是"无助的"。这里多少存在一些讽刺意味，因为早在蒸汽机诞生之前，在西方人开始压榨和积累过程之初，他们便否定了世界上许多地方的主观能动性。娜奥米·克莱恩（Naomi Klein）在《这改变了一切：资本主义与气候》中用如今听起来很熟悉的术语描述了压榨主义："一种与地球非互惠，且人类处于主宰地位的关系"，"将生命缩减为供他人使用的客体，使其自身不具备完整性或价值，"并且"将人类缩减为被残酷压榨的劳动力，使其超出自己能承受的极限；或将人类变为负担，成为被锁在边界之外或被关押在监狱或保留地之中的麻烦问题"。换句话说，将人、树木、动物、土地都抽象化，使其不具备能动性，并且准备好被开采、挤压、包围，或干脆被摧毁。

我们继续往南走，走向一条其实是海堤的长廊。之前冬天来到这里的时候，码头附近的地方一片混乱，遍布橙色锥状物、围栏、沙袋。我走到长廊边上一座布满尘土的房子外面，躺在一块曾有紫色花朵图案的地毯上，还看到了一座头和伸出的手臂都已断裂的美人鱼雕像。今天，人们都出门享受没有雾霾的好日子了。大海在我们脚下的海堤边上翻腾着，我们可以听到它不断撞击混凝土的声音，一个黄色的标志写着"警告！海浪可能会越过海堤"。在更远的地方，一个大大的标志挂在一座高大的电缆塔上，上面绘有这个地区的卫星图像，邀请我们加入当地的基础设施恢复项目对话。我认得这个标志，因为在研究这个地区时，我看过了这个系列对话的早期会议记录。居民们无法就城市应建设海堤，还是应使用植物和其他自然元素恢复生态达成一致。一个人说，他们对"移动的活海岸线"和"管理有序的撤退"方案不感兴趣，他们真正想要的是一个至少能存续 50 年的海堤。我很好奇他们是如何确定要用"50"这个数字的。

在写这个章节时，我偶尔会看向窗外灰蒙蒙的天空，附近的山都好像消失了一般。我想到了史蒂芬·派恩的《美国的火灾》。他说，在（十九、二十）世纪之交，"争论的根本在于两种对待火的方式之间的冲突。一种方式主要来自印第安人，需要由狩猎、放牧、游耕农业组成的拓荒经济来维持；另一种方式更适合工业性林业"。然而他补充道："没有任何先验理由证明，美国林业应严格拒绝任何形式的蔓延式焚烧。"没有任何先验理由，也没有必然选择技术官僚式的禁火"智慧"。相反，这里只有许多互不相通的世界观，以及早在我出生前就已盘根错节的政治阴谋。现在，我的肺里吸入了很多火灾债，我感觉很累。

那些苍白的日子感觉就像炼狱，令人窒息。对我来说，危险在于，这样极度窒息的情况会让我的视野无法超越现在的界限。这种不可避免的感觉不仅令人难受，还让人无力分辨拉紧脖子上绳索的人和曾争取过自由且现在仍在争取的每个人。启蒙运动思想家的故事教会我们一个司空见惯的事实：从（对他者的）决定论中获益最多的人往往就是炮制决定论的人。这种策略在漫长的历史中并不少见，如今推动气候变化议题的能源公司也使着相同的伎俩。

凯特·阿伦诺夫在《过热》中，讲述了能源行业学会推销必然性的时刻。在二十世纪六十年代，几位壳牌公司高管获邀参加哈德逊研究所的情景规划研讨会。这是一种由未来学家和国防规划家在"冷战"期间开发的规划方法，即调动想象力设计多种不同的未来情形，从而在对手面前抢占先机。这是一种同线性思维（例如计算机建模）泾渭分明的思维模式。这场情景规划研讨会寻求将这种思维模式嫁接至跨国企业之中，并让它在壳牌公司高管中找到了生根发芽的土壤，尤其是古怪的"创意人"皮埃尔·瓦克（Pierre Wack）。这个人说话很像《辛普森一家》中的汉得克·斯科皮奥（Hank Scorpio）：

瓦克、纽兰[1]和他们的同事在壳牌公司内部担任情景规划的传道者。在早期的时候，这些公司智囊们在法国南部的庄园里"钻研"情景规划，举行令人激动的漫长会议，设计地缘政治的未来变化以及石油、天然气业务的发展情况，并在会议之间享受美酒、美食和散步的乐趣。瓦克曾在西方和东方之间的地方[2]待过一段时间，自20岁起，他就在隐修处和寺庙中寻求精神指导。他的办公室充满香火味。情景规划团队的一名成员回忆说，自己最后一轮求职面试的面试官是瓦克，而他在面试时"做着复杂的瑜伽姿势"。

阿伦诺夫指出，情景规划绝不是一种自我吹嘘式的哲学练习，因为"哪怕不是天才……也能看出线性预测模型只能对二十世纪

六十年代末的石油工业起到很短暂的作用"。当时，壳牌公司正面临着发展中国家的压力和1972年《增长的极限》等强调化石燃料不可持续性的报告的影响。正如经济历史学家珍妮·安德森（Jenny Andersson）告诉阿伦诺夫的那样，壳牌公司需要一种"同未来打交道"的方式，避免自我毁灭的决定论，并寻求"对他们而言不是灾难性的其他未来版本"。这是一种优秀的商业意识，但也提醒我们，正如阿伦诺夫所写的，壳牌公司"一直面临着一个本质性的障碍，让它无法成为抗争气候变化的盟友：它无法想象一个没有自己参与的未来。它的首要任务是确保自身和利润能够永续长存"。

自那时起，壳牌公司就将情景规划用于更直接的公关活动中。从二十世纪七十年代资助否认气候变化的广告，转变为在二十一世纪"将（自己）涂成绿色"……这些面对"自我毁灭的决定论"的能源公司正在向公众推销它们自家版本的决定论。能源公司有各种动力让未来变成自己想要的样子。2021年，内奥米·奥利斯克斯（Naomi Oreskes）和杰弗里·斯普兰（Geoffrey Supran）对埃克森美孚公司2005年以来的气候变化宣传进行了全面研究，发现它们将能源采掘和消费者需求描绘成不可避免的事物：

2008年埃克森美孚公司的广告说："到2030年，全球能源需求将比现在高出30%……需要采掘石油和天然气以满足……世界的能源需求。"2007年的另一个广告说："发展中世界的日益繁荣（将）成为能源需求增长（以及随之而来的二氧化碳排放增长）的主要驱动力。"1996年的广告甚至更为直白："不断增长的需求将增加二氧化碳的排放。"换句话说，它们把能源需求不断增长描绘为不可避免的趋势，并暗示只有化石燃料才能满足这一需求。

英国石油公司推广了个人碳足迹的概念，在 2004 年发布了一个碳足迹计算器。这是能源公司暗示消费者应承担解决气候变化责任的一种方式。人类的消费习惯的确需要改变。克莱恩认为，总人口中 20% 的富裕阶层对于改变消费习惯负有最大责任。但她也认为，如果想要不仅只让"喜欢在周六去农贸市场、穿可循环服装的部分城市人"承担减排义务，我们就需要"制定全面的政策和计划，让每个人都能轻而易举地选择低碳的方式。"[1] 与此同时，能源公司强调消费的说辞和大烟草公司的宣传有着异曲同工的虚伪：把自己描绘成一个中立的供应者，提供一些让消费者无法自持的东西。换种说法就是：**我们只负责卖烟，抽烟的人是你们自己。**

这样的宣传框架将气候变化描绘成完全是"我们"（此处指的是应关注自己碳足迹的消费者）的错。同时，正如阿伦诺夫所写的，"所有证据都表明，（能源）行业正朝着反方向全速前进，在一个全球变暖、海平面上升、火灾泛滥的时代加足马力进行勘探和生产"。在我写这个章节的一个烟雾缭绕的日子里，富国银行的 ATM 问我是否愿意捐款帮助扑灭野火。我紧紧盯着屏幕。富国银行是化石燃料行业的金主之一，在《巴黎协定》[2] 签订之后的四年里，它向煤炭、

1.　同样，阿伦诺夫在《过热》中指出："如果真的要有这样一个低碳社会，那么政府应承担建设它的责任。"当然，在我们现有的架构中，个人的选择仍举足轻重。道格拉斯·拉什科夫在《富者实现横村：科技亿万富翁的逃亡幻象》中建议："与其争论要买电动车、汽油车还是混合动力车，不如留下你现在拥有的车。你更该做的是拼车、步行上班、在家工作，或减少工作量。正如吉米·卡特在他备受嘲笑的炉边谈话中想要告诉我们的那样，调低恒温器、穿上毛衣。这样不仅对你的鼻窦炎有益，对大家也有益。"在书的结尾，阿伦诺夫讨论了减少工作量的可能性，将自己的论点与缩短工作周时长有可能带来的好处联系了起来。在某些方面，这些建议与本书第二章结尾存在相似之处：关于放弃某些东西的想法，以及大头蛋的请求："你能否少拿点儿东西？"——作者注

2.　由全球 178 个缔约方共同签署的气候变化协定。——译者注

石油、天然气行业投资了 1980 亿美元。

一如个人时间管理行业向自耕农个体户转售时间就是金钱的理念，能源公司兜售碳足迹理念的目的在于避免人类采用更大、更重要的变革方式。这其中也包括变革我们如今已唾手可得的技术和政治工具。在克莱恩、阿伦诺夫和其他人看来，需要变革的工具包括《绿色新政》[1]等公共监管和监督手段，还包括站出来反对有利于能源公司自杀式时间观的全球贸易协定。为此，克莱恩将一整章的标题定为"规划和禁止"。

克莱恩承认规划和禁止在美国并不容易实现，因为那里的人们会将之斥为政府过度使用公权力。尽管如此，她写道："我们都应搞清楚挑战的性质：这不意味着'我们'已束手无策或缺少选择，而是意味着我们的政治阶层应完全放弃追逐金钱的意愿（除非是为了争取竞选捐款），企业也应坚决为自己需要承担的份额买单。"阿伦诺夫在书中不厌其烦地提醒我们，"规划和禁止"在美国难以实现是有历史渊源的："新自由主义者认为所有人类存在都在努力向着市场社会迈进，他们不仅要抹去未来人类社会以其他方式自我组织起来的可能性，还要抹去这方面的所有历史记忆。摆脱气候危机所需的各类工具，如公有制、充分就业，甚至仅仅是严格的监管，早已消失在记忆中。"阿伦诺夫口中所说的那些工具主要指的是罗斯福新政时代的政策，那是一个全球化经济占据主导地位，以及自由主义导致人们对政府监管的看法变质之前的时代。然而，这种政治失忆症可以追溯到更遥远的过去，正如赛瑞娜达所说的：把人类的历史改

---

1. 联合国前秘书长潘基文于 2008 年在联合国气候大会上提出的一个新概念。——译者注

写为经济机器。

炼狱令人窒息。就像制造烟雾的山火传递了先验的反乌托邦场景一样，能源公司仍在推销自己所确定的未来，仍在设计目标，将我们描绘成被无助地推向这些目标。我回忆了一下自己关于未来的噩梦，是谁构绘了那幅场景？

码头从长廊延伸出来，探入那片毫不妥协的汪洋。在走过海堤的那一刻，海浪的冲击声听起来更加清晰、响亮。在拥挤的码头上，我们路过一群捕蟹人，他们在边上摆满了桌子、水桶、雨伞和音响。

我们回头看了看海堤。现在你真正可以看到它的北端正在坍塌，这种状态可能已经历时很久了。它塌陷下去，看起来变薄了，然后就这样消失了。事实上，从这个距离上望过去，我能更容易把握整个事情发生的先后顺序。房屋、街道看起来就像躁动、汹涌的悬崖上一抹不稳定的文明痕迹。

不记得从哪一年起，我开始注意起我在斯坦福大学教的艺术课上出现的关于世界末日的描述。我记得一个学生根据耶罗尼米斯·博斯（Hieronymus Bosch）[1]《尘世乐园》制作了一幅内容翔实的动画三联画。从左往右看，这幅三联画会变得越来越暗淡、黑暗。"就有点像……人类的落日。"这个学生紧张地笑着。那个站在投影仪屏幕前展示三维项目并负责解释的学生，用小而痛苦的声音说："嗯，我感到世界正在走向终结。"大家默默地点点头。我还记得自己认为在那之后继续谈论矢量和着色器这些概念是多么的庸俗不堪。我还记得自己想要跑过去，给那个学生一个拥抱。

几年后，在一个网络论坛上，我看到我的上一本书被推荐给那

---

1. 活跃于十五至十六世纪的荷兰怪诞派画家。——译者注

些心碎于气候变化并担心文明崩溃的人们。在那个论坛上一篇很有
代表性的帖子中，一个人写道："我知道，自己应该感谢现在一切仍
保持原样，但每一个事物似乎都在提醒我，有一天它会以一种悲惨
的方式消失。""我愿意以一种不伤害其他人的方式消失。"另一个人
写道。在论坛上，有许多人充满善意地回复了这些言论，建议他们
以各种方式翻篇：追求佛家的无常思想、寻找生活中的小乐趣，而
在一个帖子中，有人建议阅读《如何无所作为》[1]。

感到悲伤是很重要的，特别是人类共同的悲伤。比起否认悲伤
或不现实的乐观主义，我宁愿因悲伤而放声哭泣。那种形影相吊、
与其他任何事物都没有联系的情绪类似于我的噩梦，以及它所代表
的非未来：人类的信仰和行为就像一成不变又无助的地球一般坚定。
我们必须在不抑制悲伤的情况下，寻找另一种不同的方式来思考时
间，而不是缚住双手，一路奔向灭亡。解决这个问题的一种方式是
恢复过去和现在的偶然性，这也是我一直在书里所阐述的。另一种
方式是转移自己的时间重心，关注那些自己的世界已多次毁灭的人。

2019 年，托姆·戴维斯（Thom Davies）写了一篇关于路易斯安
那州一个别名为"癌症巷"的研究报告。他采访了建在兰德里·佩
德斯克里奥糖厂（Landry–Pedescleaux Sugar Plantation）旧址上的自
由镇的居民。这座城镇是由在重建时期[2]被解放的奴隶建立的，而石
化企业如今在此泛滥成灾。在戴维斯撰写研究报告的时候，支流桥
梁原油管道项目尚未完工，在施工过程中，有 16 名抗议者和一名记
者被捕并被指控犯有重罪。当时的情况已然十分糟糕，一位居民告

---

1. 这是本书作者于 2019 年出版的一本书。——译者注
2. 指南北战争摧毁了奴隶制和南方邦联后，美国政府解决战后遗留问题的一段时期，泛
指 1863—1877 年。——译者注

诉戴维斯，有时空气中"充满了天然气，几乎无法呼吸"。

对戴维斯来说，发生在"癌症巷"的灾难恰好解释了"慢暴力"的概念，这个词语由高草甸环境研究所的罗伯·尼克松（Rob Nixon）所创造，指的是因太过渐进、不够耸人听闻而长期不为公众所关注的伤害。戴维斯对这个概念进行了很重要的澄清："我们不能接受尼克松常提到的慢暴力具有的'看不见'的定义，相反，我们必须问：'谁看不见它？'"一个耸人听闻的事件，对于那些看了一周有关它的新闻的人而言，以及生活在其中的人而言，是完全不同的事物。戴维斯写道："我花了近十年时间调查坐落于各个剧毒地区的社区的生活，包括切尔诺贝利、福岛和现在的'癌症巷'……这些地方充满了令人记忆深刻的凄惨景象。这些社区暴露于剧毒污染的慢暴力之下，遍布环境被逐渐破坏的残酷证明、人类的经历，以及丧亲之痛。"

换句话说，若要预测未来，更重要的是关注周遭的事物，而不是向前看。出于家族历史的缘故，我更倾向于关注大洋彼岸的情况。自二十世纪七十年代以来，菲律宾和其他南太平洋国家一样，热带风暴活动有所增加。在 1960 年至 2012 年，马尼拉湾区的海平面上升速度是全球平均水平的九倍。在马尼拉北部的锡蒂纳邦地区，当地人告诉亚洲新闻台，他们已有数十年没能在那里铺砌平整的街道上行走了，而是乘船去教堂。然而，人与人之间地理位置上的差异并不一定会导致他们的观点出现差异。例如，2021 年 8 月《纽约时报》一篇专栏文章就带着对未来恐惧的假设性语气："好天气是加州的特色，可如果它消失了呢？"相比之下，一个月前，加州的农场工人玛莎·富恩特斯（Martha Fuentes）告诉半岛电视台的记者，她在田地里工作了 31 年，很了解迄今为止的气温变化。

我们再次回到"人类世",以及你对拐点的看法中来。凯瑟琳·尤索夫(Kathryn Yusof)在《十亿黑人人类世或零》中对人类世"设定未来,同时又否认黑人和原住民曾经历过被近乎灭绝"的方式表示反对。毛利族气候活动家海莉·克洛伊(Haylee Koroi)在被问及当代气候抑郁和气候疲劳现象的看法时,回复说:"我不否认有些人会有这样的感觉。但现实是,因为殖民化,我们已有好几代人经历了气候危机的症状。"艾丽莎·瓦舒塔(Elissa Washuta)也将她的族人称为"世界末日后的人",对他们而言,灭绝并不发生在未来,而是发生于过去,一直延续到现在,美国白人仍在试图"消灭他们在我身上看到的锡沃斯人[1]特征"。

我引用这些观点不是为了羞辱那些像我一样似乎到现在才面临世界末日的人。对于无法想象未来的虚无主义者而言,我强调的是在许久以前世界末日就存在并将继续存在的观点。这个世界上有许多人和地区不能接受启蒙运动思想家的进步方向,更遑论人类世的桌球式衰落主义,因为这种叙事方式本身就是建立在他们的毁灭、商品化和被贬为非存在状态为前提之上的。对于这些人和地区而言,历史的过去永远不会是他们怀旧的客体,未来也一直处于危险之中。如果你不想继续拖延解决气候变化问题的话,那么就去问问一开始就经历了气候变化的人吧。

在海堤上,有一个由五根木柱组成的圆圈,看起来就像是一个微型的巨石阵——那个最有代表性的历法工具。在圆圈中心,我们可以看见一个嵌在地上的牌匾,被沙子遮住的文字写着:

---

1. 白人对生活在北美太平洋沿岸的印第安人的蔑称。——译者注

罗尔夫号帆船的船锚

一艘于 1910 年在圣佩德罗角附近沉默的四桅帆船

船锚由海狮俱乐部在 1962 年捞出，并捐赠给帕西菲卡市，重 2000 磅

这块牌匾更像是纪念一个纪念物，而不是纪念一件人工制品。不知什么原因，船锚不见了，牌匾也没有告知我们这艘船要驶向何方。我们眯着眼睛看着地平线。我知道这艘船的目的地是哪儿：它要将石灰、干草和木材运到夏威夷哈纳的一个糖业种植园。这座种植园为夏威夷五大商业集团之一的西奥·H.戴维斯公司所有。这五家集团拥有夏威夷大部分土地，并垄断了当地经济。夏威夷原住民社区抵制这些公司提供的工作条件[1]，并因外国人带来的疾病而受到重创。因此，为建立一支充足、稳定的劳动力大军，这五家公司从中国、日本、挪威、德国、波多黎各、俄罗斯、韩国、菲律宾、葡萄牙引进劳工，只因这些劳工工作得不够快就把他们关了起来。为了运输糖，它们还经营着美森航运公司，也就是我们在奥克兰港看到的美森公司。

夏威夷有句谚语，翻译过来就是"土地是酋长，人类是它的仆人"。恰恰是这些公司在夏威夷的商业利益引发了当地的气候变化：它们砍伐古树，大兴放牧业，导致当地降雨模式改变，这又反过来让它们自食恶果。当地政府在糖业利益集团指使下，疯狂在山坡上

---

1. 罗纳德·T·高木在《哈纳的消逝：1835—1920 年夏威夷的种植园和劳动》中写道，夏威夷最早的一个种植园中的本地工人拒绝了种植园主所期望的"控制和忠诚"。种植园主希望原住民中有稳定、听话的人，并希望将这些人变为"白皮肤的原住民"，这说明了一种工作和时间的种族化观念。——作者注

重新造林，不幸的是，它们使用了长速较快的非本地桉树，使森林的物种系统极为单一。

1910 年的那个晚上，这艘货船在前往种植园的路上因浓雾和强劲的水流而沉没，失事地点和六年前另一艘船的失事地点一模一样，它们失事的原因几乎如出一辙。没有人死于这次事故，但由于船紧紧地卡在礁石里，他们也无法把它移开。如今，海洋看起来如此平静，地平线上覆盖着一缕薄雾，以肉眼几乎无法看清的方式缓缓移动。

天气会诉说，但用的不是英语，而是一种古老的语言。许多耸人听闻的气候变化事件（火灾、风暴、洪水）不过是天气以前所未有方式诉说的结果，声音更大，发生之地也有所不同。当我们"抑制我们面对的问题"时，山石就会滚落、断层线就会滑动、熔岩就会肆意流淌，灌木丛就会"不断生长，无情地发展壮大，成为爆发火灾至关重要的燃料"。溪流涌上岸边，河流定期改变自己的流向。《自然的控制》第一节中，讲述了人们为防止密西西比河河道被阿查法拉亚河"夺回"（为此需要在新奥尔良建造越来越高的堤坝）而进行了一场失败的战役，在这个过程中，人们在一个意外的情况下短暂地承认了非人类的能动性。书中记载了一名河流联络飞行员和一名土木工程师的对话："尽管我们采取了各种方式加以拦截，但卡诺仍在估算阿查法拉亚河有朝一日抢占密西西比河河道的概率。'自然母亲是很有耐心的，'他说，'她有比我们多得多的时间。'拉伯雷说，'她拥有最多的就是时间了'。"

这种情绪与报纸上"土地滑坡是没必要发生的事件"那种傲慢格格不入，并和造成这种情况的任何外部因素都相互隔绝。芒福德在《技术与文明》中指出，煤炭与外部因素隔绝、不受时间影响的特性正是工业家所喜欢的，"它可以在使用前很久就开采出来并加以储存，从而使工业几乎不会受到季节和天气变化的影响"。事实证明，这也正是我们第一次开始拖延解决气候变化问题之时。早在1934年，芒福德就预测，工业化实际上有可能导致"气候本身的长期周期性变化"。

在9月那个没有阳光的日子里，我在浏览器中把空气质量预报网站AirNow添加为书签。那一天，代表空气质量的圆圈是红色的，空气质量指数在153左右徘徊。树木烧焦的残骸成为空气中$PM_{2.5}$（细颗粒物）的来源，席卷了我所在的地方，并将持续一整周。"你能否灵活安排时间？"这个网站问我，"如果天气预报为红色（不健康），那么白天仍有一些时间的空气质量适宜户外活动。查看当前的空气质量，看看是不是户外互动的好时机。"在美国首次商业化开采煤矿的数个世纪后，天气的变化无常第一次呈现在我眼前的屏幕上，就好像在对我说："听着，如果忽视我，那么你就做好自担风险的准备吧。"

我不愿看到人类的生活被大火和超级风暴所摧毁，特别是世界上的穷人不成比例地承担了灾难带来的代价。我也不否认天气事件是人们所热议的东西，不断影响人类的生活质量，长期以来一直消散不去。北加州的海边有离岸流和睡眠浪[1]，却没有救生员看守，有时，会有不知情的人被海水卷走。我想起那个标识上的话："永远不要背对海洋。"这句话总能让我牢记自己在大自然中所处的位置。它提醒我，海滩不是人类用来娱乐的地方，我可以去那儿享受生活，

---

1. 又称运动鞋浪，在澳大利亚称为国王浪，是不成比例超大沿海浪，有时会毫无预警地出现在波浪列中。——译者注

但如果想活命的话，我最好还是要学会海洋的法则。

这些天，我们中有越来越多的人不得不试着"灵活安排（我们的）时间"，并且需要周期性学习有关火灾和洪水的知识。已有一些法律开始承认非人类世界的地位：新西兰在 2017 年给予了塔拉纳基山[1]与人相同的法律权利；孟加拉国在 2019 年对其所有河流采取了相同的做法；2022 年，在佛罗里达州一个对开发商的诉讼中，湖泊成了原告[2]。满脑子都是消灭和控制的启蒙运动幻想从不承认非人类的主体性。而在目前的大多数情况下，人们还是没能广泛（重新）承认这些东西。我知道并不是每个读者都会支持我的这个观点，但我仍将坚持下去。特别是在气候变化中，否认非人类的主体性就像是假装和你一同生活的室友并不存在。你无法消灭这个"室友"，但会在这个过程中把自己葬送。这因而成为一个融汇了实践和道德的问题。毛利族作家纳丁·安妮·胡拉（Ngāti Hine Ngāpuhi）作出了自己的诊断："我们感到不适是因为 Papatūānuku[3] 感到不适。将来的情况只会更糟。如果我们不承认不适的根本肇因，我们何以能够谈得上解决了这个疾病？贪婪、浪费、个人财富的累积，对'人'优于其他所有生物的傲慢信念，人类甚至把土地视为一种资源，像挤

---

1. 新西兰北岛的一座活火山。——译者注

2. 小维恩·德洛里亚在《现代存在的形而上学》名为"扩展法律宇宙"的一章中写道："在我们的法律体系中，大自然没有自己的权利。如果我们的法律体系反映了我们对现实的看法，那么这意味着我们的存在超越了物理世界，并与之分离。"他还谈论了南加州大学的法学教授克里斯托弗·D.斯通，这位教授在 1972 年为塞拉俱乐部诉莫顿案辩护时使用了法律地位的理论，并在随后写了《树木应该有地位吗？》一书。此后，厄瓜多尔、阿根廷、秘鲁、巴基斯坦、印度、新西兰、加拿大和美国都发生了类似的法律诉讼。2019年，尤罗克部落（也是为加州控制性焚烧法提供指导的部落）根据部落法授予克拉玛斯河法人地位，希望这能有助于他们代表河流采取的法律行动。

3. 毛利语中"地球母亲"之意。——译者注

干一块脏抹布里的水分一样把土地榨取殆尽，然后弃置一旁。"

能源政策和气候学者塞斯·希尔德（Seth Heald）同样警告说，不要在谈及气候适应和复原力时，"不考虑我们究竟在适应什么，或努力使自己在面对什么东西时变得有复原力"。他引用的一项研究发现，大多数美国人从环境、科学或经济的角度构想气候变化，而不是从道德或社会正义的角度。希尔德认为，这是"部分的气候沉默"的一种形式。我们不可否认人们在民调中越发关注气候变化是件好事，但部分人的声音未能得到倾听将只会导致片面的解决方案。例如，我能够想象未来的世界将会承受越来越多的火灾、暴风雨、山体滑坡，但同时，一如过去惨遭殖民的所有对象，人们又抑制、否认了气候拥有能动性这一事实。这种观点将（并确实如此）以与飓风相同的客观条件看待移民潮，称他们和土地滑坡一样，都是"不必要的"，并用技术官僚干预代替早该进行的总清算。

海堤路变成了一个加固的护堤。这个护堤是为了保护一个高尔夫球场，以及生活在球场内池塘里的受威胁青蛙物种免受海洋的影响。我们的左边是一些柏树，上面永久地留下了海风吹刮的痕迹。前面是一组光秃秃的山丘，徒步者如同一个个黑点一般消失在其中。我们决定跟上他们。

我们走过一片小柏树林，脚下的路越变越窄。印第安画笔花，以及名字带有时间意味的送春花在这里绽放，让我感到难以置信。在一个光秃秃的山坡上，我们又看到了一个标识，警告我们不要靠近山体有可能会滑落的峭壁。我们可以从这里眺望到一切景色：码头、坍塌的海堤、北面和南面的悬崖，还有无边无际的大海，越从高处看，它就越显得无边无际。

海面上的雾气爆炸开来。爆炸的地方离我们很远，太阳也太过耀眼，让我以为自己的眼睛被施了障眼法。随后，雾气再次爆炸。原来是一条鲸鱼。

我一时语塞，然后讲了一些傻话，说自己已经忘记了鲸鱼是真实存在的物种，而不是保险杠贴纸上的符号。其实我想的是，不仅是鲸鱼，整个海洋突然看起来更真实了。一直以来，它都是一个与我们毗邻的宇宙，一个不属于我们的、深不可测的 Umwelt[1]。我们重心的转变揭示了鲸鱼和海洋所拥有的主权，悬崖是一片边缘地带，划分了我们的世界和它们的世界。

从道德层面审视气候危机时，一些深藏在阴霾中的东西就会清晰地显现出来，包括气候问题和其他不公正现象之间的联系。例如，能源公司和投资者的功利主义观点可以与十九世纪美国奴隶制卫道士的观点相提并论，他们都将自己面临的问题视为非政治性的经济问题，能够用技术官僚提供的方案加以解决。第二代哈伍德伯爵亨利·拉塞尔斯（Henry Lascelles）之流并没有把被奴役者视为主体，而是在 1823 年有关西印度种植园的会议上振振有词地谈论"改善奴隶人口条件"的"渐进式状态"。改善是技术性问题，关乎如何更好地使用客体；废除是道德性问题，关乎谁才是主体。能源公司无法想象没有采掘业客体的未来，因此他们必须推广并资助仍将地球视为客体的世界观。种植园主无法想象没有奴隶制客体的未来，因此他们必须推广并资助仍将被奴役者视为客体的世界观。二者之间的联系绝非我前面那样的简单类比，举个例子，许多学者强调说，种

---

1. Umwelt是一个德语单词，意思是"环境"或"周围环境"。二十世纪初，波罗的海的德国生物学家雅各布·冯·于克斯屈尔开始使用 Umwelt 来指一个特定有机体所经历的世界。对这一概念的探讨，请参考埃德·扬的《一个巨大的世界：动物的感官如何揭示我们周围的隐藏领域》。——作者注

植园提供的棉花对于推动工业革命发展的纺织工厂而言无比重要。

对现代人来说，这个历史时刻有太多令人费解的内容，但其中有些已成定局。每当我看到未来被冷酷的算计所消磨；每当有人说这是生态和经济问题，而非道德或政治问题；每当技术官僚的方案框架遮掩并延续过去数个世纪的傲慢；每当被殖民和被客体化的人没法成为法庭上的原告；每当那些获利者逃脱了上法庭吃官司的命运；每当我开始看不清地平线，忘记为什么那里飘散着烟雾时，我就在脑海里推演这个观点。一方说，这是个复杂的主体；另一方则说，其实不然。[1]

我们可以用"它从来都不是这样"的观点替代"它就是这样"的说法。我孩提时看到的树林并非自古以来便是如此。森林因人类的禁火令蓬勃生长。人类仍围绕着应将土地等同于人类还是将其视为一件死物而争论不休。我生长于一个虚假的稳定时代，还自以为它是永远如此。在我接触其他智慧之前，我只会觉得自己失去了我所熟悉且让我感到舒适的东西。现在我努力着不再那么依赖这些事物。展望未来即是关注周遭事物，关注周遭事物即是审视历史，也就是说，不去审视未来的天启，而是审视过去，以及现在的天启。瓦舒塔注意到古希腊语 apokalypsis（天启）的意思是"揭示被遮蔽之物"，并写道："天启与世界终结关系不大，而是与能够揭开幕布，看到被隐藏之物的视野有关。"法国女权主义诗人和哲学家埃莱娜·西苏（Hélène Cixous）同样写道："我们需要失去这个世界，失去一个世界，然后去发现不只有一个世界存在，世界也不是我们所

---

1. 这些是保罗·施拉德2017年的电影《第一归正会》（First Reformed）中，一位牧师和一家污染工厂老板之间关于气候变化的对话台词。——作者注

认为的那样。"天启的现有含义是现代赋予的，而在中世纪英语中，它的意思仅仅是"视野""洞察"乃至"幻觉"。

世界正在走向终结，但究竟是哪个世界？许多世界已然终结，还有许多世界刚呱呱坠地，或仍在孕育之中。这些世界都不会存在任何先验的东西。就让我们来做一个思想实验，想象你自己并没有诞生在时间的尽头，而是生于某个确切的时间点，你可能会长成诗人笔下"地球的一个季节／来自地球般大小的风暴"。幻想一个场景，幻想你置身其中。然后告诉我，你看到了什么？

但同时噩梦仍持续不断该怎么办？未来尚未被写就，但过去和当下的损失已成定局。写这一章的时候，我有时候觉得自己正在吞下毒药，或者更准确地说，让圣加布里埃尔山上滚落的数吨巨石穿过我的小房子。我不确定墙壁能否扛得住冲击。

如此庞大的悲伤可以杀死孤独的哀悼者，若杀不死肉体，就毁灭其他。这不过是对一个孤立经济人的另一个诅咒：消费者在购物时考虑了环境问题，而不是相互拥抱和哭泣。如果我们被剥去了"所有过去人类试着以其他方式自我组织的记忆"，那么我们的情感生活也无法避免这样的观点：你的问题都是你自己的事，都是病态的，解决方式唯有改变个人生活选择、读几本自我帮助的书籍。

我还记得在新冠疫情前的一次晚餐上，我告诉两个密友觉得自己得了抑郁症。我当时的语气会让人觉得我更像是在说自己截肢了、营养不良或遭遇了个人的失败，而不是存在于世界中的一个人的心碎。"嗯，珍妮，"一个朋友指出，"是有很多事情能让人感到抑郁。"另一个朋友干脆用胳膊环抱着我。

不能也不应独自承担现在发生的事情。悲伤也可以让你了解主体性的新形式。我想到了一种双重性，一种拥有见证和不拒绝的力量的相互性。总有不同的躯体引领我走向新的一天，无论是一个朋友、灌木丛中的一群鸟儿，还是我最喜欢山脉的朝东一面。我靠近这些躯体，从其身上汲取某种不完全属于我的东西。《如何无所作为》的一篇书评曾说我"在很显然说的是'人'或'人类'的时候，用了'躯体'这个惹人厌的词语"。但其实我说的并不是"人"或"人类"，而是"躯体"：能够转移和承受重量、撑起墙壁的两个躯体、三个躯体、由躯体组成的联盟和混合体。这样的时刻要求我们一同施加压力，现在不是背对海洋的时候。

2020 年 9 月，我的大多数噩梦都随着火灾的发展结束了，除了一个例外：在梦里，我跑到一个遛狗的陌生人面前，向他求助。他抓住我的手，我们三个逃命似的跑到一家大卖场的停车场。我们站在那里，一起看着大火把我们包围。世界已然终结，但梦还没结束。"现在该怎么办？"我问。

第六章

不寻常的时间

社区图书馆

"我们依照太阳生活,而不是时钟。"

——2013 年 BBC 文章《西班牙考虑更换时区以提高生产力》

中引用的一名塞维利亚妇女的话

我们开车从悬崖边驶往东北方向，又一次路过圣安地列斯断层，并在 101 号公路上再一次遇到交通堵塞：这次是在旧金山以扎克伯格命名的医院[1]附近。在公路开始变得拥挤之前，我们向左拐，开进市场南区，把车停在一条通往金融区方向、宽阔又繁忙的街道上。在这里，方正的四层公寓楼和老工业建筑混杂在一起。这些老建筑如今成了卖成人用品之类的商店。

我们钻进这些老建筑的一个入口。在二十世纪二十年代，这里曾有一家加入了反日本洗衣联盟的商业洗衣店，在当时，这个联盟的商家很自豪地宣传自己使用"白人劳工"，仿佛这是一个代表公平贸易的标签。一百年后，我们在这栋楼的对讲机上按下代表普林格的"P"键，然后乘坐电梯前往二楼，远离街道的喧嚣。二楼有家钢管舞工作室发出砰砰的响声，大厅的尽头是一个双扇门，一束温暖的灯光从打开的那一扇门中洒出来。我们走了进去，钢质书架矗立在地板和天花板之间，隔出了三条走廊，里面有两个面带微笑的图书管理员，还有几个人在一张大桌子前翻阅各种书籍和地图。

---

1. 即普莉希拉·陈与马克·扎克伯格综合医院和创伤中心。——译者注

我们何以为欲望建立一个家？对于每一个生活在自给自足的社会中的人而言，这都是一个无比困难的问题。这样的社会把每个人的不满视为其个人耻辱，人所想要事物的样子和事物现有的样子看起来丝毫不相干。犬儒主义和虚无主义会让你干涸，就像被忽视和虐待榨干了水分的土壤。但土壤保留着生命的记忆，只需一些水和一把园艺叉，它就有可能重获生机。你必须记住自己并不孤单。环顾四周，是否真的所有人都把时间视为金钱？抑或是否真的所有人在使用时间时都希望它并不像金钱一般？

我想用另一个思想实验戳开这块土壤。正如第二章所说，时间管理通常将时间单位置于个人的时间银行中，我有我的时间，你有你的时间。在这个世界里，若我将一部分时间给了你，那我的时间就会相应减少，我们之间的互动只可能是一场交易。若这并非事实：假设你我存在于一个互相影响的领域里，在这里，时间既不能用于交换，也无法充当商品。那么，在这种情况下，"时间管理"究竟是什么意思？

我认为，至少在某种程度上，它意味着你我就行事的时间和方式达成某种互利协议。这样的协议可以适用于极为微小的范围。我和朋友达成了明确的协议，在偶尔用电子邮件交流时，谁也不用为晚回了邮件而道歉，因为我们迟早都会回的。我和男朋友有一个默认的规则：做饭的人不用洗碗。但我们所有人都生活在一个更大、更严肃的协议谈判之中。与其"一同走向深渊"（也就是告诫我们要现实地对待一个越来越站不住脚的现实），不如说我们至少有权利并能够想象：某些人的时间的价值是什么，某些人的时间是否有价值，我们时间的目的又是什么？

在想象其他关于时间的观点时，我们可以从艾伦·C.布鲁多恩

（Allen C. Bluedorn）所谓的"时间公理（即构建、定义了参与者对于时间感受的社会协议）"中学到些东西。布鲁多恩特别关注濒临灭绝的时间现象，如消逝中的西班牙午睡文化[1]。如果法律不能保护午睡，抑或人们因种种原因而不再午睡，那么它将作为一种时间的形式而消亡。任何公理都需要管理者，时间公理也不例外。"时间公理这个观点并非出于时间管理的意义拯救时间；相反，它的目的是拯救各种不同形式的时间。"他写道，"或至少保护其中一部分。"

但是，时间公理绝不存在于与外界相隔绝的真空中，而是往往与周遭环境相冲突。布鲁多恩讲述了莱斯利·珀洛（Leslie Perlow）于 1999 年在一家财富 500 强软件公司所做的"安静时间"实验。这家公司的工程师时常无比懊恼，因为他们一直受到干扰，无法有效完成工作。珀洛的"安静时间"规定一天中有一段（有时为两段）时间不允许同事"自发互动和相互干扰"。布鲁多恩提醒我们，"安静时间不是自行出现的。和许多其他形式的时间一样，它是被构建而成、具备社会性的，因此在这种情况下，它也是社会性的契约"。

珀洛能够从这项研究中收集到关于不同种类工作时间的重要知识。但是，"安静时间"实验的最终结局却很能说明问题。虽然安静时间很受欢迎，一些工程师希望在实验结束后还能够继续施行，但珀洛一离开，这个结构就无法继续维持下去："显然，这家公司文化的关键因素，如成功准则，并没有改变。公司文化的这些方面所激励的一些行为导致安静时间的做法'瓦解'了。"（这种实验强调的是"我的时间"）

---

1. siesta，指西班牙人从下午 2 点至 4 点的午睡文化。——译者注

在珀洛离开后，工程师究竟要怎么样才能"管理"安静时间？他们需要的不只是签订一份非正式协议，还需要编纂新的"成功准则"，使每个人都能免受旧准则的影响。从某种程度上来说，这种紧张的冲突关系甚至存在于我前面所说的"小协议"中：我和朋友之间的协议与要求及时收发电子邮件的更广泛期望格格不入；我和男朋友的协议也与要求女性做所有家务的更广泛期望格格不入。

我从布鲁多恩《时间的人类组织》一书中学到了德语"zeitgeber"一词，意思是组织和构成你时间的事物。我曾在第二章中提及，一个 zeitgeber 可以与另一个 zeitgeber 发生冲突并征服它。我们可以通过这样的"占领"行为提出一个框架，并借此重新审视娜奥米·克莱恩《这改变了一切：资本主义与气候》一书的副标题。克莱恩在书中说，某些人利用《北美自由贸易协定》等国际贸易协定，阻碍各国规范自己的化石燃料销售开采方式，或使其无法建设自己的可再生能源基础设施。跨国巨头甚至可以用这些协定让平民百姓取得的胜利化为乌有，如魁北克省制定了暂停使用水力压裂法的规定。换句话说，我们拥有国际贸易机构，也举办气候峰会，尽管这些机构和峰会都有自己独特的时间目标，却从未能公平地加以执行。克莱恩引用了一位世贸组织官员在 2005 年的说法，称其组织让人们能够对"几乎所有的温室气体减排措施"提出疑问，还补充说当时公众本应提出抗议，但事实上此类声音寥寥。

在桑福德·弗莱明[1] 梦想建立与地球全无关联的宇宙日的数个

---

1. 国际标准时间之父。——译者注

世纪后，主宰我们生活的 zeitgeber 不是末日时钟[1]，而是季度收益报告。这种情况恰恰解释了在今年夏天某一天里我所经历的怪异的时间分叉情况。那天的空气质量差到让我无法出门，我只好在英国石油公司网站上阅读他们公开的财报电话会议记录。在 2018 年记录的股东问答部分，桑坦德银行分析师礼貌地询问了该公司准备在毛里塔尼亚和塞内加尔边境建设的"托尔特"离岸天然气田项目的情况。2020 年，"托尔特"气田开工，但很快因新冠疫情而暂停，英国潘缪尔·戈登投资银行的一位分析师因而再度问起这个项目的情况来：

"感谢你回答我的问题。这个问题也和天然气有关。伯纳德［伯纳德·鲁尼（Bernard Looney），英国石油公司首席执行官］，你前面没有提到托尔特气田的情况，你能否从更广泛的角度上，评论一下这个位于毛里塔尼亚和塞内加尔之间的气田，下一步应如何建设，以帮助公司达到液化天然气（LNG）2025 年年产量 2500 万吨、2030 年年产量 3000 万吨的目标？特别是应如何使其步入正轨，得到充分发展，让我们能够从这项对外投资中获得红利？谢谢。"

鲁尼向分析师保证，尽管项目进度因新冠疫情而延误，但一切都在计划之中。除了我在想象天然气年产量 3000 万吨时产生的无聊恐惧之外，双方之间的对话根本没什么吸引眼球的地方。正如马克思在《资本论》中所写的，"Après moi, le déluge[2]（我死后将有洪水滔

---

1. 由芝加哥大学《原子科学家公报》于 1947 年设立的虚拟时钟，用来标示世界受核武力威胁的程度。杂志社通过将分针拨前或拨后的方式，提醒大众正视世界局势问题。——译者注

2. 普遍认为这句话出自法国国王路易十五的情妇蓬巴杜夫人。——译者注

天）是每个资本家和每个资本主义国家的口号"[1]。大多数公司关于成功的最重要准则是增长。伯纳德·鲁尼在尽自己的职责，银行也在尽自己的职责。当他们设计广告、将天然气作为"清洁能源"来销售时，英国石油公司的营销人员也在尽自己的职责。下个季度还会举行一次同样漫不经心的会议。我所看到的，不过是一家采掘业公司又找到了一个机会，从而能够在有利于自己的时间观内继续运作下去。它们负责提供时间，并决定我的时间观，直接影响着我。最终，我遵循它们对时间的安排而活。

我们走进书库中。这里不使用杜威十进制[2]系统，而是仰仗图书馆理员自己的想法。左手边是和旧金山本地有关的书籍，向外走，沿着过道先后摆放着美国西部、世界地理和自然史、采掘业、交通、基础设施、住房、艺术、电影、网络媒体、物质文化、语言和性别、种族和民族、美国政治历史、地缘政治和非美活动[3]类书籍，位于尽头的书籍分区叫"抽象和非地球相关"。

我走到特大型书籍分区，从一系列装订好的期刊中抽出《工厂杂志》，翻阅了其中关于时钟和效率系统的广告。"为时间而生，"其中一则广告宣传说。"成功人士明白，在商业中，有一个元素掌控着其他所有元素，那便是时间。"在另一则广告中，工人坐在桌子旁，上面的文字写道："人的效率决定了工厂的效率。"

---

1. 这段话与我第一章提及的《资本论》原文出自同一章（"工作日"），马克思在这段话的前文中将对劳动者的剥削和对地球的剥削进行了比较："（资本）唯一关心的是在一个工作日内最大限度地使用劳动力。它靠缩短劳动力的寿命来达到这一目的，正像贪得无厌的农场主靠掠夺土地肥力来提高收获量一样。"——作者注

2. 世界上大多数图书馆使用的十进制分类系统。——译者注

3. 1938—1969年美国众议院设立的反共机构。——译者注

我们走过一个转角，在体育文化分区的书中发现了一些问题。我眼前的一整版广告来自"一战"时期，主角是莱昂内尔·斯特隆福特（Lionel Strongfort）[1]。他只着内裤，努力憋气，向世人展露自己的腹肌，上面的广告词写道："你的体格很差！在这个美国历史上需要每个人都参加战争或工作的时刻，你那差劲、肥胖、虚弱、无用的身体，对你自己、你的家庭、你的国家一点用处都没有！"再往下的广告词写着："你为什么不让自己变得更好？"我能从阅读这些广告原稿中收获一些趣味。尽管我们都知道这些思想已渗透至我们所生活的文化中，广告上的这些文字仍令人绝望、武断又十分巧妙。

布鲁多恩在自己那"拯救时间"的使命中，经常扮演民族学专家的角色，关注起全世界许多种语言灭绝的情况来。事实上，任何人类共同的时间感受都和语言有着深刻的联系。语言本就是一种对世界进行排序和解析的系统，单词、短语以及对于时间的看法支撑着它的轮廓。社会学家威廉·格罗欣（William Grossin）写道："一个社会的经济、其组织工作的方式、其用于生产商品和服务的手段，以及集体意识中时间的表示方式，都是彼此存在关联的。这种时间的表示方式在被每个人接收、内化并接受时，几乎从来不会遇到任何问题。"

几乎从来。那如果遇到问题了呢？

语言是动态变化的、不规则的，并一直处于分裂之中。它必须如此。为了使用语言，我们采用了从未选择过的词汇和结构，让它们执行我们（作为集体，且无论大小）所要求它们做的事。2021 年

---

1. 德国健美运动员、摔跤手，斯特隆福特体育文化系统的创始人。——译者注

3 月，在世界深陷新冠疫情之时，凯瑟琳·海默斯（Kathryn Hymes）为《大西洋》杂志撰写了一篇关于"家用语"的文章，指的是长时间生活在同一空间中的一群人所开发的"方言"和缩略语。海默斯猜测，新冠疫情导致的封锁很可能加速了家用语的发展。有个人给她提供了一个例子：hog，意思是一杯没有装满的咖啡。"她解释说，这个词来自'我和我室友某天看到的一个很小的咖啡杯，上面还印着一只小刺猬（hedgehog）'。hog 成为她房子里一个正式的度量单位：'我现在也经常让室友给我半杯 hog。'"

我们可以将某个特定时间公理中的协议理解为一种时间家用语。前面所说的"回邮件"和"洗碗"便是这样的协议，我在菲律宾的亲戚关于遵守"菲律宾时间"的行为（在其他情况下，这样的行为普遍会被看作迟到，我们之后再谈这个话题）也是如此。你甚至可以想象创造一种随心所欲的时间家用语，比如，和某个朋友定下一种每八天一次的仪式。每当和这个朋友之外的其他任何人打交道时，为了维持这种与正常的一周七天规则相违背的时间预言，你都需要付出一定代价。

如果说八天一个周期听起来很奇怪，但它怎么也不可能比不同宗教将不同日子设为安息日（就为了区分彼此）的行为更奇怪。我家族中菲律宾的一脉是基督复临安息日会信徒。这是一个兴起于十九世纪初第二次大觉醒运动[1]的基督教派别，主要标志之一就是每

---

1. 第一次大觉醒运动发生于十八世纪三十至四十年代，目的是反对宗教专制，争取信仰自由。与之区分的第二次大觉醒运动发生与十八世纪九十年代到十九世纪三十年代，强调个人改良、自我依靠、独立自觉，为的是回应美国建国后自然神论的流行，并填补西部开发导致的地区宗教空白。此次运动的传教士为适应西部地区没有正规教堂且居民居住分散的情况，采取了在野地或在临时搭建的帐篷中进行传教的手段。——译者注

周六举行安息日。在传教士的努力下，这个教派于二十世纪初在菲律宾占稳了脚跟。大约在那个时候，有人成功使我的曾祖父改宗，而我的曾祖母仍维持着自己的天主教信仰。在曾祖母改宗之前，安息日成为家中紧张情绪的来源之一。家族里代代相传说，曾祖母会在每周六把厨房搞得一团糟，并让女儿们来负责打扫，好让她们没办法准时参加安息日礼拜。

　　拒绝新时间秩序的人自有理由，可以是小而琐碎的、实用主义的，也可以是象征性的、分离主义的。最能感受到（有时还会抵制）新时区标准被强加于自身的人，往往也深受着这些变化所带来的不协调影响。例如，生活在距离时区经线 7.5 度的位置，意味着你肉眼所看到的正午和标准时区设定的正午差了半个小时。你也可以将标准时区视为"对神圣自然秩序的亵渎性干扰"。伊维塔·泽鲁巴维尔（Eviatar Zerubavel）在他对标准时间的研究中指出，穆斯林国家坚持使用太阳时（以太阳表面位置而非时钟度数为基础）安排祈祷。我曾在《如何无所事事》中提到了一个名为"双橡园"[1] 的公社。这个诞生于二十世纪六十年代的公社曾作出了一个和基督复临安息日会类似的举动：它们特意将所有时间比"外面的时间"调早了一个小时，来遵守自己所谓的双橡园时（TOT）。在 1911 年之前，法国人顽固地拒绝遵守英国的格林威治标准时，而在接受了这个标准时之后，他们将其延迟了 9 分 21 秒，并称为巴黎标准时。

　　正如最后一个例子所证明的，标准时往往能够为国家身份提供

　　1.　一个生活在美国弗吉尼亚州的小部落，这个部落的特点是共享着房子、车子、衣服，甚至是小孩的抚养。——译者注

强有力的支持。1949 年，时任中国领导人毛泽东主席以国家统一为由，在全中国推行北京时间，并一直持续到今天（只存在一个例外情况，将很快在下文中讨论）。在第二次世界大战期间，德国使用夏令时（DST），并将之强加于自己所有的欧洲占领区。为声援希特勒，西班牙独裁者弗朗西斯科·弗朗哥（Francisco Franco）在二十世纪四十年代将西班牙移至中欧时间（CET），从而与德国共享同一个时区，比位于自己正南的摩洛哥整整早了一个小时。2019 年，欧洲议会投票决定取消夏令时，讽刺的是，实际上的废除程序因新冠疫情而被推迟了，此外，人们在是否继续使用夏令时或冬令时上仍存在分歧。

在美国，战时道德和毫不掩饰的商业利益杂糅在一起，影响了它们对于夏令时的使用方式，诞生了一个相当荒谬的故事。迈克尔·唐宁（Michael Downing）在他那本诙谐的《拨快一个小时：夏令时一年一度的疯狂》中写道，在美国于 1918 年 3 月采用夏令时后不久，"夏令时崇高的人道主义目标——让职场女性在天黑前安全返家、让父母和儿女能够在太阳西沉前在后院花园中团聚、通过增加工人每天活动和娱乐的机会来保障其身心健康——看起来也像是一种促进零售销售的创新策略"。钟表公司刊登了数以千计的闹钟广告；向职场女性推销用于"下午五点到午夜"的全新服装；园艺工具、体育用品和度假屋纷纷打起了折扣，吸引人购买。

唐宁能够用一整本书的篇幅来讨论美国的夏令时问题，因为这个国家的夏令时转换是如此的混乱不堪（现在仍是如此）。唐宁在一段可能会让詹姆斯·C.斯科特[1]产生共鸣的描述中说，到二十世纪

---

1. 美国政治学家、人类学家及比较政治学学者。——译者注

六十年代，夏令时让这个国家"荒谬地与自己失去了同步"：

　　1965 年，18 个州实行了夏令时，从而使自己的时间在一年中的 6 个月里比标准时间早了一个小时；其他 18 个州部分实行夏令时，一些城市和城镇的时间也因此在一年中的 3 到 6 个月里比标准时间早了一个小时；12 个州完全不实行夏令时，它们的时间因而比实行夏令时的州晚一个小时；而在得克萨斯州和北达科他州的一些地区，当地居民使用"反向夏令时"，他们的时间因而比标准时间晚一个小时，比夏令时晚两个小时。那一年，《国家》杂志指出，"1 亿美国人与其他 8000 万美国人没在一个步调上"，并引用一位美国海军天文台官员的话，称美国是"全世界最差劲的守时者"。

　　实用性问题仍阻碍着全美统一使用 / 弃用夏令时的进程。亚利桑那州不实行夏令时，因为根据两个亚利桑那人在 2021 年所说，"当你生活在沙漠中时，根本不缺日照……所以不，我们不想节约日照"。改用夏令时将使夏季的日落时间推迟一小时，不过是"徒增了炎热给我们带来的痛苦"。然而，在亚利桑那州，纳瓦霍族实行夏令时，这是他们管理自己横跨亚利桑那州、新墨西哥州和犹他州的法定领地必须遵守的条件。（而位于亚利桑那州境内、被纳瓦霍族包围的霍皮族保留地则不遵守这一规定）。由于纳瓦霍族领地的一些土地并不相连，人们有可能在亚利桑那州的一段公路上多次驶入和驶出夏令时。

　　这个关于夏令时和时区的例子乍一看微不足道，仅仅是一个与小时和日照有关的问题，与时间本身的含义和作用无关。但是，时区和标准化的概念本身就意味着主宰权——将一个 zeitgeber

（如本地使用的太阳时或开始进行某些农业行为的提示）归于另一个 zeitgeber（国际时间和标准化的商业性农业）。官方时间和非官方时间的比较是我在第一章所提出的问题的变种：谁在为谁计时？

在中国，新疆维吾尔自治区不实行北京时间。这个位于中国西部、充斥着山地与沙漠的自治区实行新疆时间（或以其市级城市命名的乌鲁木齐时间）。新疆位于中国与哈萨克斯坦的交界处，是维吾尔族的家园。在二十世纪五十年代，新疆被设立为自治区。

一方面，实行新疆时间不过是出于实用主义的考量：新疆位于北京以西一千多英里，因此它的太阳时要比北京晚两个小时。乌鲁木齐的一位环卫工人告诉《纽约时报》记者，他认为他们一定是仅有的在午夜吃晚饭的人（此处指的是北京的午夜）。但是，从根本上而言，新疆时间与文化有关，遵照民族路线运行：当地电视网给中文频道的时间表使用北京时间，而维吾尔文和哈萨克文频道使用新疆时间。

唐宁在他那本书的开头开玩笑说，他在官方规定的夏令时凌晨两点[1]之前就调整了自己的时钟，因为他很累，只想睡觉。第二天早上，一个邻居告诉他："你犯法了，"并愿意在"联邦调查局的人来问话的时候（为他）说谎"。

和其他语言一样，一个时间系统代表一个共同的世界。如果你我出于实用性的理由而遵守我们的八天仪式周期，那么这个理由一定不是毫无道理的；它将是我们的关系（彼此之间的关系以及与我们共同所处的情况的关系）的自然结果，与我们相关的每个部分都

---

1. 在美国大多数地方，夏令时开始于三月第二个周日。——译者注

同样与世界上其他时间形式一样存在关联。如果一栋屋子里的所有
室友都知道印着小刺猬的咖啡杯的故事，并时不时需要指定咖啡要
装到多满，那么一 hog 咖啡就很有用武之地了。

詹姆斯·C. 斯科特在《国家的视角》中引用了一句爪哇谚语：
Negara mawa tata, desa mawa cara（首都自有秩序，农村自有风俗）。
在马来西亚的一个地方，当询问到某地需要多长时间时，可能获得
的答案不是多少分钟，而是"煮三次饭"——每个人都知道煮一次
饭要花多少长时间——米饭本就是这里的主食。显然，出于实用主
义的政治缘由，国家行政部门要将这些烦人的农村测量和时间计算
方式归总起来，否则就会面临许多难以理解的"不可复制的本地"
测量方式。沟通方面亦是如此。要么本地方言占据主宰地位，让
行政部门难以理解；要么国家语言占据主宰地位，让各个村庄难以
理解。使用国家语言即是方便国家理解，这就意味着人们所生存的
这片土地日渐被国家所主宰。[1] 正如泰勒主义者在其科学时间表中
编纂并重新解释工作方法，从而减少制造业工人所拥有的技能，让
他们完全按照工厂经理的时间安排来进行工作一样，任何想要剥夺
一个社会团体权力的人，都会顺理成章地首先从这个团体的语言
开刀。

因此，在进行消灭原住民文化的工作时，殖民者针对的是他们
使用语言和时间的方法。如果征服代表着内化，那么这些计划很显
然一败涂地。一口气消灭一种语言是无比困难，乃至可以说是根本

---

1. 对于欧洲殖民国家而言，这个过程也发生在国内。斯科特写道，随着法语被强加至法
国殖民地，国内也发生了殖民化的过程。布列塔尼和奥克西坦尼等外来省份"在语言上
被征服，在文化上被吸纳"。人们越使用官方语言（法语），则"缺乏法语能力的边缘人
群就越成为哑巴和边缘人"。——作者注

不可能的任务。在《时间的殖民化》中，乔尔达诺·南尼引用了理查德·埃尔菲克（Richard Elphick）的观点："两种思想体系不会'相互碰撞'；相反，现实中的人会通过协商的方式把握、整合和反对不同元素。"在南尼对南非殖民地的描述中，这样的协商有时候充满暴力：一群科萨人[1]烧毁了殖民者的布道所后，还用石头摧毁了它的时钟——让通知安息日和正常工作日的欧洲 zeitgeber 再也无法发出声音。即便是所谓的接受欧洲 zeitgeber，也往往不过是挪为己用或改为适于己用的样子。基督教时间可被用于有利于自己的目的，例如，一群科萨人拒绝在周一听传教士讲话，因为（他们指出）周一不是安息日。

仅仅因为一种语言被强加了不同的内容，并不能说明它可以被掌控；仅仅因为一种语言得到了使用，并不能说明它已被内化。在二十世纪，美国原住民保留地一直处于白人代理人监督之下，传统舞蹈通常受到限制，拉科塔族在二十世纪二十年代发现，他们可以打着爱国主义的旗号，在国庆节举办大规模的舞会。这一策略一经奏效，便传遍了北部和南部平原，原住民纷纷请求在元旦、华盛顿和林肯的诞辰日、阵亡将士纪念日、国旗日和退伍军人节举办舞会。约翰·特鲁特曼（John Troutman）在他的《印第安蓝调》一书中引用了赛弗特·杨熊（Severt Young Bear）的话："代理人觉得这些场合并不危险，所以我们可以跳舞。"而"当（代理人）意识到，他们无法控制他们希望拉科塔族遵守的节日的象征意义时"，这些所谓的民族主义庆祝仪式便显得无比危险。

就像科萨人利用安息日来达到自己的目的一样，这个故事也存

---

1. 南非原住民的一支，南非第二大民族。——译者注

在一些十分可笑之处。这是一个仅属于拉科塔族内部的笑话，仅对他们有意义，而对那些不够聪明的代理人而言则毫无意义可言：这些人用印第安人想庆祝国庆节这个难以置信的想法来聊以自慰。在印第安代理人的时间和空间监视之下，拉科塔族能够在语言的变化中找到可以隐藏的夹缝空间。最近一个将语言改为适于己用的案例出现在上一个十年，一些国家的人民将同音异义词、图像和讽刺相结合，来规避国家的互联网审查。一个内部笑话创造了一个新的内部，一个新的中心。如果国家依赖于可理解性，那么内部笑话便是一种能够让监督者无法理解但一个群体内部能够相互理解的形式。[1]

在第一章中，我曾提到劳动时间的测量方法是如何在种植园奴隶制下发展起来的。同时，在加线之间，奴隶创造了"内部"，并将时间的形式保护于其中。在《密谋黑人公域》一书中，J.T. 罗恩（J. T. Roane）用"密谋"一词指代（1）密谋将十九世纪美国种植园土地用来供奴隶种植自己的食物并制造药品；（2）密谋在墓地使用西非殡葬习俗并使习俗合乎新环境；（3）寻找可以觅食、躲藏和秘密交流的河流与"夹缝"等更大环境。在所有情况下，奴隶"将这些密谋当作窃取来的时间，对自我、家庭和社区进行了独

---

1. 当然，这种策略在本质上毫无益处。种族主义和保守主义团体经常使用我们如今称为"狗哨"的类似策略，当在指控它们的种族主义行径时，它们通常以内部笑话的"玩笑性"为挡箭牌。广告商也是语言创新方面的专家：品牌该使用哪些能够让特定群体识别的新词汇？我在此仅仅想要强调语言作为权力工具的用途，它可以被用来伤害他人，也可以被用来解放他人。我们每个人都使用语言，因此它也是思考个人与集体、非正式与结构性关系的简单切入点。关于这一点，请看詹姆斯·C. 斯科特在《统治与抵抗的艺术》中对"公共文字记录"和"私人文字记录"的对比，其中高压统治更有可能产生"含有大量信息的隐藏文字记录"。——作者注

立的设想"。就像拉科塔族在国庆节举办舞会一样，密谋者找到了一种使用禁忌语言的方法："黑人制定了隐藏在众目睽睽之下、任何外来者都无法理解的社会地理语言，在当时表面上看来被白人全面控制、掌握和监控的环境中打开了一个黑洞，为黑人公域打下了基础。"

根据罗恩的叙述，密谋引人注目的地方不仅在于其发生在一些剥削情况最严重、监视最严密的地方，也在于其产生自资本主义主客体关系中处于客体的那些人。黑人公域中所盛行的，无非是"与资本主义圈地和主宰权格格不入的价值概念和价值观"。黑人通过建设公域的方式，生活在一个与外界不相容的宇宙论中，"藐视对他们进行简单物化的行为"。

这样的内部拥有自己的中心。在 2004 年对松树岭保留地任务导向和雇佣劳动之间关系的研究中。凯瑟琳·皮克林（Kathleen Pickering）告诫我们，不要把拉科塔族在时间上所做的行为视为单纯的抵抗——这样的告诫也适用于黑人关于"黑洞"的创新。她写道："拉科塔族的时间架构不仅与其同欧美人之间的关系有关，也与拉科塔族社会本身有关。"例如，在二十世纪，由于习惯生活在一个以任务为导向的社会，一些拉科塔人真心认为"时间就是金钱"的观点意味着懒惰，"因为无论工作完成与否，它都把工作时间限制在每天仅有八个小时"。皮克林引用一位拉科塔族长者的话："时间从来不是具体的多少分钟，而是时间的空间，比如清晨、刚到下午，或刚到午夜。印第安人时间的真正含义来自……nake nula waun yelo，这是传统歌曲中的一句话，意思是'我已准备好进行任何工作，无论何地，我永远都准备好了'。"松树岭保留地的拉科塔族远未将欧美人的工作伦理内化，他们仅在必要的情况下接受并从事雇佣劳动。

西方观察者若不想在这里看到"单纯的抵抗"，就需要避免成为弗雷德·莫顿（Fred Moten）所说的"那些走到哪儿就把自己当作哪儿的中心的定居者"。《时间的殖民化》的结尾能够解释莫顿的言论。南尼写道，1977年，在澳大利亚一个偏远的小镇中，地方市政委员会竖起了一个巨大的电动时钟。这个城镇的居民大多数是皮间加加拉族原住民，他们不需要这个时钟。因此它无人问津："讽刺的是，十年后，一位来自白人社区的工人指出这个时钟简直是'浪费时间'。事实上，他解释说，'没人看（它）。这座钟已经停摆几个月了。没人知道它早已停摆了'。"

这让我想起了"菲律宾时间"。从某种角度看，这个词含有贬义，因为它的创造者是在世纪之交接管菲律宾的美国人，他们发现菲律宾人并不守时。不过，至少在我认识的人中，这个词经常被当作一个内部笑话，他们甚至对此带有一种狡猾的自豪感。最近我妈妈参加的一个追悼会开始得很晚，我表弟说："你又能指望什么呢？这是一座菲律宾的教堂。"

菲律宾产品设计师布莱恩·谭（Brian Tan）在 Medium 上发表文章认为，菲律宾时间已不再受欢迎。他的理由是外界（及其现代的 zeitgeber 和生产力精神）对菲律宾时间的看法，即迟到有可能成为"我们国家和人民的标签"。这是一个极为严重的不利因素。我明白他的观点。泽鲁巴维尔写道，遵守时间系统就像使用语言一样，能够让我们参与到"主体间世界"中来，而如今，最为广泛的主体间世界是一个全球化的、资本主义的世界。但如果我们暂时抛开基于时钟的、时间就是金钱的特定历史和文化概念，那么菲律宾时间实际上并没有什么问题。如果你和所有你认识的人都遵守它，那么它就是时间。[1]

我们想看的书和期刊都堆在桌子上，旁边是其他人的书堆。一个人正在翻阅记录市场南区[2]发展的巨大手工书，画板的封面和封底之间粘贴着一个当地人收集的、跨度五十多年的报纸文章。另一个人则在翻阅 1966 年的《乌木》[3]杂志，其中对"典型的郊区白人"进行了人种学描述。图书馆的驻馆艺术家正在阅读一本名为《展示世界》的旧杂志，寻找关于"西装革履的男性……用他们自封的权力和威望解决世界问题"的图片，用作她的艺术书的插图[4]。我们书堆中的不同人物不可避免地开始交谈，我们之间也是如此。《体育文化》中的健美运动员正在与西装革履的男性交谈，这些西装男又在与报纸文章中二十世纪六十年代的"贫民窟清洁工"交谈，而这些清洁工又在与郊区白人交谈。

我之所以一直在谈论这些例子，是因为没有它们，我们将很容易把历史解读为资本主义时代侵蚀所有地区和生活领域的线性故事。

---

1. 应将菲律宾时间和其他非西方时间设计放在一起，进行富有成效的考虑，既考虑其最初拥有的迟到或懒惰的内涵，也考虑其被重新用作抵制西方时间的东西的能力。宾夕法尼亚大学当代艺术研究所的 2019 年展览"有色人种的时间：平凡的未来，类比的过去，平庸的未来"的策展人梅格·昂立借鉴了罗纳德·沃尔科特对黑人文学中"有色人种的时间"（CPT）的探索。在策展声明中，昂立写道，她被"CPT 所吸引，它既是一个鲜活的词汇，也是一个解放性的词汇"，因为它"为黑人提供了一个语言工具，在西方时间的架构中和反对西方时间的架构中确定自己的实践性"。同样，圣卡洛斯阿帕奇部落的成员维尔内达·格兰特告诉《今日印第安人》，"印第安人时间"同样也被外界解读为迟到，只有在"白人来了，告诉原住民'一定要在特定的时间内完成事情（早上 7 点吃早餐，而不是在太阳升起之前起床准备早餐）'，才会被识别"。——作者注

2. 旧金山的一个街区。——译者注

3. 一本面向黑人的月刊。——译者注

4. 这是艺术家莎拉·忒尔目前正在进行的作品，名为《无须担心》。将由 Distress Press 出版（instagram 为 @distress_press）。——作者注

尽管在某种程度上说，这样的故事是真实的，但它带有我之前所说的人类世相同的风险。根据人类世的说法，历史是平稳的、决定性的、充满毁灭的冲击，任何其他事物（"抵抗"）不过是在推迟必然之事的发生时间，而不是进入另一个不同轨道的机会。

使用一门语言便是参与世界的制造、保存和演变的一种方式。家庭或一个小群体使用的时间语言、不为人知的秘密语言、黑洞以及新旧 zeitgeber 的可能性让我想起了弗雷德·莫顿对"研究"的阐述。在《公域之下：逃亡的规划和黑人研究》结尾处的采访中，他这样定义研究：

> 研究是你与其他人一起做的事。它是与其他人交谈和漫步，工作、起舞、受苦以试探性实践的名义，进行不可细分的融合……称为"研究"的意义在于，标明这些活动所含有的不间断且不可逆转的知识性业已存在。这些活动并不因如今我们说"如果你以某种方式在做这些事，那么你就可以被称为在做研究"而变得高贵。做这些事即是参与一种共同的知识性实践。重要的是要认识到这便是事实，因为这样的认识能让你进入一个完整的、多样的、另类的思想史。

将这样的互动视为研究，不仅是从另一个视角看世界，还能够模糊本应无望分离的事物之间的界限，也就是个人能动性和结构变化之间的界限。工会作为著名的变革媒介之一，名字能让人想起社会性（相互聚集，彼此对话）。此外，无论是不是传统的工会，在一个无比强大的权力不平衡情况中所发生的大多数转变，都始于一个简单的真理，即"人们会发出自己的声音"。

2019 年，我偶然在当地电台 KPFA 的演播室看到一张传单后，参加了旧金山一个名为"零工经济、人工智能机器人、工人和二维码"的活动。这个活动是用于纪念 1934 年旧金山大罢工周年庆的劳工节的一个环节，就在建于曾发生过四天罢工的海滨边上的、国际码头和仓库联盟的一栋小楼里举行。当晚的讨论贯穿着这样一个问题：如何在一个工作被分散、传统劳工组织被削弱、公司拥有全新监控技术手段的世界中组织工会。

国际劳工媒体网络的 IT 工作者梅米特·贝拉姆（Mehmet Bayram）说，白领在将自己视为工人阶级的一部分时存在"心理障碍"，部分原因是他们是用电脑。在谈及影响 IT 工作者经验的新泰勒主义做法时，他说："工具在变，但为利润而运营的做法没有改变。"接下来他讲了一个关于他试图鼓励自己一位同事和他一起组织工会的故事。这位同事回复说，他的妈妈曾担任过办公室保洁员，所以她才是工人阶级，而他不是。贝拉姆指出，那次对话发生于晚上 9 点，早已不是通常的下班时间，而且加班工资几乎为零。这便是一个能够证明他们是工人阶级的简单例子：两个人在晚上 9 点的办公室，讨论他们是什么类型的工人，他们的时间价值几何。

桌子上的材料让我想起自己喜欢的期刊之一——《加工世界》。其中一本的封面是这样的：终结者将一张粉色纸片递给一位手拿咖啡、桌上满是烟头的离职员工。我打开杂志，看到一篇有关工作态度不端的文章，中间有一幅漫画：一个二十世纪五十年代造型的商人指着读者，上面则是卫星天线的图片。"人类，"漫画中的文字写道，"你已经看到了技术的能耐。你现在想让自然阻止你吗？"

二十世纪八十年代初，旧金山美国银行、美联储和克罗克银行当地分行一群格格不入的办公室临时工开始用纸张印刷《加工世界》，里面汇集了使用假名的作者撰写的文章、诗歌、小说、漫画和其他视觉艺术作品。这些杂志在家中和地下室组装成册，并由人工亲手向金融区的路人分发。这些杂志还被寄给世界各地的激进团体，以及任何有需要的人，包括狱中的囚犯。《加工世界》读起来像一本不惧权威的马克思主义劳工杂志，有《达利娅》和《办公室空间》的影子。它既严肃又令人捧腹大笑，而且常常能够同时做到二者兼得。除了对异化的思考和对各种白领罢工活动的报道，读者还能读到一些内部笑话和讽刺广告，例如"BFB：老板的大脑公司"使用"最新的科学进步，为您提供最聪明、最顺从的工人"。有一期杂志记载了一份篡改过的会议程序。这个程序分发于身着盛装、头戴视频显示终端的《加工世界》成员出席的 1982 年办公自动化会议上。在封面图上，他们添上了"一个虚无存在的国际永恒会议"这一行字，并将程序中坐在电脑前的任务图标改成了同一人物使用棒球棒击打显示器的图标。

有时，《加工世界》会刊载一个来自企业界的人工制品，同时不附任何评论；在这种情况下，这便是这份杂志开的一个玩笑。在 1982 年一篇关于办公室破坏的文章中，一位化名为"Gidgit Digit"的作者诙谐地介绍了美国银行颁给她的"团队精神"证书。这位"精神"在四个美国银行标志的中央微笑着，盖着一块白布，看起来就像是一个可爱的卡通版 3K 党成员。另一期杂志则转载了"由旧金山 Temps 公司进行的真正的打字测试"全文，我将在此全文转载：

在时间的面前人人平等。对你我而言，一天有同样多的小时，一小时有同样多的分钟，一分钟有同样多的秒数。当然，我们的生产能力不尽相同；许多人学会了实现最大的生产力，而其他人似乎未曾意识到他们每天有同样多的时间可以工作，并提高自己的生产力。

对于各位而言，现在是时候意识到每个工人都有责任为全天的报酬付出全天的工作了。有太多拥有职位的人只是在上班，而不是在真正工作。他们经常愿意为一整天的薪水付出仅仅一个小时的工作。如果一个企业想生存下去，那么它不能以这种方式运作。所有雇主都有权期待每个工人的产出比得到的报酬多。多出来的部分便是企业生存所需的利润。

只有在字典中，成功先于工作。我们想要获得的物质财富不会凭空出现在我们面前；它们必须由某人生产出来，这也代表着必须有人工作。取得成功的最快路径是为之工作，获得我们所想要的物质财富的最可靠方式便是为之工作。工作不是魔术表演，它产出的结果要比魔术更加出色。为了实现我们能够实现的一切，我们必须学会热爱工作。

杂志编辑在隐晦地提及马克思的《资本论》的同时，还另辟蹊径，加上了讽刺性的标题"劳动价值论？"。

《加工世界》所关注的内容在许多方面都预示着合同工作和零工经济将产生的问题。杂志的创始人大多是20多岁的年轻人，他们做临时工的目的在于换取一些自由时间，一如零工常把可以灵活支配时间作为自己选择这份工作的动机。临时工也使用电脑工作，也在经历不断发展的自动化形式，同时还受到白领的监控。在技术爱好者和商人对工作的未来像现在一样兴奋的时候，《加工世界》却保持着怀疑的态度，这点能让人联想起制造业工人对泰勒主义的怀疑。

Gidgit Digit（"团队精神"证书的获得者）在她关于办公室破坏的文章中正确的语言，尽管有一天计算机将发展到能够让人们在家工作，但"管理层不太可能放弃对工作过程的控制"。她在对StaffCop这样的软件一笔带过的时候，预见到"与其说是把职员从主管的注视下解放出来，不如说许多新系统拥有的管理统计程序能够仔细审查每个工人的产出，无论工作地点位于何处"。

从某种程度上来说，《加工世界》自己便是一个社交媒体。它的来信部分往往充满了对破坏行为的道德准则、已成立的工会的作用，以及杂志是否会变得商业化等话题的辩论，其中往往还包括有工人对其他信件的回复以及对杂志的感谢。"跳跃的约沙法[1]！那儿有智慧的生命！我们为你效劳，"两个职业是秘书的读者写道，"很高兴知道那儿有人在呼吸……我们想要为崇高的事业效劳。我们还有一台复印能力有限的高分辨率美能达复印机，如果能派上用场的话。"另一个读者写道，他们从一位"精通办公室破坏"的朋友那里收到了杂志的第四期和第五期，并补充说："骑自行车的基督，从我学会阅读以来，我从来没有如此感激过一本读物！"一位在视频桌面终端（《加工世界》经常攻击的目标）工作的工人写道：

有一天早上7点（对于老板而言太早的一个时间），我开始工作，发现有人把一本《加工世界》放在了我的桌子上。我觉得很离谱，并假装不慌不忙地把它塞进了抽屉里，后来我很高兴地阅读了每一页。在这个一个个格子间组成的、隔音的办公室丛林里，最糟

---

1. 约沙法是前十世纪到前六世纪的犹大王国的第四任君主。——译者注

糕之事莫过于深信老板的梦想，为公司的利益而努力。感谢《加工世界》，让我知道还有其他人鄙夷老板雇用他们的目的。

越来越多人转而从事兼职承包和零工工作，工作变得更加碎片化，他们很难在同一时间里共处一室（这样有助于促进劳工之间的对话，增进团结），因此这样平行沟通的方式就更重要。有时会偶然出现一些属于劳工的全新会面场合，例如，欧洲的外卖送餐零工会在等餐点交谈。但多数情况下，对话已转移到网络论坛上进行。身处各地的人们可以互相交流信息和故事，对彼此的遭遇表示同情，或试着了解安排他们工作和时间的算法。[1]

孤立是剥削的先兆，而网络论坛能够让零工等受雇者拥有比较公司的记录和策略的机会。尽管许多工人决定不接受低于一定工资待遇的工作，但总有其他工人出于解决财务窘境方面的考虑，在第一时间选择签约，"总有人愿意干这份活儿"。与此同时，限制公司行为的成功尝试（甚至将其写入一国的法律中），往往搁浅于全球的现实窘境之中。在法律上，传统工会的组织工作受限于国界，跨国公司则不然。一位肯尼亚工人接受了 GigOnline 的采访，在被问及组织工会的可能性时，他敏锐地指出："如果内罗毕的自由职业者工会不接受在一定金额的薪酬下工作，他们就会把这些工作机会安排到

---

1. 在 2020 年对加拿大 Uber 司机"不当行为"的研究中，劳工研究人员强调了网络论坛的作用，特别是论坛上"Don't take a poo！"（译者注：直译为"不上大号！"实际是以谐音方式抵制 Uber 的 UberPool 服务）的口号。这句话针对的是 Uber 新推出的 UberPool 服务（译者注：即国内的"顺风车"服务），极其不受司机欢迎。在 UberPeople.net 的一个加拿大城市分群中，司机分享了关于如何避免接到顺风车订单的小贴士，例如，时不时将手机置于飞行模式。"Don't take a poo！"成为 Uber 司机互相告诫的口号，为的是迫使 Uber 改变自己的做法。——作者注

别处……比如安排到尼日利亚、安排到加蓬、安排到菲律宾……工会没有足够的实力，因为我曾见识过全球化的能耐……"

我们需要新的语言和新的沟通渠道来应对这样的情况。2021年，《国家报》报道了最近针对剥削性零工工作公司取得的胜利。在其中一个案例中，不同国家为Uber工作的人员研究了金融新闻，对其IPO（首次公开募股）进行了预测，在25个城市协调进行罢工活动，从而在最合适的时间吸引了媒体的关注。此举为名为应用程序运输工人国际联盟（IAATW）的全新国际劳工组织成立铺平了道路。这个组织设法"通过论坛、群聊和视频电话的跨国抵抗网络"展开工作。2021年，Deliveroo[1]的工人在大不列颠独立工人联盟（IWGB）的领导下，取得了与Uber工人类似的胜利。

这种语言所阐释的全球工人阶级超越了蓝领和白领的传统概念。鉴于零工工作以多种方式将分布广泛的工人原子化和匿名化，因此这种沟通方式就更为引人注目。帮助协调Uber抗议活动的IAATW成员妮可描述了抗议的新形势："加州的工人和肯尼亚的Uber司机、印度或马来西亚的司机联系紧密……我们都因一个住在4000万美元豪宅的旧金山亿万富翁而受苦。"

IAATW所做的工作，以及选择支持他们的那些有超过一个世纪历史的国际运输工人联合会的工作，体现了奥利·莫尔德（Oli Mould）所说的事实上的创造性活动，与资本主义下的"创造力"截然不同。莫尔德在《反对创造力》一书中，观察到如今各种工作都在鼓励雇员拥有"创造力"，并通常将这个词转译为竞争灵活性、自我管理和自担风险。同时，那些名义上反资本主义的创造性工作，

---

1. 位于英国的外卖平台。——译者注

无论是艺术、音乐还是口号，都被市场轻而易举地侵占了。莫尔德写道，在这两种情况下，创造力实际上并不具备创造性，因为它不过"生产了更多相同形式的社会"。即便出现了进步，那也只是资本主义逻辑渗透进了我们日常生活中更为细微的角落之中，让布雷弗曼所说的"普遍市场"更为普遍。[1]

在新冠疫情重新激活了关于工作——生活平衡，以及压缩工作日或工作周长度的讨论之际，我在上一段所说的区别十分重要。起初可能看起来很具有创造力和解放性的东西，最后可能被公司用来再度巩固自己的地位：公司发现，如果人们的工作时间更短，他们就可以支付更少的薪资，而且"这些人花在工作上的时间是最有生产力的"。早在二十世纪七十年代，哈里·布雷弗曼就观察到，IBM等公司正通过改变管理风格而不是工人地位的方式来使工作"人性化"。这些策略就像伯恩斯先生[2]滑稽的帽子一样，不过是"对工人'参与'的一种研究性伪装，让他们调节机器、更换灯泡，从一个零碎的工作转到另一个零碎的工作，并赋予他们自行决策的幻想"。这与二十世纪五十年代提供灯光照明球场的公司有着相同的洞察力：快乐的工人＝更高的产出，要是公司能付更少的钱就更好。"成功的准则"依旧没有改变。一方面，你不能责怪一家公司使用触及底线的语言。另一方面，你也可以重提一个老问题：为什么在公司都做不到的情况下，还要期望个人具备"适应力"？

Gidgit Digit 在那篇关于办公室破坏的文章中，对激进变革的实际含义表达了类似的想法。她认为二十世纪八十年代所谓的解放性

---

1. 具体而言，"普遍市场"指的是个人和社区关系被消费者之间的交易所取代时产生的市场。——作者注

便利是一个很模糊的概念，文中写道：

> 线上购物和家庭银行的技术奇迹所创造的个人"自由"是虚幻的。它们顶多提供了一些便利，让现代生活的秩序更为有效。这样的"革命"并未触及社会生活的基础。办公室中的等级制度依旧存在。事实上，由于这样的技术奇迹让人们产生了自己"更加自由"的幻觉，掌控一切的人反而拥有了更大权力。电子村落的原住民拥有了个人"用户ID"的完全自主权，但他们被系统性地剥夺了对"操作"系统的"编程"参与权。

尽管研究背景各有不同，但弗雷德·莫顿关于"研究"的阐述、奥利·莫尔德关于创造力的观点，以及Gidgit Digit的（再）编程都有一些共同点：他们都不希望被市场的等级形式所限制，也不支持这种形式，而是希望栖身于界限之间的某个地方，一个混乱的夹缝。在其他方面，这可能意味着使用一门全新的或禁忌的语言（无论它是不是直接的语言）来表达目前不能说的东西。在内部笑话的空间里，通过使用莫顿所谓拒绝的"变种语法"，这些东西被直接了当地阐述了出来，无须隐晦地表达。

正如卡罗尔·麦克格拉汉（Carole McGranahan）所写的："拒绝就是说不。但，不，它远不仅如此。拒绝可以是有生成能力的、战略性的，在深思熟虑后，从一个事物、信仰、做法或社区转到另一个。拒绝清楚地照亮了限制和可能性，特别但不仅是国家和其他机构的限制和可能性。"拒绝可能始于你，但不会终于你。它必须在信息中、杂志上、论坛上、非工作时间，以及持续的"复述"中被阐述出来。在召唤一个新世界时，这是你可能做到的最有创造力的事情。

　　一位图书管理员给了我们一些薄荷茶。在等水烧开的时候，我们观看了墙上的一些海报。一张印在布料上的海报含有吉恩·夏普（Gene Sharp）《非暴力行动政治学》中的 198 个非暴力行动。另一张海报来自米歇尔·卡斯威尔（Michelle Caswell）在加州大学洛杉矶分校的档案、记录和记忆课程，标题是"识别并废除档案中的白人至上主义：档案中的白人特权和废除这些特权的行动项目的不完整清单"。部分特权直接和语言存在关联。其中一条写道："当我在档案中寻找来自我的社区的材料时，这些材料被记载于搜索和目录记录之中，使用了我们用来描述自己的语言。"

　　在每一种语言中，某些东西可以出现或被阐述出来，而有一些则不能。这正是玛丽莲·沃林（Marilyn Waring）1988 年出版的《如果女性得到重视：新女权主义经济学》标题所要说的。沃林如今以抨击将 GDP 作为成功标准的概念而闻名于世。早在 1975 年，年仅 23 岁的沃林成为当时仅有的四位新西兰议会女性议员之一。1978 年，她被任命为公共开支委员会主席，当届委员会仅有包括她在内的两名女性。在委员会中，每当遇到经济领域中的"黑话"时，沃林就仰仗"蠢问题的艺术"（例如，简单地询问某个词的含义），很快就找到了导致女性无偿劳动问题被完全忽视的标准，使女性获得合理报酬成为可能。

　　特雷·纳什（Terre Nash）1995 年摄制的关于沃林职业生涯的纪录片显示，她将个人、国家和国际经济的关系拼凑了起来。她前往全球南部国家，与农村妇女谈论她们无休止的工作，制作可视化的时间研究，并发现提供廉价水泵和新炉子这样的东西实际上是最"富有成效"的干预措施。沃林还访问了其他国家的公共账户委员会、财政委员会和预算拨款委员会，收集更多信息。沃林曾以为她在自己的委员会中发现的"巨大悖论和病态"是新西兰独有的，但在此之后，她意识到"这与新西兰无关。这是世界各地都存在的规则"。

沃林在二十世纪九十年代于蒙特利尔的一次讲座上，举了自己的选民凯西作为例子：

凯西是一位年轻的中产阶级家庭主妇，每日忙于准备食物、收拾餐桌、烹制饭菜、洗碗、熨衣服、照看孩子并和他们一起玩耍、给孩子穿衣服、管教孩子、带孩子去日托或学校、处理垃圾、打扫灰尘、收集要洗的衣服、洗衣服、去加油站给车加油和超市购物、修理家用物品、铺床、支付账单、缝补编织衣服、和上门推销员交谈、修剪草坪、除草、接电话、吸尘、扫地、洗地、铲雪、清洁浴室和厨房，以及哄孩子睡觉。

接下来便是点睛之语，"凯西不得不面对这样一个现实：她用一种完全没有生产属性的方式填满了自己的时间。她在经济上处于不活跃状态，因此被经济学家记录为无业"。这里的可笑之处在于误译及语言之间的冲突，以及这些语言所（或没有）赋予的价值。格洛丽亚·斯坦尼姆（Gloria Steinem）曾在沃林的纪录片中短暂出现，称大多数经济学家"似乎珍视自己工作的程度和他们被他人理解的能力成反比"，并赞扬沃林提醒读者经济学的实际含义："我们向我们认为有价值的东西赋予价值的方式。"

沃林在《如果妇女得到重视》一书中建议对归因方式进行修改：修改官方标准，使其更准确反映什么该被视为生产性活动。成立于二十世纪七十年代的家务劳动工资运动以相似的观点为基础，代表着更明确的反资本主义思想体系。[1] "家务劳动工资"一词最早由塞尔玛·詹姆斯（Selma James）（她还创造了如今常见的术语"无偿劳动"，用于指代女性被期望免费从事的家务劳动、护理和抚养子女工作）提出。她和运动中的其他人，与英国依靠他人收入支持的母亲和美国国家福利权益组织（主要由黑人母亲领导）一同开展活动。后者对获保证的充足收入（GAI）以及承认"女性的工作是真正的工作"有着类似的要求。

家务劳动工资运动借鉴了黑人福利活动家以及被称为"工人主义"（Operaismo）的意大利工人组织运动的观点。在他们看来，女性是工资奴隶（男性）的奴隶，女性的工作打破了男性和女性的整体剥削体系。1975 年，詹姆斯和意大利自治主义者玛利亚罗萨·德拉·科斯塔（Mariarosa Dalla Costa）出版了《女性力量和社区颠覆》，指出"就女性而言，她们的劳动似乎是游离于资本之外的个人服务"詹姆斯和一个研究小组一同阅读了马克思《资本论》第一卷，遇到了将劳动能力作为商品出售和劳动分工的问题。但她并未发现有人讨论是谁创造了劳动能力，以及无偿劳工在分工中的地位。在这本书的引言部分中，詹姆斯描述了为创造可被售出换为工资的那种时间所需耗费的时间：

---

1. 二十世纪七十年代，在美国和英国兴起了几个与"家务劳动工资"相关的不同但有所重叠的运动，如"黑人妇女家务劳动工资"（由玛格丽特·普雷斯科德和维尔梅特·布朗共同发起）运动、家务劳动工资委员会（由西尔维娅·弗雷德里克共同发起）和女同性恋应得工资运动。——作者注

劳动能力只存在于其生命被消耗在生产过程中的个人身上。首先，这个个人必须十月怀胎才能出生，然后获得喂养、穿戴好衣服，并获得训练；之后，当这个个人工作时，他的床必须铺好，地板必须打扫干净，还要准备好午餐，他的性欲不能得到满足，而是被抑制下来，在回家后，他必须有晚餐可以吃，哪怕是上完夜班早上 8 点到家。这就是劳动能力在工厂或办公室里每天被消耗时的生产方式。描述其基本生产和再生产便是描述女性的工作。

当时，对家务劳动工资运动的批评包括其实践上的不可信任性及其固化女性角色的风险。然而，这场运动目标远不只是要求为家务劳动支付工资那么简单。首先，这项运动最初的要求是一系列其他要求的一部分：更短的工作时间、生育自由、工资平等，以及保证男性和女性的收入。更重要的是，它表达了一种姿态：尝试为女性提供一种其他选项，而不是在核心家庭中承担第二份工作或在如今称为"向前一步"的女性主义中与男性竞争。家务劳动工资运动通过赋予女性工作及看护工作以价值，从而寻求建立一个重视看护和集体解放，而非个人野心和残暴行为的社会，造福所有人。凯西·威克斯（Kathi Weeks）在讨论家务劳动工资运动时，敏锐地将重点放在了解决方式上：与其说是对金钱的需求，不如说是对权力毫无掩饰的声明和对欲望的表达。这样的要求彻底地拒绝了布雷弗曼所说的将"那些时间价值无限的人"和"那些时间几乎一文不值的人"区分开来的情况，是对一个我们不会一直被困死在男性主导秩序的世界的热切期望。

威克斯在《工作的问题》中使用这种能量，提出了关于全民基本收入和缩短工作时长而不减薪的要求。[1]威克斯将书中大部分的篇幅都用于探究工作在现代生活中的核心地位及不容置疑的好处，认为全民基本收入在实用主义和道德理想主义的层面上是能够同时可行的。一方面，全民基本收入可以在短期内为许多人提供救济，解决詹姆斯和德拉·科斯塔在他们书中指出的事实，即"'有时间'意味着工作量减少"。但是，只要全民基本收入能够把人们从完全服从于工资的状态中解脱出来，它也能够具备创造性，为进一步发展创造力提供空间。要求减少工作量可能"并不是为了让我们拥有、从事或成为我们已想要、已从事或已成为的东西，而是有可能让我们考虑和尝试不同类型的生活，考虑另外想要、从事或成为的东西"。

于我而言，在威克斯的"想要、从事和成为"中，"想要"是最突出的部分。日常的欲望、直觉，乃至是安静的绝望，常常带有一种潜在的感觉、一种语言，或是一种公域之下——位于工作日、工作周、生产力表格和收益报告的 zeitgeber 之下。在关于玛丽莲·沃林的纪录片开头，一位记者采访了坐在演讲大厅中的人，这些人似乎是带着想要保守秘密、怀疑的感觉来听她演讲的。一位年轻人告诉采访者，他是出于"怀疑"而参加的。采访者问道："怀疑什么？""怀疑……事情并不是他们所看到的那样。我来自一个由单亲母亲抚养长大的家庭，我发现这其中存在着巨大的不公正。"他回答说。

---

1. 值得注意的是，根据她在2020年为《独立报》撰写的文章，塞尔玛·詹姆斯并不支持全民基本收入，而是赞同专门用于看护工作者的看护收入。然而，詹姆斯和威克斯可能都会同意的是，目前的薪酬模式反映了一个狭隘地重视特定类型的工作和存在的不公正系统。——作者注

怀疑在界限之间徘徊。有时，它还能被点燃起来。1980 年，在《加工世界》创刊的前一年，其创始人为全国秘书日制作了一份名为"Innervoice#1"的讽刺传单。这份传单借发票问题进行了发挥，罗列了秘书工作的成本：6 小时无休止地打字导致"1 次背痛，1 次脖子僵硬"，每周 70 小时的高血压导致"1 次神志不清"，每周 40 小时的烦琐劳碌导致失去了"1 次想象力"。当然，制作"Innervoice#1"本身就需要仰仗剩得不多的想象力。这张传单是《加工世界》整体幽默感的先驱，掩盖了对于出卖生命以换取更多荣誉的骗局的一种无比痛苦、显而易见的愤怒。

《加工世界》有时也会令人瞠目结舌。杂志在满是连环画、假广告和剪辑评论的内容中，为一张忧郁的拼贴画空出了两页版面。画里有一张被放在电脑终端内的脸、戴着手铐的手、一部手机，还有许多更小的人头，以及一行字："在办公室的另一天：我们失去了什么？"来自多伦多的 J.C. 在向杂志的来信中问道："当一个人发现自己在工作岗位上踟蹰不前时，他会怎么做？他会产生很多愤世嫉俗、冷漠和愤怒的情绪，而这些情绪是没有出口的。"而来自旧金山的 J. Gulesian 提出了自己的想法：

亲爱的加工世界：

我想要提交更多关于一个中年秘书日常生活的观察报告。日常生活的一切都真的很难。这份工作对我的要求往往远超我的能力，我的空闲时间都被用来试图建立"我的身份"和"我必须承担的责任"之间的连贯性。"我的身份"让我必须建立和维持人际关系，"我必须承担的责任"让这样的人际关系既危险又无比痛苦。你知道个中缘由。

不是每个人都有时间进行这样的思考。在同一个问题上，沃利斯工程公司的沃尔特·E.沃利斯（Walter E.Wallis）在写给《加工世界》的信中，使用的语气就像是有人对一群嬉皮士大喊"去找个工作"，或像汤米·安德伯格，那个不介意物理学家从事违背自己心意工作的纳税人。沃利斯在列出了一些关于"让自己对公司更有价值"的建议后，说："如果承担'将自己投入工作中、让顾客获得最好的实惠'这样的负担对你而言毫无吸引力，那么就通过破口大骂、哭哭啼啼、满口谎言、小偷小摸、胡言乱语的方式解决你生活中的一切问题吧，因为你就是一个只会破口大骂、哭哭啼啼、满口谎言、小偷小摸、胡言乱语的混账玩意儿。"《加工世界》的一个编辑进行了回应，逐一剖析了沃利斯的论点，最后毫无掩饰地指出"一个全新的、自由合作且共有的社会已潜藏在（现有的这个社会）之中"。沃利斯才是那个缺乏想象力的可怜虫："他并没有考虑到我所说的社会的可能性，很显然只是喜欢提供粗俗且居高临下的建议，告诉我们如何在一个步步走向深渊的世界里'出人头地'。"

《加工世界》的编辑试着"思考一个全新世界的可能性"，在这个世界中。沃利斯世界的所有假设（用个人野心去和他人竞争，在自己失败时指责自己，在他人失败时指责他人）将被其他的事物取代。对于沃利斯而言，他在一个不宽容、不灵活的结构中为自己的时间负责；对编辑而言，由于可以终止这样的结构，时间可以有新的意义。沃利斯追求的是个人权力；而我认为《加工世界》追求的是意义和认可。

在第二章中，我建议一个过度追求成就的主体应该通过降低个人欲望来拯救自己。但是，正如向上晋升的野心只是欲望的一种形式，存在于并加强了一个特定平面一般，除了琐碎之事导致的筋疲力尽外，还有许多其他形式的挫折。其中一些挫折，无论你因此获益还是因此受损，都包括以下内容：出卖时间换取生计、两害相权取其轻、心口不一、在缺乏实质性联系的情况下建立自己、熬夜工作，以及在内心深处知道忽视会导致自己更加痛苦的情况下，忽视一切事物和所有人。有的是为了自己而想要更多，而有的仅仅是想要更多罢了。

塞尔玛·詹姆斯仍活跃于国际家务劳动工资运动（在现代更多被称为全球女性罢工运动）。2012 年，她向记者艾米·古德曼（Amy Goodman）谈起一年前在伦敦与 SlutWalk（跨国反强奸运动）一起游行的故事，感觉受到了这个组织的能量和反种族主义的鼓舞。"和这些女性一同游行时，我并不感觉身边的她们身上有巨大的野心，"她说，这点和女性运动中一部分只关注向上晋升却对福利的重视程度减少的人士对比鲜明。"我们需要另一个让我们聚集在此的理由，那个理由便是关注我们生活的真实状况，而非个人野心。"在那种情况下，个人是能够产生作用的主体。正如从《加工世界》的角度来看，沃利斯像一个可怜之人一样，从另一种意义上说，一个热忱地追求向上晋升的人是毫无雄心的。詹姆斯在游行中所感受到的要求要"雄心勃勃"得多："我们想要拥有过自己喜欢的生活的自由，并聚集在此为这个目标奋斗。"

我们想看艺术家的书籍。这些书放在书架的顶部，所以我要把绿色的大梯子推过去，爬到上面，在按字母顺序排列的灰色盒子中找寻。盒子里的东西包括从布装书到杂志和成套的明信片，应有尽有，每一本都放在自己的棕褐色文件夹里，被精心裁剪成特异的尺寸。其中许多都是当地艺术家创作的，通常代表他们在这个图书馆所研究的项目。这些装在灰色盒子里的书籍和物品就像是档案馆中生长的植物，如今它们为我们自己的项目提供了种子。

在 E—F 字母开头的盒子里，我们发现了一本由艺术家团体 Futurefarmers 制作的带皮筋的小布装书，书名是《唯一的布道》，"唯一"的上面还印有"灵魂"的字样。我小心地解开皮筋，打开书，里面的文字是用凸版印刷技术印在纸上的，用的是淡墨水，让人感觉这些文字既紧贴在纸上，又有着蒸发的危险。里面有篇丽贝卡·索尔尼特（Rebecca Solnit）写的关于行走的文章。她关于行走的理论听起来和"齐步走"恰恰相反：

行走是由许多步子组成的，但一个步子并不是一次行走；一次行走是由充满毅力地不断迈出的步子组成的，这样重复的过程并不多余，而是一种探索的形式。"我们要去哪里？"这是一个普遍的问题，但它的答案就是去，就是去行走，走到你的鞋子被磨坏，然后穿上新的鞋子，继续行走。"我一直在地上行走直到鞋子磨坏为止／主啊，它们真的让我好痛——我说的是降调布鲁斯，"汉克·威廉姆斯（Hank Williams）唱道，而行走能让你活下去。继续行走就是继续生活，继续探究，继续希望。在过去十几年里，我一直专注于希望和行走，然而，我在这两条路上走了很久很久，才意识到它们其实是一条路。它们的规则都是运动，它们的回报都是抵达未曾预料到的地方，它们的本质都与我们这个注重到达和可量化的时代的主色调对比鲜明。许多人对确定性的喜爱远胜于可能性。在面临可能性时，他们会选择绝望。但这种选择本身就是确定性的一种形式：他们认为未来是显而易见且已知的。但其实未来并非如此。绝望即是停止行走，而停止行走就是陷入绝望或从内心到外表都变得消沉——比车辙还要深的沟。

今年早些时候，我去了一位七十多岁朋友的花园里，她种了一些豆子。她告诉我，这些豆子是她二十年前得到的豆子的后代。她不太记得是从哪里买到的了（有可能是家得宝超市），而且现在再也找不到这样的豆子了。当时，她向朋友分享了这些豆子。它们也深受朋友的喜爱，但他们再也找不到同样的豆子。有些朋友让豆荚成熟并晒干，把豆子保存起来，还给了她。她不知道如今有多少人拥有这些豆子，还猜测这一系的豆子或许已经遍布全国。在她种下这些豆子时，我想她和朋友之间存在着平等互换的关系，但这样的关系并不完全是交易，她拿回的东西并不是她给予朋友的东西，但这二者之间肯定存在联系。

她走到生菜地，告诉我要给我一些生菜。我以为她只是出于客套，但她告诉我，在生菜成熟之前，她要摘去外面的菜叶，这样里面的菜叶才能继续生长。她说她一直在把生菜赠予他人。这个简单的姿态，以及豆子的故事，让我意识到我的心理机制是如此破碎，以至于无法思考交易性交换以外的事物。从某种程度上说，这要归因于我从未住过可以种菜的地方。我总是记不得植物会不断生长的事实，还以为我的生菜叶子越多，她的生菜叶子就会越少。

但这并非我唯一记不得的事情。1978 年，哲学家伊万·伊里奇（Ivan Illich）担心，"人类用来解决问题、玩耍、进食、交友和爱的无数技术设施已被破坏"，留下了一个荒芜的社会场景，里面充斥着"庞大的零和游戏、单调的交付系统，其中一个人的所有收益都会成为另一个人的损失和负担，这两个人真正的满足也被剥夺。"在社会学家研究新冠疫情期间工作不稳定人群不申请失业救济金的原因时，一位临时工告诉他们："你只需要进行注册，说自己没有工作，然后政府就会给你钱？这算什么？如果都这么容易的话，难道不会每个人都这么做吗？我不明白。"我感觉自己和这位临时工并无二致，我也不明白拿生菜对我和我朋友而言是双赢的。

几个月后，我坐在另一个不同的花园里，一个免费开放的植物园。两个孩子在我旁边的一块草坪上玩着"红绿灯"的游戏，但游戏规则比我小时候玩的要复杂得多。"红灯"仍代表停，"绿灯"仍代表行，但在他们的规则里，"紫灯"代表跳舞、"蓝灯"代表把刚刚的舞倒过来跳一遍、"金灯"代表倒在地上，而"绿树灯"代表在爬行的同时发出"哞"的叫声。他们的规则里甚至还有更具体的命令，比如"扔鞋灯"和"走回鞋边灯"。这个游戏看起来很蠢，但让我印象深刻的是，他们从来不需要互相提醒任何词汇的含义；他们一同创造又一同记住了这些词汇。

时间可以有很多节奏，而节奏可以有许多含义。社会学家理查德·塞内特（Richard Sennett）在写到泰勒主义等过程使员工工作士气低落时指出，"常规可以起到贬低的作用，但也可以起到保护的作用；常规可以分解劳动，但也可以构建生活"。它可以构造仪式，一如拉比亚伯拉罕·约书亚·赫舍尔（Abraham Joshua Heschel）称安息日为"我们在时间中建造的宫殿"。就像红绿灯游戏中的各种"灯"一样，植物园得到了构建和编排；不同的地方有不同的角色；事物以不同形状和大小生长，在不同时间开花。花园代表园丁对于构造和谐整体的方式的看法，游客在他们喜欢的部分流连忘返。这座花园尽管空间不大，但十分密集，它不仅是一个生物多种多样的空间，也是一个时间多种多样的空间，邀请人类主体与不同的模式和生活速度进行对话。在这里，时间并非金钱不仅显而易见，且"金钱"之外的种类可以被无限扩展。

是否有可能不节约和花费时间，而是通过节约、发明和管理不同时间节奏的方式，像在花园栽培植物一样栽培时间？无论是个人还是集体的层面上，这不就是要承认和利用所有人在某种程度上早已存在的时间多样性吗？社会学家芭芭拉·亚当曾写过关于标准化的经济时间的文章，表明由于具备缺少直观性的缺点，标准化的经济事件并没有完全占据主导地位，"节奏和强度在各个层面上环绕着我们：我们知道，对于孩童而言，明天要过的生日可能如永恒一般漫长，而对于老者而言，去年的生日就好像刚刚发生在昨天。冬天的冬眠期后是春天的爆发式生长……'我们'共同使用的社会时间，与地球的节奏密不可分。复杂性永远是最重要的"。

如果时间可以被栽培，那么除了由个人进行存储，它还能够以其他的方式增加。在我离开朋友的花园之前，她给了我一些来自一家早已不存在的豆子农场生产的红花菜豆。很多人都开始在疫情期间囤积物资，乔和我也不例外。我们在商店里买了许多豆子，和朋友送我的红花菜豆一起放在了一个金属架上。我经常注视着这些豆子，进行思考，但我从来没想过它们到底是什么。我在谷歌上搜索"你能种植商店买来的豆子吗？"并获得了肯定的答案。这些装在袋子里的豆子并不仅仅是商品。你当然可以吃掉它们，但它们既不是终点，也没有死去。至少它们中的一部分蕴含着一些东西：生长出未来新一批豆子的可能性。

在我把这个故事告诉更多朋友后，它成了一个内部笑话，一个新的家用语：时间不是金钱。时间是豆子。和许多笑话一样，它也有严肃的部分。这句话的意思是，你可以拿取时间，也可以给予时间，但你也可以进行栽培，生长出更多不同种类的时间。这代表你的所有时间都是从他人的时间中生长出来的，或许是他人许久之前栽培下的产物。这意味着时间不是零和游戏的货币，有时，我获得更多时间的最好办法是给予你时间，而你获得一些时间的最好办法是把它还给我。如果说时间不是商品，那么我们的时间就不会像刚才看起来那么稀缺。我们可以一同拥有世界上所有的时间。

第七章

生命的延续

骨灰龛和墓地

与（认可）相比，共鸣一直是一个动态事件，表达了一种充满活力的回应关系。当一个人眼睛里闪着光时，也许是这种关系最美妙的表达……（它）指的是两个或多个主体之间发生的事情。一个主体能够得到认可，但共鸣只能是主体与主体之间才能发生的事。因此，作为共鸣体验的爱并非爱与被爱的事实，而是指相互的、变革的、流动的、产生影响的相遇时刻。

——哈特穆特·罗萨（HARTMUT ROSA），
《共鸣：我们与世界的关系的社会学》

我们走过海湾大桥，回到奥克兰，然后往东走。走在人行道上，一家位于豪华公寓底层的普拉提工作室大门敞开，里面传出"签名、密封、送达"的声音。"好了各位，"伴随着音乐的声音，教练的话语充满活力又不乏权威。"让我们把左脚往后推，5、4、3、2、1……你们能行的。我们快下课了，非常快。"

我们面前是一个墓地的大门和一座西班牙殖民复兴风格[1]的建筑。建筑塔楼上的小金属字写着"殡仪馆‒墓地‒骨灰龛"。我推开沉重的金属门，随即便被甜美的墓地空气所笼罩：茁壮生长的植物、湿漉漉的岩石、灰尘、灰烬、熏香。些许阳光透过天窗、巨大的热带植物和石拱门洒了下来，我唯一能听见的是附近喷泉微弱的滴水声。墙上密密麻麻摆满了玻璃方格，就好像图书馆一样。但这里并不是我们刚刚离开的那座图书馆，玻璃后面的"书"是一个个骨灰盒，数量不一，有的玻璃方格里有来自一个家庭多位成员的骨灰盒。

---

1. 一种建筑风格运动，源于二十世纪初西班牙殖民时期的美洲殖民地建筑，特色是低矮的红瓦屋顶，灰泥墙，圆形拱门，以及不对称的外墙。在加州、佛罗里达州多有分布。——译者注

"每本书"都包含着某种沉重感，它的"封面"无法打开，里面讲述着一个生命的起始与终结。

在我很小的时候，读过一个关于时间的可怕故事。那个故事来自妈妈在旧物卖场中淘到的一本二十一世纪七十年代书籍，名为《来自世界各地的神奇童话》。故事里，一个急于长大的男孩在森林中游荡，这时一个女巫出现，给了他一个外面捆着金线的小球。她说，如果拉动这根线，时间就会变快。但他必须明智地使用这件物品，因为线捆不回去，而时间也无法倒流。可想而知，男孩无法控制自己：急着放学回家，他便拉动金线；急于拥有自己的孩子，他便拉动金线。很快，他就发现自己身处生命尽头，却没有体会过生命的感觉。

故事的寓意应该是教会我们"活在当下"，以及想要通过跳过生命中不好的部分来享受好的部分是愚蠢之举。我在读这个故事的时候，却关注线和球所代表不可逆转的时间。尽管故事的结局皆大欢喜（女巫找到了老人，让他重新享受了人的一生），但我还是把它当作一个恐怖的故事记了很久。

时间管理通常以这种恐怖的方式进行交易。还记得那位名叫凯文·克鲁斯的企业家吗？他在办公室贴上了一张写有"1440"数字的海报，为的是提醒自己每天有多少分钟。在他的书中，在介绍那张海报前不久，他要求读者把手放在心脏上，感受自己的呼吸。别搞错了：我们不是在进行正念[1]练习。克鲁斯说："你永远都找不回那些心跳。你永远都找不回些呼吸。事实上，我刚从你的生命中

---

1. 起源于佛教禅修的一种概念，强调的是进行有意识的觉察、将注意力集中于当下，以及对当下的一切观念都不作评判。——译者注

拿去了三次心跳、两次呼吸。"他立刻作出了一个尖锐的比喻：你永远不会让你的钱包大敞开着，时间就是金钱。所以，为什么你要任由他人从你身上"偷"走时间呢？

根据他的逻辑结论，时间是一种个人的、不可再生的资源，既回避着死亡，又沉迷于死亡。毕竟，克鲁斯的"1440"海报不过是象征着死亡，就像十七世纪荷兰静物画角落里的头骨一样令人清醒。每当你看向克鲁斯的海报时，你每日所剩下的时间就已不到 1440 分钟。奥利弗·伯克曼在《为什么时间管理会毁掉我们的生活》中观察到，为了节省时间或明智地使用时间，从而详细记录时间的使用情况，都会充满讽刺地"增强你对永远流逝了的每一分钟时间的认识"。无论是在分钟的层面上，还是在生活阶段和基准的层面上，你越关注时间，它就越残忍地从你的指缝间溜走。

许多应用程序声称能够告知你所剩下的年岁。最近，我又胆怯、又好奇地下载了一个名为"我何时会死？"的应用程序。在回答了一系列关于我的生活方式和性格的问题，并看了一个叫 Wishbone 的游戏广告（两张随机的美甲图片上面写着一行字："选择其中最可爱的！"）30 秒后，出现了一个卡通墓碑，上面写着：珍妮·奥德尔死于 0 岁。接下来那个数字开始上涨，就像是我在赌场玩老虎机，而奖品是我的生命一般。我有片刻时间非常明显感觉自己不想死，希望数字变得更高；最后数字停留在了 95。

这个应用程序既愚不可及，又毫无科学可言。但人们可以想象开发一个更加详细的应用程序，将你所做的每个决定记录下来，并纳入算法之中，从而计算出你剩下的生命长度（这和一些保险公司追求使用的寿命计算方法并无二致)[1]。这代表了在面对时间所带来的生存问题时，人们的一种常见反应：试图增加在个人时间银行中持有的总时间量。这个版本的"增长逻辑"能够解释在第三章中提及的度假村的吸引力，在那里，赖瑞·埃里森所属岛屿上客人的生命体征和对特定目标的进展情况都会受到监控，这也可能是生产力兄弟制作能量冰沙的原因。健康被当作时间管理的天然伙伴，成为一种"表现"良好状态的手段和增加整体寿命的方法，就好像把你当成了一辆车或一块手表一样。

然而，就像生产力一样，这样追求健康的方式寻找到一个可计算的最佳状态，是另一种痴迷于计算变化的方式，在这样的过程中，它会轻易压过其他合理的健康目标。数字上的长寿和（一种非常特殊版本的）健康成为最终的衡量标准，回避了我们想要的健康和生活究竟是什么的问题，更不用说为延长而大量消耗生命这样的讽刺了。这个问题和其他问题简明扼要地出现在芭芭拉·艾伦瑞克（Barbara Ehrenreich）《自然原因》一书的副标题中："健康的流行病、死亡的确定性，以及为了活得更久而杀死自己。"艾伦瑞克猛烈抨击健康和抗衰老行业，质疑试图将人变为一台精干、卑鄙、活生生的机器的狂热项目。在她看来，资本主义版本的健康所提供的产品是"把一个人改造成一台更完美的自我修正机器的手段，它能够设定目标并顺利地朝着目标前进"。她列举了一长串关于"成功老化"的书籍，发现了一种与引导着个人时间管理的观念有关的残酷动态

---

1. 一些汽车保险公司使用远程信息处理和汽车追踪器（类似于第一章中提到的那些）来收集司机行为的数据，并相应地确定保险费率。而 Beam 牙科公司使用专有的电子牙刷来收集用户的刷牙数据，并承诺"根据团体参与 Beam® Perks 健康计划和团体的 Beam 总分 'A'来降低费率。"——作者注

关系：

　　所有关于成功老化的书籍都坚信，任何愿意遵守纪律的人都可以获得健康长寿的生活。能否健康长寿取决于你自己，但它故意忽视了你的过往生活可能会留下什么疤痕——过度劳累、遗传缺陷或贫穷。它也几乎不关注影响老年人健康的物质因素（如个人财富或获得交通和社会支持）。除了你的健身教练外，你只能靠你自己。

　　这个领域的情况和体育文化[1]时代的情况并无二致。在体育文化时代，健康和成功老化意味着无须从他人处获取帮助，同时拥有比他人优越的身材曲线。这个答案远不够令人满意。我还记得在高中时，每当我有时间思考除了快班超级激烈的竞争氛围和备考PSAT[2]的内容之外的事情时，我就会深受这个答案的困扰。高三时，我养成了逃课去公园看野鸭的习惯。一天，在艺术课下课后，我和朋友比尔以及身为老师/画家的威廉·洛斯顿（William Rushton）聊天。洛斯顿用公立学校微薄的艺术课预算（我们用廉价的建筑用的乳胶漆作画）创造了奇迹。从我们之间的谈话来看，我并没有因为看野鸭悟出什么道理。

　　"我不明白，"我说，"你在高中时刻苦学习，就为了进入一所好大学。你在大学时刻苦学习，就为了找到一份好工作，而你努力工作，就为了退休，然后你就死去了？这有什么意义呢？"

　　比尔回过头来看着我，眼睛里满是惊恐和怜悯。"珍妮，事情不

1. 指兴起于十九世纪德国、英国和美国的健康和力量训练运动。——译者注
2. 初级学业能力倾向测验，全称为Preliminary Scholastic Aptitude Test，美国中学生为备考学业能力倾向测验而参加的考试。——译者注

是这样的，"他说。

在这栋建筑里很容易迷路，它如迷宫一般，三层楼共有几十个房间，在布局上也不怎么遵守逻辑。我们在一个很大的中庭往左走，这里的房间宽敞许多，陈列的物品也变得不那么正式。这里摆放着装裱好的相片，还有眼镜（有的和配图里的眼镜一模一样）、十字架、汽车模型、香水、钓具、绣有某人生日的针刺图案、深蓝色的中国白酒瓶、神奇女侠 PEZ 喷雾器、陶瓷盘上的玻璃青蛙、停在 7点 10 分的手表、配有喷壶和小铲子的绿色园艺小套装，还有两小瓶覆盆子和波森莓蜜饯，上面还印有加利福尼亚州圣罗莎市颁发的一等奖，看起来来自二十世纪八十年代。

自我上次来过之后，这里的东西越来越多了。每当我看到"2020"这个数字时，我都会想，这个人是直接死于新冠，还是死于这次疫情导致的心碎和孤独。有时候，骨灰盒下面的地板上摆着一些小物件：向日葵、玫瑰、柑橘盘、米香薰、瓶装水、越南蜜饯生姜。看到这些东西，就像是看到一朵渴望生存的大浪撞向一堵死亡之墙，看起来并不像是一个人走向终结，而是他与这个世界的联系被切断了。

在回想起高中那次交谈的时候，我知道比尔想要帮助我，让我感觉到有一个不同版本的"意义"是我所没有看到的。但是，要想象一个不同的"意义"，需要的不仅是修改规则，让旧游戏有新玩法，而且需要掌握并参与一个全新的游戏。在这个游戏中"取胜"意味着得到以前可能无法表达的东西。

作家兼设计研究家萨拉·亨德伦（Sara Hendren）在她的《躯体能做什么？我们如何面对一个已建成的世界》中，展示了非霸权视角对于畅想资本主义游戏规则之外的事物能够起到多大作用。她对"跛行时间"的概念进行了解读。这个术语由欧文·左拉（Irving Zola）和卡罗尔·J. 吉尔（Carol J. Gill）推广普及，用来描述残疾人的时间与现代社会以时钟为基础的、工业化的时间表之间的紧张关系。艾利森·卡弗（Alison Kafer）将跛行时间描述为"意识到残疾人需要更多时间来完成某事或到达某地"，最终"需要重新想象时间中可能和应该发生事情的概念"。

跛行时间既适用于短期，也适用于长期；亨德伦补充说，它可能意味着"更大规模的系统性适应和开始，一个人接受相当严苛的小学—高中教育过程中可能需要花费的、无比困难且难以预测的时间，而这样的教育过程是建立在各种规范的时间顺序之上的"。对亨德伦而言，她的后半段话是建立在个人经历之上的。她不仅教授设计与残疾研究交叉领域的课程，还是出生便被诊断患有唐氏综合征的格雷厄姆的母亲。为了抚养格雷厄姆长大，她的家庭摆脱了周围的文化及被许多人认为理所当然的工业化时间观念的束缚。对她一家而言，"和时间有关的问题——和格雷厄姆与他延迟诊断有关的问题，以及更紧迫的、和他未知的未来有关的问题"。已经和她一家其他任何经历都更加格格不入。

但亨德伦也说，格雷厄姆"使她能够生活在跛行时间之中"。对她而言，这是一份礼物，让她能够从外界观察时间规范。对于美好生活这个话题，无论是在其他家长、她的学生还是她的家庭中，她都注意到了一个主题"时钟的经济节奏影响着我们的每一次谈话"，而学校和工作场所则是"一种健全的生产力形式，是速度和效率的理想样子"。顺着这条时间线漂流下去，亨德伦看到的并不是一个时钟，而是一个经济工具，适合一个"经济生产力——在规范的、受管制的时间内进行的生活——仍是衡量人类价值的不可置疑的、压

倒性的主导标准"的世界。同时，格雷厄姆展现了不同的时间观和
不同的存在方式，从而诠释了二者是如何紧密交织的。亨德伦注意
到"孩提时期那种执着的、受时钟驱使的衡量标准来自他人，而非
自己"。在儿子身上，亨德伦看到了完全不同的东西：

典型的儿童发育过程中的里程碑正态曲线的整齐程度、快慢程
度，甚至是边缘的模糊程度，对于（格雷厄姆）而言，从来都不具
有普遍性或预测性。大多数时间表都不适用于他。更重要的是，对
他而言，与同龄人和两个弟弟妹妹相比，自己发育速度的相对快慢
并不是自我价值的来源。他与学校教育和课外活动（如舞蹈或体育）
的关系主要建立在好奇心和友谊之上。当然，要建立这种关系并不
简单，但总体而言是快乐的，没有受到排名和成绩的影响。

对亨德伦而言，从某种程度上来说，这份礼物让她也能够进行
一般意义上的残疾研究。这样的研究不仅质问了残疾人，也质问了
每一个身体不是由机器组成、灵魂中不仅只有工作的人：美好生活
究竟意味着什么？对残疾人的讨论自然引申出了我们应接纳什么样
的事物和人的问题。"要花费、该花费多久，才能让一个身体在完成
了每周四十多个小时的工作、满足照顾生病父母的需求、身体的日
常通勤及其一生中不断变化（怀孕的身体、衰落的身体、大伤初愈
的身体）的需求后，过上自己想要的生活？"亨德伦问道："工业时
代的时钟是为人的身体设计的吗？"跛行时间代表了一种不同的时
钟，颠覆了（夏尔马所言的）时间的含义。它由多种东西构成，并
不标准，但却关心人的身体，感觉上更像是日晷而非时钟。

在纪录片《FIXED：人类强化的科幻》[也是在这部纪录片中，

贾迈斯·卡西奥（Jamais Cascio）对使用唤醒药物莫达非尼表示了担忧〕的最后，生动地描绘了跛行时间（以及所有时钟、网格和职业层级之外看到的时间）的全貌。这部影片将超人类主义者、未来主义者、残疾人学者和活动家之间关于美好生活的争论拼凑在一起。坐在轮椅上的活动家帕蒂·伯尼（Patty Berne）与艾伦瑞克对运转流畅的机器的看法不谋而合，她认为人类强化的想法蕴含着"变得更好"的承诺，并承认这样的想法对她而言很有吸引力。她说，在工作了一天后无比劳累的每个人都会想，"我想变得更好。我累了……我想一直保持优秀"。但伯尼认为这种想法是没有生命力的。她的这个结论，被剪切在了她和另一位坐在轮椅上的朋友在家附近滑动轮椅的镜头上。他们为了获得快乐，而把轮椅滑得飞快。"事实上我可以接受一连串发生的现实。有时候现实很饱满，有时候现实很干瘪。有时候我筋疲力尽，有时候我精力充沛。这实际上是活着的一部分。这就是活着。"

在这里，我们应该注意到，伯尼关于"活着"的概念与亨德伦指出的文化中关于"活着"的概念有着很大不同。后者显然将"活着"赋予了生产的意义，而生产意味着表现出对时间的某种掌控。伯尼的"活着"更趋近那个关于"线和球"的故事的寓意，在那个故事中，男孩应该学会，好时光和坏时光实际上构成了生命的体验本身。试图将丰富的生命体验全貌简化为最大化产出的手段，是背对海洋或背弃自己内心的哲学的一部分。在这样的哲学里，人们放弃了随着潮水涌来的新事物。

无论是在日常日程安排和职业发展方面，还是在整个未来方面，跛行时间都放弃了"掌控"这样的词汇。艾德·勇（Ed Yong）在2020年4月《大西洋月刊》文章中指出，随着新冠疫情的蔓延，许多健全的人被卷入一种与时间、与死亡接近的关系中，这种烦恼对那些身有残疾的人来说却非常熟悉。学者阿什利·休向勇（Ashley Shew）描述了一种跛行时间的体验，它不仅关乎不协调和不便利，还关乎一种不同的、更贴近当下的时间重心："我在大脑中给我在日历上输入的每件事都标上了星号……这些事也许会发生，也许不会，但都取决于我下一次的癌症复查结果和我的身体状况。当我以更短的时间来度量我的人生，当我的未来充满不确定性时，我已经生活在这个世界上了，别无选择。"这句话说明标准时间表和人们对残疾人的期望都是不人道的，也道出了更普遍的人类状况的真相。西雅图的一位摄影师史蒂文·米勒（Steven Miller）曾与我分享过这样一个故事：他在被诊断患有一种罕见癌症后，便养成了游到当地湖泊深达数百英尺的湖中央的习惯。在那里，他明白只有游泳技巧和身体浮力能让他活下去，便思考起深渊来。他说这样的情况似乎并不寻常——不知道自己还剩多少时间可活，但实际上每个人都一样。他们也在同样的深渊边上徘徊。

史蒂文对湖泊及其深邃产生了热烈的爱。这样缺乏控制的感觉也给他带来了充满振奋的生命体验。韩炳哲在《倦怠社会》一书中发现彼得·汉得克（Peter Handke）的《试论疲倦》中也有类似的东西存在。汉得克将"裂变的疲倦"（即被分开，各自进入疲倦的巅峰）与更加无奈的"信任世界的疲倦"（或屈服于湖泊的疲倦）进行了比较。疲惫的、无奈的人力竭到无法抓住东西，不得不坐下来，发现有别的东西涌入："这个世界有诸多细节，有无数个正在行动及分布广泛的个体，每分每秒都发生着变化。"汉德克写道："我感到疲惫使工作混乱，但利用这种节奏我又使它变成了一种看得见的形状。"就像约瑟夫一样，疲倦让我们不安且失去了个人的力量。韩炳哲对汉德克的观点补充说道："深度强烈的疲倦可以让我们摆脱身份束缚，让我们看到事物的边缘在闪烁、摇曳和振动。

　　我很幸运，到目前为止尚未患过危及生命的疾病。但"无奈的疲倦"及随之而来的事情确实能够描述我 27 岁时经历的一个改变人生的时刻。我当时的白天全职工作与自己正在尝试的艺术创作毫不相关。那时，我刚刚通宵达旦（我现在再也做不到了）为即将举办的展览完成了一个令人着迷的详细设计。第二天下午，我累得睡不着觉，一动不动地躺在和两个室友合租的公寓沙发上，暂时一个人待着。在这样令人咋舌的被动状态下，我的视野恰好停在了窗外邻居家后院一棵红杉树的树冠上。我一开始以为自己看花了眼：树冠上竟然长满了小梨子，紧紧地簇拥在一起。不，我看错了：那是一群面朝夕阳的鸟儿，至少有三十只，都呈现出不寻常的柠檬黄色。

　　当时我对鸟类几乎一无所知，但对那幅图景一直念念不忘。在接下来的几个月里，我笨拙地在谷歌上搜索"旧金山黄色的鸟儿"

之类的内容，却一无所获。直到五年后，在我下了足够功夫去了解当地的鸟类生活后，才最终知道了它们的种类：雪松太平鸟。那时它们应该恰好在湾区过冬；到了某个时候，它们又会飞往北方。在一般的情况下，它们过着游牧民式的生活，是时间的一种变幻莫测的表达形式。它们成群结队地在浆果结果的时节迁徙，偶尔也因吃到了发酵的浆果而酩酊大醉。在许多鸟类品种的数量减少时，雪松太平鸟的数量却在增加，因为它们可以吃到广受欢迎的郊区植物的浆果。从二十世纪六十年代开始，一些雪松太平鸟的尾部开始长出明亮的橙色条纹，而不是常见的黄色，这是因为它们吃了郊区花园中一种外来金银花灌木的浆果，里面的红色素显现在了它们羽毛之上。

我仍清楚地记得在沙发上看到的那一幕，不仅是因为那是我对鸟类及其领地产生长久兴趣的发端。从更广泛的意义上来说，我认为那是通向无限的一个起点。通过那个起点，我看到了另一个事物——另一个人，从一个不同版本的时空向我招手。在那个时空里，郊区花园、遥远的越冬地、夏季和冬季交织在一起。来自没有我的某个地方。同样地，汉得克将某种疲倦描述为促成了"更多的更少的我"，在自我退却的时候，现实就会扩张。韩炳哲引用汉得克的话写道："信任的疲倦'打开了'我，为世界'腾出了'空间……一个人在看，一个人在被看。一个人在触碰，一个人在被触碰。更少的我意味着更多的世界：'如今，疲倦成了我的朋友。我又回到了这个世界。'"这或许能够回答我少年时的抱怨。也许"意义"并不在于活得更多或从字面意义上来说活得更长或更多产，而是在任何特定的时刻都更有生命力，向外走，去跨越不同的领域，而不是在狭窄而孤独的道路上向前奔去。

一位女士从我们身后的电梯里走出来，走向一个小房间，给花瓶装水。她身上散发着柔和坚定的气场，似乎是这儿的常客。沿着玻璃方格往前走，我们发现镶嵌在方格中的照片上并不总是只有一个主人公。他们有的抱着孩子，有的抱着爱人，有的抱着宠物。有一个人在和海龟一起潜水；另一个人在对着镜头外微笑，头发和大衣上满是白雪；还有一个人坐在古老的红杉林下，相比之下显得如此渺小，他抬头仰望着其中一棵树，脸上无比平静而又充满感激。他们不仅仅是死去了的人，他们是在地球上死去了的人。

除了提供一套不同的价值观外，跛行时间还直观地将时间视为一种社会结构，部分原因是它与主流的自由主义概念——独立、自由和尊严——背道而驰。残疾凸显了我们每个人的一些真实情况：无论自感多么独立和健康，我们都不是在简单地活着，而是在维持生命——尽管有些特权人士可以无视这些困难。亨德伦在书中引用了同为残疾儿童母亲的哲学家爱娃·菲德尔·基泰（Eva Feder Kittay）的观点。她认为自己与女儿之间的依赖关系一度既独特又普通。"人不会像蘑菇一样生长于土壤之中。"她写道，"人的一生都需要他人的关怀和养育。"[1]

如果活着意味着触碰和被触碰——在这个世界中，保持活着的状态——那么生与死之间的范围就不可避免地具有社会性。2020年12月，针对这一年"唤醒了我们，让我们意识到我们会死的事实"。缓和治疗医生B.J.米勒（B. J. Miller）在《纽约时报》专栏中问道：

---

1. 同样，在《我们如何出现》一书中，米娅·博得桑引用了戴斯蒙德·图图对南非"乌班图"理念的描述："我们说一个人是通过他人才成为一个人的。这并不是我思故我在。而是我属于、我参与、我分享，所以我才成为一个人类。"

"死亡是什么？"这篇文章记录了许多对死亡的不同理解，接受每个人的答案都可能不同于这一事实。他指出，对有些人而言，如果不能再做爱、读书或吃比萨，那么他们就会认为自己已经"死了"。米勒自己对活着的定义，和摄影师史蒂文·米勒与湖泊的关系，以及汉得克的"疲倦"极为相似："对我而言，死亡发生于我再也无法与周围世界触碰之时；发生于我再也无法理解任何事物，从而无法与外界建立联系之时。"他写道，新冠疫情期间的社交距离有时让他有了这种感觉，"但那只是因为我无法触碰我所关心的人……除此之外，我每天都在触碰这个地球。"

联系是双向的，如果我们有可能让彼此活着，那么我们也有可能让彼此死去。我曾在第四章中关于"较低智力"的偏见，以及历史上对"时间之外"的人的分类中提到过这一点。就残疾而言，残疾人可能被视为迷途者或静态的具象化状态。例如，亨德伦写到，在她的儿子确诊后，她和她周围的人对他的看法与其他人对他的看法产生了无比痛苦的不一致。对于这些其他人来说，格雷厄姆"成为一种诊断结果——永远被描述为、理解为和解释为基因状况"。梅尔·巴格斯关于语言的视频中也有类似的不一致，他们指出："讽刺的是，我对周围一切事物做出反应的行为被描述为'活在自己的世界里'。"对彼此而言，巴格斯和他们的环境都是活着的，但对外界的人来说，二者都并不完全活着。

我们从储存骨灰龛的地方出来，迎着日光和风，向左转，穿过一道铁门，走到一片建在山坡上的墓地。在雪松和橡树的掩映下，干涸的土地上点缀着大大小小的墓穴。山顶有一座巨大的纪念碑，但实际上应称它为一座建筑。它建在所谓的"百万富翁路"上，有属于自己的一些台阶和一片草坪——这是查尔斯·克罗克（Charles

Crocker）的墓地。他和利兰·斯坦福（Leland Stanford）一样，都是洲际铁路四大巨头之一。雇用华工是克罗克的主意，但他认为这些人只拥有勤劳这一种品质。当华工为了缩短工时而举行罢工时，克罗克确信他们不可能发起抗议，罪魁祸首一定是鸦片贩子或竞争对手的公司。

　　我们没有去克罗克的墓地，而是向右转，路过一些比砖头大不了多少的长方形墓碑，其中有的覆满了杂草、蒲公英和甜桉树的落叶。接下来的土地看起来根本不像墓地，这里几乎什么也没有，只有未经灌溉的草地和一些红杉和刺槐。这里是"异乡人"的墓地，在十九世纪末，这座城市在这里安葬了那些无人在乎的穷人。有些葬于此处的人是 1880 年死于伯克利的炸药工厂（这家工厂的产品被称为"矿工之友"，同时也用于铁路建设）大爆炸的华工，共有 22 座坟墓属于他们。但一位讲解员在 2011 年研究了这片墓地，共发现了数百个中国姓氏。

"社会死亡"一词出自奥兰多·帕特森（Orlando Patterson）1982

年撰写的全球历史中的奴隶制调查报告。此后，这个词汇被学者广泛用于描述个人或群体被剥夺了作为人的地位，处于被承认和被消灭之间的边缘状态。莎伦·P. 霍兰（Sharon P. Holland）在她的《唤醒死者：对死亡和（黑人）主体性的解读》中提出，死亡不能被解读为一个事件，而是"一种比喻意义上的沉默或抹去的过程"。她写道，随着奴隶制在美国正式终结，某种活死人的状态依旧存在，因为"（白人）想象层面上的、从被奴役者到获得自由的主体的转变并未完全发生"。霍兰引用了贝尔·胡克斯（bell hooks）的话："沦为体力劳动机器的黑人学会在白人面前如同行尸走肉一般。为了不表现出任何的不服从，他们养成了把眼睛往下看的习惯。直视能够宣示自己的主体性和平等。而假装看不见白人则能确保自己的安全。"

社会死亡与肉体死亡存在关联，前者会加剧一个人面临后者的风险。社会死亡涉及的"死亡"现象更加广泛。例如，当"在其他主体眼中，一些主体从未获得'活人'的地位"时，"生"与"死"之间的界限就更加模糊。社会意义上的死者带有禁忌的特质。这样的特质与美国人普遍无法思考或谈论死亡，或无法正视其过去历史的特质是一致的。

在美国，社会死亡最明显的例子之一是大规模监禁。每天每 12 名 30 多岁的黑人男子中，就有 1 名正在监狱里服刑。早期的监狱（正如 penitentiary[1] 一词的含义所体现的）将监禁视为改造的手段，而到了安吉拉·Y. 戴维斯撰写《监狱过时了吗？》的 2003 年，改造的性质已变得越来越少。戴维斯指出，监狱教育项目正不断减少，

---

1. 感化院、教养所之意。——译者注

其中包括1994年的一项法案禁止向狱中的学生提供佩尔助学金[1]，让囚犯努力奋斗而得来的、已有数十年历史的许多项目毁于一旦。（这项禁令最终于2020年12月取消）戴维斯的纪录片《最后的毕业》中记录了这样一幕，在纽约斯托姆维尔的格林港教养所与玛丽斯特学院的合作项目被终止后，书本被运出了教养所："在搬书的过程中，一位多年来一直担任该学院职员的囚犯悲伤地表示，或许除了健身外，监狱里已经无事可做了。'但是，'他问，'如果心灵得不到锻炼，锻炼身体又有什么用呢？'讽刺的是，在教育计划取消后不久，大部分美国监狱都不再提供举重和健身器材。"

如果监狱不能改造人，那它究竟有什么用呢？对戴维斯和其他定义了监狱—工业复合体的人来说，它是更大的政治经济结构的一部分，不仅包括监狱，还包括公司、媒体、狱警工会和法院议程。囚犯或许"死了"，但他们和他们所住的监狱仍具备经济价值。在公众的想象中，特别是在时间的背景下，监狱变成了一个黑盒：一个被屏蔽的地方，对于更广泛的文化而言，就像死亡本身一样难以想象。乔纳森·西蒙（Jonathan Simon）在《通过犯罪治理》一书中，将这种模式称为"倾倒有毒废物的监狱"；"如今监狱的独特新形式和新功能是一个纯粹的监禁空间，一个人类仓库，甚至是一种社会废物管理设施。为保护更大的社区，成年人和一些青少年只因自己

---

1. 美国教育部向有经济需要的本科生提供的补助，以前罗得岛州参议员、该项目主要发起人克莱伯恩·佩尔命名。这项助学金无须偿还。——译者注

独特的社会危险性而被集中关押在这里。"[1]

这一概念贯穿于西蒙书中名为"流放项目"的一章，这个名称来自二十世纪九十年代在弗吉尼亚州里士满开始实施并广受欢迎的一个刑事司法项目。西蒙借用这个名称描述了"彻底除去"的战略，强调了个人或群体"不变的犯罪倾向"（在政坛上得到广为使用）这一重要的时间因素。"不变的倾向"将人视为时间之外的另一种形式。就像被认定"注定失败"的残疾人群体或被优生学选定为需要毁灭的群体一样，被指控犯罪的人也会在一个系统中被打上不可磨灭的烙印，从根本上成为或包含对社会的风险。

在过去 30 年中，美国终身监禁的囚犯增长速度超过了囚犯的总体增长速度。根据量刑项目组织的数据，到 2020 年，每 7 名囚犯中就有一人被判终身监禁（可假释）、终身监禁（不得假释）或事实上的终身监禁（50 年或以上）。2021 年，三分之二的终身监禁服刑人员是有色人种。终身监禁是让一个人在社会意义上死亡的最极端例子之一，因为它让这个人失去了未来。阿什利·内利斯（Ashley Nellis）在她的"终身监禁服刑人员"系列报道中，叙述了一个研究对象被拒绝接受教育课程的情况，"为永远不会被释放的人提供教育不过是挥霍钱财"。

在不谈及反复无常的量刑法律和假释条例的情况下，我们可以

---

1. 监狱中仍存在改造项目，且在某些情况下还增加了。以加州为例，在《监狱过时了吗？》出版 8 年后，美国最高法院裁定加州监狱过于拥挤，构成了残酷且不寻常的惩罚。作为回应，加州增加了对改造项目的资金投入。当 2019 年的一项研究发现这些项目的成果（以累犯率衡量）令人失望时，加州安全与正义组织的莱诺·安德森告诉《洛杉矶时报》鉴于"数十年来庞大的监狱系统缺乏对改造的关注"，这并不让人意外。报告还发现，这些项目在与针对刚获释囚犯的社区服务相结合时更为有效。这样的结合通过内外双管齐下，是打破乔纳森·西蒙在《通过犯罪治理》中所说的隔离的一种方式。

发现，"服刑"比向国家支付一定年份数（哪怕不是一生）要复杂得多。哪怕囚犯已经从社会上消失，被送进"有毒的垃圾场"，但一如对所有人类一样，时间仍凭借着社会中介和可放慢/加快的方式存在于他们身上。一方面，由于外部社会世界风俗习惯和技术日新月异地变化，时间放慢了。[1]另一方面，时间加快了：研究记载了被监禁人群的"加速衰老"，50多岁的人却出现了70多岁的人才经常出现的健康问题。

这样的放慢/加快延伸至与囚犯相关的每一个人。杰姬·王（Jackie Wang）在《腐朽的资本主义》一书中，以"时间的涟漪：最新情况"为标题，写了一段忧伤的故事。她在故事中记录了自己的哥哥被判处了少年无期徒刑（不可假释）[2]，以及这对她的生活和家庭的影响。她问自己："监狱是什么？"然后自问自答道："静止。但它也是对时间的操纵，是一种精神折磨。对时间的严格管控。等待现象学。司法喜怒无常的极度痛苦。在任何生命被国家夺走时产生的涟漪效应，它是如何扭曲消失者群体中每个人的时间性的。"

除了杰姬·王的个人回忆外，加雷特·布拉德利（Garrett Bradley）2020年拍摄的纪录片《时间》提供了关于"等待现象学"的视觉版本，能够唤起人们的情感。影片讲述了西比尔·福克斯·理查德森（Sibil Fox Richardson）的故事，她是6个孩子的母亲，

---

1. 对于这种情况的一个恰当例子来自《面对生活》，这是彭达维斯·哈肖和布兰登·陶兹克对最近获释的被判无期徒刑的囚犯进行的一系列视频采访。当被问及州政府可以做些什么来支持像她这样的人时，林恩·阿科斯塔说，没有朋友或家人指导的人得不到重建信用等方面的信息，而技术的发展又带来了额外的障碍。她说："我发现，如果你在监狱里待了10年以上，你就像机器中的幽灵一样，基本上要从零开始。"

2. 一般为25年至终身监禁。——译者注

也曾入狱服刑。她努力争取让因抢劫罪被判刑 60 年的丈夫罗伯特得到释放。影片中穿插了理查德森数十年前的视频日记片段，其中有的是直接说给罗伯特的。在这些视频中，她和他们的孩子在与一个存在又不存在的人对话。影片无一例外都是黑白的，充满了等待和时间的画面。理查德森在视频中说出了日期，日期在她的汽车时钟上闪烁，云朵在头顶缓缓飘过，长达两分钟的她与法庭通话的镜头，窗外巨大的钻机在敲击地面，她再次坐到电话旁，电话那头礼貌地告诉她稍后再试。

加雷特·布拉德利《时间》

《时间》让人感受到抽象的时间和生活的时间之间的不同，后者是一个无法停止、永远无法复原的队列。布拉德利在理查德森拍摄的孩子们嬉闹的视频，和她自己拍摄的孩子们长大成人后的生活片段之间切换；在西比尔作为一个年轻母亲，和她作为一个斗争了 20 年的活动家之间切换。后来，理查德森说了一段与可替代时间截然相反的话："时间就是当你看着自己孩子们小时候的照片，然后你抬起头看着他们，发现他们都长胡子了。你最大的愿望，无非是他们在长大成为男人之前，能有机会和他们的父亲在一起。"

与此同时，情感和经济上的疲惫影响了这个家庭的时间线。理查德森的一个儿子说，"这种情况已经持续了很久，真的很久"。正如伊斯梅尔·穆罕默德（Ismail Muhammad）在他的影评中指出，影片根本没有拍监狱内部的情况，也没有拍理查德森穿着囚服的样子。相反，"有关监狱的唯一一个画面是从高处拍摄的，给了我们一个鸟瞰的视角，强调了它是如何被遮蔽在社会的其他部分之下的"。遮蔽让监狱成为一个黑洞，"扭曲"（杰姬·王会用这个词语）了监狱外的时间。

一旦宣布一个人拥有"不变的犯罪倾向"，时间的扭曲就会延伸到他正式获释之后。在《监狱与社会死亡》一书中，一位获释者告诉作者约书亚·M. 普莱斯（Joshua M. Price）："永远不要认为或相信自己已还清了对社会的债务。根本没这可能。你不再是社会的一部分。永远不要认为自己是社会的一部分。你是个弃儿。"普莱斯将监禁诊断为一种"永久性状况"，他写道，对于曾被监禁的人来说，"时间怪异地坍塌了；最初获得的刑事定罪在数年，乃至数十年后仍定义着这个人"。一位曾被判死刑的人告诉他："我三十年前犯下了罪，但它就好像是昨天发生的一样。"作为社会死亡的证据，普莱斯列出了一份被监禁者所被剥夺权利的详尽清单，其中有的是根据标准剥夺的权利，有的是地方司法系统剥夺的权利，还有些似乎是根据假释官随心所欲编造的理由而被剥夺的权利。这些例子与空间监视存在相互重叠，通常都包含对个人时间的控制——晚上七点就早早开始宵禁，因与假释官见面迟到而被撤销假释，或被要求每天参加愤怒管理课程或接受心理治疗。

普莱斯注意到，刑期带来的耻辱感能轻易为种族歧视提供"有利的掩护或托词"，还会产出二等公民：在毒品犯罪中，除了重罪定罪带来的日常歧视外，这些人也很难获得公共援助[1]。普莱斯在此借

---

1. 2022年4月，美国住房和城市发展部开始探索如何降低有犯罪前科者获得公共住房的门槛，《2021年综合拨款法案》（Consolidated Appropriations Act of 2021）取消了对被监禁者发放佩尔助学金的禁令，该法案还将联邦学生援助（FAFSA）的申请资格扩展至有毒品犯罪前科的申请人。但在一些州，有毒品犯罪前科的人在获得补充营养援助计划（SNAP，以前称为食品券）方面仍面临挑战，在南卡罗来纳州，他们被终身禁止参加该计划。——作者注

用了帕特里夏·威廉姆斯（Patricia Williams）的术语"精神谋杀"。（威廉姆斯将其称为"对他人生命的漠视，而这些人的生命在本质上取决于我们对他们的关注"）他的这本书不仅包含了自己的研究和分析，还反映了他对被监禁和曾被监禁主体的社会熟悉程度，并认为，他认识的这些人的社会死亡代价不仅由他们自己承担，也由其他人承担。他写道："精神谋杀的隐藏代价是他们失去了我们所拥有的丰富现实，用激发敌意和厌恶的幻象取代了他们对同代人和同胞内部生活的好奇心。"换句话说，那些贩卖社会死亡的人，想象出了一个充满僵尸的世界。

与此相反，普莱斯对监狱实地的着墨却让大家看到了一些明显充满希望和欲望、面向未来的生命主体：

在 2008 年 12 月，我与监狱中一群处于保护性监禁的人讨论继续接受教育的问题。由于距离一所州立大学只有几分钟路程，我们试着在监狱中开展试点项目。他们中的许多人告诉我，出狱后想要重返校园。坐在人群主圈之外的两名男子说，他们想好好了解歌剧。一个年轻人有点害羞地说自己想学古希腊语，几个人还因此笑了起来。另一个人说，他喜欢画画，想学习如何创作连环画小说。散会后，他拿了几幅画给我看。

被监禁者特别适合感知许多地方的第二次机会和活力，这是其他人做不到的。2019 年的一篇文章介绍了莱克斯岛监狱及其花园的关闭。这座花园由囚犯规划和管理，由纽约园艺学会运营，还有一些曾经的囚犯在那里做带薪实习生。文章中记录了一些珍珠鸡在一名囚犯脚边啄食的景象。它们是长岛监狱农场赠送的礼物，其中有一只叫 Limpy 的珍珠鸡因为在飞入铁丝网时受了伤而备受瞩目。花园主管希尔达·克鲁斯（Hilda Krus）说，囚犯们对 Limpy 有特殊的感情，他们说："这只鸡就像我一样。我也受了伤，他们想要除掉我，但不会得逞的。"克鲁斯补充说，他们对受损或不美观的植物也有同样的态度："学生们告诉我，'我不想除掉这些不完美的东西'。他们会尽一切可能挽救它们。"

这个故事与普莱斯书中的其他故事一道，展现了社会意义上的死者创造社会生活的方式（通常通过与他人建立联系的方式来完成，而这样的联系正是监禁所试图摧毁的）[1]。普莱斯描述了在一个被漠视的残酷空间中，这些人的互相尊重和自尊得到了增加，这种情况被他称为"恩典"。尽管依旧被监禁着，但恩典犹存，因为"暴力对恩典的实现既无必要，也不可取"。我认为，恩典与《人对意义的探索》的作者维克多·弗兰克尔（Viktor Frankl）所描述的自我超越的需求存在关联。在《作为人类现象的自我超越》一书中，他讲述了一些听起来与"不变的倾向"相反的事物："构成人类的一个特征是，它总是指向，并被导向自身之外的其他事物。因此，把人当作一个封闭系统来对待，是对人的严重曲解。事实上，作为人，即是深刻地意味着向世界开放，与充盈了世界的其他生命相遇，并履行世界的意义。"

监禁是将人视为封闭系统的幻想的当然产物。同时，正如普莱斯所言，它作为被编纂入法典的社会暴力得到制度化的极端形式，将社会死亡变成了"一个明确的社会事实"，存在于一个拥有更微妙

---

1. 普莱斯举的一个例子是"要么我们所有人，要么一个都没有"——一个由曾被监禁的人员组成的倡导团体。——作者注

色调的、意义同样重要的光谱之上。在 2021 年《华盛顿邮报》一篇关于量刑项目报告的文章的评论部分，一个人的问题完美地展示了不经意的种族主义和社会死亡之间的关系："报告是否提及非白种人可能更倾向于犯下应判终身监禁的罪行？"这个人的说法和优生学如出一辙，暗示非白种人可能在某种程度上拥有这种倾向，而不是将其作为存在于复杂、世代相传的风险、伤害和创伤网络中的个体进行研究。对于能够如此轻易臆想出"封闭系统的人"的那些人而言，修复性司法既不可能也不可取。

我在第二章中曾提及科茨关于"不可避免的时间掠夺"的名言。在他给儿子写下这句话时，他所说的并不是"被丢进监狱后这个社会垃圾场的岁月"这样俗套的内容。相反，他所说的是更细微、更贴近生活的东西，一种发生在白人主导的世界中身份认同和日常互动层面上的精神谋杀。就像加内特·卡多根的"防警察衣柜"和在街上所做的细微动作一样，这样的劫掠代表着一种消耗："一种对能量不计其数的消耗，对精髓的缓慢抽取"，从而"导致我们的身体迅速崩溃"。这是被告知付出"两倍努力"和接受"一半回报"的时间和经验的代价：

我突然意识到，或许被选中成为黑人的决定性特征就是会遭到"不可避免的时间掠夺"，因为我们在准备戴上面具或准备接受"一半回报"上所花费的时间是无法挽回的。时间的掠夺从不以时间为单位，而是以瞬间为单位。它是你刚刚开启却来不及喝下的最后一瓶酒。它是她离开你生活之前留下的你来不及享受的吻。它是他们拥有的第二次机会，也是我们拥有的一天 23 个小时。

无论是否写入法典，任何社会等级制度中都存在漠视的形式：种族、性别、能力、阶级。而二者之间的转变可能就发生在一转眼的工夫（回想一下卡多根在新奥尔良时的震惊，以及再次来到牙买加时的轻松）。马克·加兰特（Marc Galanter）是一位曾对各种邪教和灵恩运动[1]团体进行了十多年研究的精神病学家，他讲述了一个超现实的时刻，在这个时刻里，他快速地从"团体的一员"转变为"团体的外人"，然后又变了回来。加兰特和一位同事当时正在佛罗里达州奥兰多市郊参观由圣光传教会举办的一个全国性节日，由于获得了一位德高望重的成员的担保，他们得到了热情款待。但当一位满腹狐疑的成员询问他们的参访项目是否得到了更高级别人物的批准时，他们却无法作出明确的回答。加兰特回忆，当确认请求被送至教会高层并被否定时，"我很快感觉自己成了一个无足轻重的人，受到了礼貌但冷漠的对待，成为局外人的速度和我之前成为他们一分子的速度一样快。我也难以和曾围着我们转、帮我们制订计划的人展开对话。人们似乎想要看穿我们二人，而不是仅仅看着我们"。然后，当高层修改决定、接受他们时，他们所处的情况立刻回到了原样："我们之间的交流氛围又变得亲密了起来，就好像自动触发了机关一般。"加兰特和他的同事再度成为真实、三维的人——从社会意义上死亡后再度复生。

在本章开头，我曾讲过通过延长寿命的数字来延伸生命的冲动。当它变得像艾伦瑞克所说的那般病态（生命是零和游戏中可替代时间的想象储备）时，我想起了特朗普关于不锻炼的逻辑。在他看来，人的身体就像一块电池，能量只有那么多，因此锻炼便是从自己的能量库中永久减去能量。而与这种储存能量的方式相反，我想提出

---

1. 兴起于二十世纪六十年代欧美地区基督宗教的运动，强调用圣灵施洗和使用灵恩（即神授的超凡能力）。——译者注

另一种"增加"生命的方式，一种与人们缺少对社会死亡的关注这一现状相关的方式。这种延伸生命的方式是向外而不是向前的，并从互相尊重开始，增长每个人的生命——造就一个充满着生命，而不是僵尸的世界。

我所反对的是，那些社会等级制度中的特权者，在不影响等级制度的前提下，通过突然给予社会"死亡者"关注的方式，让他们"起死回生"。我想再度强调，联系是双向的。正如普莱斯在谈到"灵魂谋杀的隐藏成本"时所想要表达的那样，在一个已死的世界中活动的人本身就不是那么"活着"。当我们对于彼此而言是活着的时候，人和物才是真的活着。尊重他人即是平衡力量，是一个并非转变重心，而是承认存在两个重心的协议。当亨德伦畅想一个她儿子的人性能得到完整衡量的世界时，她提出了类似的不安。在她所说的那个世界中，格雷厄姆将不仅被更好地融入当前的人格经济观念中，每个人也都会受到影响："我儿子并不需要温和、安抚式的'包容'。包容是必要的，但永远不够。他需要一个与目前对人格、贡献和社区的理解完全相反的世界，还有一个在市场逻辑及其不断运转的时钟之外具有生命力和可操作性的人类价值观。他需要这样的世界，我们其他人也需要。"

我们对彼此的尊重并不抽象，它每天都在创造和夺去生命。监禁将社会死亡固化为"社会事实"，将其编制成具体的政策，并在过程中暗示了不属于时间的无足轻重之人的存在。我认为，逆着这样的世界发展，将会让所有人类都受益颇丰。监狱活动家暨前黑豹党[1]

---

1. 诞生于1966年的美国黑人社团，解散于1982年。这个社团试着通过大众组织和社区节目规划来造就革命性的社会主义，在黑人社区提供穷人小孩免费早餐、给予社区民众政治教育，希望一点一滴地改变人民想法，并赋予他们力量。——译者注

成员阿尔伯特·伍德福克斯（Albert Woodfox）曾在监狱中度过了43年的孤独生活，直到2016年自己69岁生日时才被释放，他在自传结尾写道："我对人类抱有希望。我希望新一代的人类能够进化，让毫无必要的痛苦和磨难、贫困、剥削、种族主义和不公正成为过去。"伍德福克斯恳求读者不要对曾被监禁的人群心生厌恶，还列举了致力于废除单独监禁和监狱—工业复合体的组织。[1] 他引用了弗朗兹·法农（Frantz Fanon）的"优越？自卑？为什么不试着去触碰对方、感受对方、发现对方呢？"提醒我们，能做的还有很多。努力终结监禁逻辑为的是打造一条美丽的平坦道路：一个对自己而言更有生机的世界，一个充满着精神生命而非精神谋杀的世界。如果时间意味着活着，那么这就是创造时间的最可靠方式。

我们走过几片池塘，看到溪水在汇往旧金山湾的途中停了下来，展开一幅生机勃勃的画卷。身形椭圆的夜鹭在池塘边茂密的树枝上出没，一动不动地注视着水中的鱼儿。对岸有三三两两的人在谈笑风生。大鹅也在彼此交谈，在草地上漫步。风吹在橡树上发出清脆的声音，弯曲的雪松树干上附着一株触手可及的褐色爬山虎。

我们走到了墓地的外围，转过身来，旧金山湾的景色尽收眼底，在山丘和天空的映衬下，海水白得刺眼。奥克兰港的起重机把集装箱吊往他处；高速公路上拥堵着缓慢的车流；圣克鲁斯山脉覆盖着一层薄雾；我们刚刚去过的图书馆隐藏在市场南区之中；些许阳光从殡仪馆的屋顶上洒下来。我们的一整天便在我们面前，在空间中展开。我生命中的大部分时光都在目之所及的这些地方度过，童年

的记忆却属于这里所肉眼不可及的南方[1]。我可以指着这片连绵不绝的画卷上的不同景物，将我所记得的一切向你娓娓道来。如果我们在这里坐了足够久，我的故事讲得够好，那么你就能真正了解我：我的过往，我的现在，还有我想要成为的未来。

在第四章我提到的"较低智力"问题报告的最后，学者提出了一个令人讶异的见解：去人性化偏见也可能存在于"个人内心"之中。也就是说，我们不仅会将他人，也会将未来和过去的自己视为较低智力、缺少活力的人。此外，出于同样的原因，我们似乎也无法"直接接触"这些自我的精神状态，因而难以将他们视为具有不断发展的内在生命。

我从很小的时候就开始写日记。当我自觉与时间的关系特别有惩罚性，当我因尚未有所成而自责时，我往往就会去重温这些日记。在这些日记中，我并没有成为一个封闭系统的人，而是一个不断质疑、不断"努力振作"、不断书写未来并重塑过去的活生生的自己。

在我去年写第四章的时候，我去了父母家，在他们的车库里翻出了自己在高中时曾提到过"它"的日记。我带了一本回家，不经意地把它放在家里的书桌上，和我现在的日记摆在一起。看到出自同一人之手、跨度近30年的它们就这样并排摆在一起，我感到无比的不真实。年轻时，我曾认为写日记的冲动是一种对不朽的追求，是对时间满腹忌妒的榨取，就好像每个时刻都是在制作蝴蝶标本一般。而如今，我珍视过程，因为它打破了"已完成的自我"的神话。看着这两本日记，我想，我已经35岁了，却还在寻找"它"。一刹

---

1. 作者在加州的库比蒂诺市长大，位于旧金山以南。——译者注

那，我跳出了自己的时间容器：我栖居于一个不完全线性，但更为和谐的时刻。

我当时刚刚看完英国的系列纪录片《人生七年》。这个纪录片系列始于 1964 年，选择了一些来自不同背景的英国 7 岁儿童，采访他们的观点和梦想，从而来"描绘 2000 年的英国"。影片的构想是，一个人的性格在 7 岁时就已基本定型。1964 年后，迈克尔·艾普泰德（Michael Apted）接手了这个项目，担任导演。他每隔 7 年重访这些人，记录了直到 2019 年《人生七年 9》（63 Up）之时，他们在 63 岁之前的求学、工作、结婚、离婚，以及儿孙满堂的不同经历。

《人生七年》的每一集都至少记录了一些以前的片段，让观众了解主人公迄今为止的生活，因此，不论何时，观看这个纪录片系列的最合理方式都应是观看最新的那一部。然而，我和乔却从 1964 年的第一集开始看起，一集不落。当我们看到最后一集时，我们已经看了许多遍主人公小时候的某些片段，因而几乎记住了他们的所有答案（比如后来成为物理学家的尼古拉斯·希彻恩在回答长大后想做什么的问题时说："我想了解有关月球的一切。"）。

没有任何一部纪录片或任何一种表现形式，能够完整地描绘一个人或一个地方，《人生七年》也不例外。事实上，这部纪录片的许多参与者在不同时刻都抱怨过自己形象不准确的问题，特别是在它最初过度关注阶级背景影响的情况下。尽管如此，《人生七年》堆叠了许多过去的片段，因此它后续的每一集都拥有毫无疑问的深度，就像是每年春天植物上长出的浅色新芽一样。将人生划分成许多层进行剪辑的手法甚至影响了导演本人。在最后一集中，艾普泰德开始从采访者转为对话者，邀请主人公谈论他的问题给他们带来的影响。他也不再是客观的"观察者"，而是在和他们的对话中流露出熟悉和关切。人们感觉到，他越来越将他们视为人，而不是试验品。反过来，一些曾批评艾普泰德的主人公也不再那么强硬，因为他们发现自己正和艾普泰德一道迈向生命尽头。在《人生七年9》中，已有一位主人公离世，身为物理学家的希彻恩也被确诊患有癌症。艾普泰德本人于2021年逝世。

也许正是因此，乔在看完《人生七年9》后评论说，这是一部效果非常出色的"同理心机器"［罗杰·伊伯特（Roger Ebert）发明了这个词来形容电影的影响力］。尽管这个纪录片系列认为一个人的性格在7岁时就已基本定型，但它并不认为一个人在空间或时间中的境遇是"命中注定的"。一方面，纪录片中的部分主人公从一开始就有着鲜明的个性特征。另一方面，他们生活中的遭遇及所做出的反应都是无法预测的。这二者都是有可能的，意味着生存于这个世界上的每个事物都是一种时间表现形式。

我曾想过这些人的身份和社交媒体上的身份是多么不同。社交媒体上的人被描绘为游戏玩家：完全定型、自成一体、可以立即识别。在社交媒体上，我们的图标就像在牛顿的台球桌上展开互动一般——永远不会受到年龄的影响，在抽象的空间中相互撞击，受到影响也不会改变。相比之下，《人生七年9》中安静又宏大的氛围就像加雷特·布拉德利的《时间》一样，来自一个不仅包括人，还包括发展、衰败和经验意义上的时间维度。就像罗宾·沃尔·金默尔知道金钱买不到古老的苔藓一样，拍摄一部记录56年变迁的系列纪录片所需的也不仅仅是56年。没有62岁、61岁、60岁等，甚至是他们的出生和祖先的历史，就不会有一个人的63岁。

描述过自我软化的"疲倦"的汉得克曾用名为《童年之歌》的

一首诗描述了一种自我，这种自我是一种和谐，而不是一个不断变化的音符。这首诗的每一节都以"当孩童仍是孩童"[1]开头。这首诗的一开始是一系列悲伤的对比：当孩童仍是孩童，"那时，许多人看上去都很美；现在，美丽的只是少数，全凭运气"；孩童"曾经能清晰地看见天堂的样子，"现在"至多只是猜测"；孩童"曾在玩耍时积极热情，"而现在"仍然积极热情，却是在关乎'饭碗'时才如此"。这首诗读到这里，轨迹都是线性的，但它的最后一部分却仍保持着开放：

> 当孩童仍是孩童，
>
> 手里抓满了浆果，并且满足于满手的浆果，
>
> 现在，依旧如故。
>
> 生核桃会把舌头涩痛，
>
> 现在，涩痛如故。
>
> 站在每一座峰顶，
>
> 向往更高的山峰；
>
> 置身每一个城市，
>
> 向往更大的城市；
>
> 现在，向往如故。
>
> 够到最高枝条上的树果，兴奋异常，
>
> 现在，兴奋如故。
>
> 面对生人，害羞怯懦，

---

1. 汉得克为维姆·文德斯（Wim Wenders）的电影《欲望之翼》（Wings of Desire，1987 年）创作了《童年之歌》，此处的翻译和换行是根据英文字幕进行的。

现在，害羞如故。
一直期待第一场雪，
现在，期待如故。
当孩童仍是孩童，
把大树当作敌人，拿木棍当标枪，投向大树，
现在，它还插在那里，震颤不已。

这首诗诠释了弗兰克尔关于"人的存在就是导向自身之外的其他事物"的概念，以及伯尼关于"时间内的紧张体验就是生命本身"的观察。这也解释了为什么在那些扰乱了我与某物或某人的界限、时间似乎静止而后又扩大了的真正的相遇时刻，我有时会感受到一种奇怪的负作用。埋藏已久的记忆如海水般涌来：童年、大学、刚成年时的记忆画面与心境。这些记忆往往都是相似的相遇时刻，就好似在日历年和自我经历的里程碑之下还有另一个维度，所有这些相遇都在这里相互交融。柏格森认为这是属于"深层的自我"的维度，最真实、最有意志力的行动就源于此。当我们说自己被"感动"时，我认为被感动的不仅是今天的自我，还包括这个自我。

这样的开放性是我想将延伸生命视作向外而不是向前运动的最后一个原因，特别是在涉及死亡问题时。正如我在第二章提出的，否认增长的逻辑即意味着接受关于界限的观点，包括一个人生命的界限。无论我变得多么优秀、多么健康、多么多产，我都永远无法变得更多或更好，这意味着有些事我将永远不会去做，有些角色我将永远不会去扮演。就像这本书在我落笔之初时拥有无限可能一样，我的生命会走上一些道路，而不是其他道路，然后最终将会走向终点。我的生命就是从小球上拉动金线，却没有女巫帮忙把线重新捆

回到球上。从某种意义上来说，意识到自己不可能万事皆成是一种令人难以置信的自由：这意味着我无须承担万事的责任。然而，生命终结的事实，对于任何一个热爱活着和生活在这个世界上的人来说，本质上也是悲哀的。

历史上各种宗教和文化对这种情况的一贯观点是，消除个人的界限，将死亡视作重新融入世界的神圣过程。死者被葬于土中；被火化，骨灰撒在水中和山坡上；被树皮覆盖，封存在树洞里；被置于高处，供鸟类啄食；被抛入大海。米勒医生在"死亡是什么"中，同样认可了这样的无界限性，指出从物理的角度看，你身体中的原子和驱动它们的能量不会简单地消失，一如它们不可能凭空出现一样。作为地球上的生命，我们自有归处，并能在此将能量转化为其他东西。

我认为这种物理角度的说法也能嫁接到社会角度上。正如民权活动家河内山百合所言，生命不只属于你一人，同时也属于"每个触碰过你生命的人和每个进入你生命的经历所给予你的东西"。无论是现世还是离世之后皆是如此。我想起了自己一生都无比敬仰的继祖母，她在新冠疫情期间离开了人世。我最后一次见到她是在封锁前的几周，我的男友、父母和我一起同她共进午餐。在餐桌上，她热情地握着我的手，庆祝我写出了《如何无所事事》。我永远都记得她在停车场和我们分别，越走越远，神采飞扬，一边挥手一边露出胜利的微笑。如今她已不在人世，我自己的许多细微之处都会让我不经意间想起她：某个笑声、某个姿势，甚至是我扎头发的方式。尽管这种萦绕心头的感觉无法替代她的存在，并且仍带有失去她的刺痛感，但我仍欢迎这样的感觉。她的生命已延伸到了我的生命中。

艾伦瑞克在《自然原因》中强调非人类的作用时，这种人的身份所具备的渗透性正是她所感兴趣的部分。无论是在细胞层面还是社会层面，自我的有界限性都是一种环境，"我"的组合有可能是无政府主义的。在 36 年来，我的身上存在着一种可识别的特征和影响模式，且不知道是由什么东西驱动的。在"我"之后，它们将继续做别的工作，成为别的人。从这个角度上看，一个人终会死亡的未来看起来似乎也不是那么孤独。艾伦瑞克在写《自然原因》时已经 70 多岁，诙谐地开玩笑说自己"已经老得可以去死了"，并在书的最后写下了这段反思：

死在一个已死的世界是一回事，打个比方，这就好像是让自己的骨头在只有垂死的星星照耀的沙漠上晒得泛白。死于充满生命的现实世界则是另一回事，除了我们自己，还有拥有无限可能的许多其他主体。对于我们中的大多数而言，无论有没有服用药品，信不信教，只要能够瞥见这个充满生命的宇宙，那么死亡就不是恐怖地堕进深渊，而更像是拥抱永生。

那个拥抱也将会永生。当我们想起已不在世的亲人时，我们肯定也希望自己能多拥抱他们，无论是字面意义还是象征意义上的拥抱。老年人在回顾自己一生时有时会说，如果有机会重来，他们会更充实地过好它。就像米勒把活着定义为"触碰这个地球"、汉得克关于"触碰"和"被触碰"的观点，以及本章序言中罗萨的《共鸣》一样，我对"活着"的定义很简单：拥抱。如果我不是孤身一人生活在空气中，而是空气紧紧地环抱着我，我就会感觉自己还活着。如果他人的眼睛里有光，我的眼睛里也有光，我就会感觉自己还活着。如果我望向一只鹿，看到它也回望着我；如果大雁开口说话，听起来好像在说着一门语言；如果我在大地上行走，感觉它也在推着我前行。我活着，因为我能被感动。

但要做到这一点，以及"更多的更少的我"，那个紧紧攥住时间向前运动的自我就必须消亡，至少在那时必须如此。这样的消亡就像是充满信任地坠入时间和死亡本身。哲学家克里希那穆提写道，在全神贯注的状态下，"思考者、中心、'我'都会终结"，这样所谓的空虚能够带来更多、更重要的事物，因为"如果你的心能望着树木、星辰或者波光粼粼的河水到完全忘我的地步，就会知道什么是美。我们真正在看的时候，就是沐浴在爱当中的"。他说，这种爱的状态"没有昨日，也没有明天"。毫无疑问，这样的智慧总是说起来容易做起来难。迄今为止，我的一生似乎都在不断循环地遗忘和记住它。每当我记住时，我都会原谅自己先前遗忘。我开始将真正活着的、自我消解的状态视作下雨天，而不是一个要达成的目标。一如天气时晴时雨，当这样的状态像雨天一样偶尔出现时，你会善用它，感谢它。

怪异的是，我的睡梦中甚至也出现过这样的"雨天"。大约一个月一次，在我诸多充满焦虑的梦中（匆忙跑到机场、没赶上巴士或自己的课，抑或是没有准备好演讲），会出现一个清醒的梦境。起初，除了我突然停下来怀疑自己其实处于睡梦中之外，一切都没有变化。梦中的场景、道具和原先的梦一般无二致，但却没有给人带来那么充满压力的感觉，不再使用创造了它们的焦虑剧本。相反，它们成为充满吸引力的对象，不被时间所冻结。我也不再被冻结，发现自己拥有能动性，就像破天荒地第一次控制了自己的手脚一样，可以自由行动。

这些清醒的梦是睡与醒之间的边界状态：在梦中，我知道今天是什么日子，我穿了什么衣服，我在其他清醒的梦中做了什么。我也知道梦有可能在几分钟后结束，因此问题就变成了我该在剩下的几分钟里做些什么。但这个"点"与刚才推动我的"点"截然不同，因为在大部分情况下，我会把自己在清醒的梦中所做的事概括为"不过是到处看看"。我知道自己很快就会醒来，我想要延长梦的时间。但我也不害怕醒来。我梦中的大多数时间都在感知和测试周围的环境，因此对这样短暂的侥幸心理心存感激。在我伸出手时，经常会感觉到一种被攥住的感觉，但攥住我的并不是恐惧。相反，我感觉就像是被什么东西紧紧抓住，就像我在不可避免地渐行渐远之前"触碰这个地球"。

我们走下山丘，耳边充斥着各种声音：车辆的声音、蓝鸟的叫声、人类的声音、修车的声音，还有空气的声音；我们耳边的风声、不远处灌木丛树叶还有我们下方墓地的树木的沙沙声。我们边上有一大块绿岩，这种变质岩曾和熔岩一样涌入远古时期的海洋之中。如今它上面长满了地衣，仅需手指触碰便能感受到这个微小的文明。一只大黄蜂——无害的、会发出"嗡嗡"的叫声的那种——时而飞近，时而飞远。

太阳最终落到了天际线的后边。但是，你若在此时往上看，便能收获另一种光景。高中时，美术老师建议我：若想准确画出加利福尼亚的蓝天，诀窍就是加入一点不易察觉的茜草红。在我们与外太空之间的地方，是一片充斥着深红色与其他许多东西的蓝天——老鹰在空中盘旋，秃鹫向西飞去，还有一群似乎永远不用休息的小燕子在我们头顶上空飞来飞去，无法猜测它们想要飞去哪儿。尽管我们没法目睹这个过程，但地球正缓慢地旋转着我们面前的景象，改变了天空的颜色，拉长了我们的影子。它紧紧抓住我们，将我们带往明天。

将时间分为两半

"科学家说，未来将比最初预测的更加未来化。"

——《南方故事》（2006 年）

"出现不能归因于各方，也不能带给任何一方以荣耀，因为它总是发生在力量之间。"

——米歇尔·福柯（MICHEL FOUCAULT），《尼采、谱系学与历史》

2010 年冬，加利福尼亚州各机构和非营利组织发起了一项名为"加州国王潮项目"的公民科学活动，口号是"拍摄海岸，观察未来！"他们鼓励当地居民在当年国王潮[1]期间前往推荐的海边区域拍照。国王潮是一种定期发生的现象，在太阳和月亮以某种形式处于一条线上之时，潮汐便会上涨几英尺。加利福尼亚州海岸委员会想要表明，这种自然的、暂时的潮汐上涨高度与未来几十年人为导致的海平面上升高度相吻合。他们建议，在观察国王潮的同时，人们应该"想象未来几乎每天都能看到这样的潮汐（以及被它淹没的街道、海滩和湿地）"。这种充满想象力的做法将使人们更能感受到未来海平面上升的情况，并在理想情况下"促使我们停止燃烧化石燃料"。就像某个人乘坐时光机警告过去的人一样，国王潮的出现就像是来自未来的爆炸，冲击着原本无法触及未来的现在。

11 年后，加州国王潮项目仍然存在，它的官网仍尽职尽责地提供大量照片。我点击着网站上加州卫星图上的蓝点，浏览着 2020 年

---

1. 国王潮：是一个非科学术语，指的是太阳和月亮的引力相互增强时，沿海地区一年中最高的潮汐。——编者注

国王潮的照片。有些我曾很熟悉的地方如今变得十分陌生：在我工作室附近人们经常闲逛的杰克·伦敦广场上，一组台阶被完全淹没，一排扶手消失在了水中。在中港海岸公园，禁止游泳和涉水的标语已被海水淹没了大半。旧金山贝克海滩的沙子也明显少了许多。事实上，点击任何一片海滩区域都会产生这样的时间失调现象，和卫星图显示的沙滩相比，照片中的沙滩要小得多。

给我印象最深的照片，出自住在帕西菲卡市海边悬崖附近的艾伦·格林伯格（Alan Grinberg）。这张照片被他命名为"我所拍过的最昂贵照片"，记录了白色的海浪拍打在他家后院佛像后边的景象。在格林伯格的 Flickr 账号上，我看到了他接下来拍摄的五张照片，也了解了他给这张照片起这个名字的原因：海浪越来越近，越过了佛像，穿过了后院，然后拍打在相机快门上。第一张照片吸引我眼球，不仅是因为它的背景故事，也因为它产生的对比效果：佛像闭着眼睛，双手合十，平静地等待着未来裹挟着自己全部的暴力袭来。

佛像就那样平静地坐在混乱的中间时间之中，让我想起了泰国禅修大师阿姜查（Ajahn Chah）的一则趣闻："你看到这个高脚杯了吗？我喜欢这个杯子，它能盛很多水。阳光照进来的时候，它能反射出美丽的光线。我轻轻敲击它的时候，它会发出美妙的响声。但对我而言，这个杯子已经碎了。风吹倒了它，我的手肘把它从架子上打落，它掉在地上摔得粉碎，于是我说道：'好吧。'但当我意识到这只玻璃杯已经粉碎后，曾与它度过的每一分钟都弥足珍贵。"

每当我点开和关上海岸委员会卫星图上的照片时，我的想法也是"好吧"，但我做不到如此淡定。我会在天气晴好的日子里望向大海，感觉自己可能会因当下和非当下之间的压力而崩溃。2020年，国王潮一如既往地退去了，但它们在照片中留下了一些永恒存在的东西：一份记忆。在那份记忆中，未来如浓雾般笼罩着现在，就像拍打在相机快门上的海浪。

中间时间代表着等待，是两个特定时间之间不那么重要的一块区域。在恐惧，或是在过度强调属于未来的点的情况下，中间时间就会变得无比空洞：你和可能早已发生了的目的地之间除了距离之外什么都没有。就好像是你有一副神奇的望远镜，让你在实际上无须前往远方的情况下，就能够看清那儿的事物。杯子已破碎的心碎之人说，"让我们快点结束吧"。

有许多人觉得，中间时间中一定会发生一定程度的变化。柏格森对这种态度满腹抱怨，认为这些人把时间当成了空间：你想象着空洞的时间块在你面前延展开来，从精神上跨越了距离，前往你所认为已发生的事情，而不是承认时间拥有不断发展与变化的创造力，它每一秒钟都在拉动这个世界和你，穿过现在的外壳，前往未来[1]。然而，需要记住的是，这样的"距离"就像制图师所绘的抽象网格中的空间，而不是比约内鲁德所说的实际存在的"时间性"。在认识到抽象空间作为时间隐喻的局限性的同时，我认为对空间进行不一样的理解（或至少起初看起来像是对空间的理解）可以帮助西方人在具体上理解一些中间时间的概念。

在《如何无所事事》一书中，我借鉴了"生物区域主义"的概念，这是一种对特定地区的熟悉感和责任感，影响着一个人的身份认同。尽管这个词汇在二十世纪七十年代才开始盛行，但它的核心

1.　柏格森在《时间与自由意志》一书中写道："通过缩短未来的时间绵延，从而事先描绘未来的各个部分是行不通的。人们必须在时间绵延展开时生活于其中。"——作者注

理念并不新鲜。在最好的情况下，生物区域主义反映了原住民与土地的关系，表现出对每个地方特有的生命形式、水道和其他能动者网络的关注与认可。生物区域各不相同，但它们的边界都是可渗透的。作为网络的它们既与大的层面（天气系统或洋流）相连，也与小的层面（微生物和物种的共生复合体）相连。以前，我曾将生物区域主义作为确认身份的一种模式，因为它能够帮助我研究流动、相互依存和无边界差异。这样的研究对于我这个身上流淌着两个不同种族血液的人特别有帮助。

事实证明，你也能用生物区域主义来思考时间。我曾在第六章中提及了时间多样性、"栽培"时间的概念，以及亚当的观点，即在时间的心理体验中，"复杂性永远是最重要的"。我的良师益友约翰·肖普塔（John Shoptaw）曾写过一首名为《钟》的诗，我经常想起其中一句描绘地貌的诗句："大起大落的夜晚，混乱的一周，搁置的八月 / 坠落至迅速的梦中。"与在平坦的空地上用望远镜观察到的景象相反的，是否一定是绕着山路行走所看到的景象——尽管你知道自己身处何处，但每个转弯处所看到的景色都不一样。

在这里，生物区域主义既可以作为一种隐喻，也可以充当具体的证明，它的不同时间尺度相互重叠，有时候甚至超出了人类的视角。简单地说，生态时间和地质时间都是变化的，充满差异：事情发生的速度有快有慢，规模有大有小。砂岩等岩石是逐渐演变而成的，而黑曜石等火山岩是在剧烈接触中形成的。不同山脉的崛起速度不同，据推测，有些山脉（相对而言）如同"冰棍儿"一般拔地而起。在我写下这篇结语时，我的眼前是瑞尼尔山[1]。大约5700年前，

---

1. 位于美国华盛顿州，是一座活火山。——译者注

这座山爆发了大规模的泥石流，山顶的高度因而矮了半英里。这场灾难可能被记录在了尼斯卡利美洲原住民的口头传统中。[1]地理学家预测，在接下来的数百万年里，我所在的美洲大陆将撞上亚洲大陆。在此期间，地震的破裂速度将是干燥空气中音速的十倍。

在我写下这篇结语的这一年，周期蝉出现了，这是一群每十七年出现一二次的蝉，它们席卷了美国东海岸和中西部地区，一度塞住了乔·拜登（Joe Biden）首次总统出访所使用飞机的辅助动力装置。密歇根州皇家橡树区的一位树木学家接到了一些人打来的电话，他们对自家树木突然掉下大量橡子的现象倍感担忧，因此他不得不向他们解释肇因在于"结果年"：一种许多树木同时掉落大量果实的时间现象。（罗宾·沃尔·金默尔在描述山核桃树的结果行为时指出，有研究表明，这种树木可能利用地下菌根网络——换句话说，互相交流——来实现"目标一致"。）在阿尔卑斯山以西，一棵早在五千多年前就开始生长的狐尾松树仍在使用古老石灰岩形成的白色土壤进行光合作用。在俄勒冈州的提拉木克县，人们纷至沓来，造访内斯科文幽灵森林，众多西堤卡云杉树桩被埋葬于此（一千七百年的一场地震将这些树桩淹没在淤泥中，只有在退潮时才会显现出来）。

我特意将生物和地质相关的例子杂糅在一起，一方面是为了强调不同周期之间的重叠性，另一方面也是因为在现实中，岩石难以与我们（如今）通常认为的有生命的东西区分开来。石炭纪石灰岩是由海洋生物的外壳和坚硬部分构成的。在圣克鲁斯山脉，只要土

---

1. 尼斯卡利人口头传统中的一个故事将瑞尼尔山描述为吞噬其路径上一切事物的怪物，直到有一天，变形者以狐狸的外观出现，让这座山的血管爆裂。小维恩·德洛里亚指出，该地区的四个不同部落都讲过这个故事，彼此仅有少许的细节不同。有人猜测，血管爆裂应指的是大规模泥石流。——作者注

壤中含有蛇纹石（这是一种富含铁和镁的地幔岩，随着太平洋板块在北美板块下滑动而产生变化），就会出现一种可以识别的植物群落。伊恩·斯图尔特（Iain Stewart）在系列纪录片《大陆的崛起》中也指出了生物与地质相互联系的例子：由于摩天大楼往往建在坚硬岩石接近地表的地方，曼哈顿天际线的形状也可以被解读为曼哈顿片岩的地下存在的延伸。与蛇纹岩一样，片岩的成分与其历史密不可分：它之所以如此坚硬，是因为在三亿多年前，它被压在一个高度与如今喜马拉雅山脉相似的山脉之下，而这个山脉诞生于泛大陆形成过程中两块陆地的相撞。

　　曼哈顿的天际线，以及中央公园中破土而出的片岩，都代表着过去和现在之间模糊的界限。其他模糊的界限还包括对个人的定义，以及对寿命或事件的定义——这些问题之间最终都有着深刻的联系。《科学美国人》的一篇文章称，俄勒冈州蓝山中占据了数千英亩土壤的一个巨大真菌网络，可能拥有 2400 年到 8650 年不等的历史，从而"重新引发了关于什么是个体有机体的争论"。一位科学家认为，有机体是"一组基因相同的细胞。它们彼此相互交流，拥有某种共同的目的，或至少可以彼此相互协调去完成某些任务"。在犹他州，有一个名为潘多（Pando，一直以单数表示，其拉丁语意思为"我传播"）的颤杨克隆性群落，每棵颤杨的寿命都只有一百多年，但彼此相连的根系却有数千年历史。我曾看过潘多的一张图片，若非卫星图上画出了一条边界线，否则这个群落看上去可能只是一片树木覆盖的山坡。

潘多的轮廓

潘多中的颤杨和真菌网络中清晰可见的蘑菇，都是身体完全嵌入其他另一种身体中的例子。事件也可能拥有这样相似的模糊性。约翰·迈克菲曾写过，圣加布里埃尔山脉的泥石流在六分钟内就完全填满了一栋房子，我们很难把这个事件同它的先决条件割裂开来：例如，地震导致的岩石崩裂，抑或是之前夏天发生过的火灾。事实上，迈克菲曾提到过 1977 年夏天的一场大火，隐泉镇（Hidden Springs）的官员因而警告居民们，接下来的冬天可能会发生泥石流（尽管最终证明他们说的是对的，但也无济于事）。泥石流是始于岩石开始移动之时？还是始于岩石遭到大火焚烧之时？

《科学美国人》的另一篇文章也包含有这种紧张关系。它的标题（"已知最久的地震持续了 32 年"）看起来与副标题（"'缓慢滑动'事件发生于 1861 年苏门答腊 8.5 级以上的毁灭性地震之前"）格格不入，但文章开头的一段文字便展示了一个事件中的事件，就像一个缓慢成熟的果实从树枝上滑落："1861 年，一场毁灭性地震震撼了印尼苏门答腊岛。长期以来，人们一直认为这场地震是以前不活动的断层突然断裂造成的。但新的研究发现，在大地震发生前的 32 年里，苏门答腊岛下方的地壳板块一直在缓慢而安静地互相撞击着。"[1]

对于一个对某些类型的界限和主体性模式毫无兴趣的非西方视角而言，将事物从其背景中剥离出来绝非难事。柏格森亦是如此。在《创造性进化》中，他认为时间绵延是一个"成为"的过程，在此之中各种状态总是在向其他状态突破。他不将个体性视为一个绝对的类别，而是认为它存在于一个范围之中："要使个体性完美无缺，就必须使有机体的任何部分都不能单独存在。但这样一来，繁殖就成了不可能之事。繁殖意味着用旧有机体分离出来的部分建立新的有机体。"所有生物都拥有超越自身界限的手段，柏格森指出，从这种意义上说，个体性实际上在"引狼入室"。

为了给自己画一条界线，我不得不问自己："我是珍妮，还是我是我母亲的女儿，我祖母的孙女？"之类的问题。若我是一个事件，那我是从何时开始的？三十年前？数百年前？数千年前？"我"难道不像从基质长出的清晰可见的蘑菇吗？离开了基质我将变得无法为世人所理解，甚至不可能存在。尽管我的记忆只能追溯到不远的过去，但更为久远的事情却能够解释我的存在：我母亲的移民，一场让我的祖父母走到一起的战争，以及在伊洛伊洛省[2]东端埃斯坦西亚海岸游动的鱼。那儿的捕鱼人与我有关，就像我仍一直与他们有关一样。

---

1. 柏格森在《时间与自由意志》中描述个人思考与作出选择的过程时，也提及了类似的动态发展过程。我们通常将深思熟虑视为"空间中的振动"（在两个或多个结果之间），而在柏格森看来，深思熟虑的过程则是一种"动态的发展，在其中自我及其动机就像真正的生命体一样，处于不断成为的状态"。正是这样的发展让"自由的行动像熟透了的果实一般落下"。——作者注

2. 菲律宾中部省份。——译者注

　　尤卡波塔在《沙谈》中抱怨说："在你和曾祖母通电话时，你是很难用英语写作的，但她也是你的侄女，在她的语言中，并没有单独的词表示时间和空间。"他解释说，在他的曾祖母 / 侄女亲属系统中，每三代人就会重置一次，你祖父母的父母就会被归为你的子女辈，因为"祖母的母亲回到了中心，成了孩子"。此外，在他曾祖母使用的语言中，一个在英语中被翻译成"何地？"的问题实际上问的是"何时？"根据他这位曾祖母 / 侄女所使用的语言范式，这两个特征很自然地交织在了一起："亲属关系根据周期流动，土地根据季节周期流动，天空根据恒星周期流动。时间与这些事物紧密相连，因此它甚至不是一个独立于空间的概念。我们体验时间的方式，与那些沉浸于固定时间表和毫无故事的表层的人群截然不同。在我们的生存空间里，时间不是直线前进的，而是像我们脚下的地面一样是可感知的。"

　　我们需要在此注意，"我们脚下的地面"与抽象的空间大有不同。尤卡波塔笔下的"地面"并非比喻，而是指实实在在存在的地面，就像牛顿的发条宇宙一般具体，想象的空间网格是空洞的、抽象的，且"平面的"。

　　我们对时间的定义，以及对时间形成方式的看法，都会影响我们在时间中穿梭的方式。平面的时间只能提供这么多选择。在思考"看见"和"行动"之间的关系时，我想起了 1986 年吉姆·汉森（Jim Henson）执导的电影《魔幻迷宫》中的一个场景，在我的保姆莉兹把这部电影的录像带到我家三十年后，我对这个场景仍记忆犹新。在电影里，莎拉［由当时还是少女的珍妮弗·康纳利（Jennifer Connelly）饰演］踏入了一个可怕的迷宫，迷宫的中心是一座城堡，小妖精国王［由留着奇特发型的大卫·鲍伊（David Bowie）饰演］

就在那儿等着她。莎拉发现自己身处一个长长的、不间断的地方，而且只有一条笔直的路，于是抱怨道："这是个什么'迷宫'嘛！这里没有任何转角或拐弯之类的东西，只能一直往前走。"她一度怀疑前面会有不一样的路，于是开始奔跑起来，但她很快就累了，用拳头猛捶砖墙，最后瘫倒在地。

但她没有注意到，一些顶端长着眼睛的苔藓植物转过头来看向了她。然后，一只蓝色头发、戴着红色领巾的小虫子站在一块突出的石砖上向她喊道："哈喽！"莎拉从震惊中回过神来，问它是否知道穿过迷宫的道路。它说它不知道，还邀请她"进来见见我太太"。她推托说自己要想办法穿越迷宫，并再次抱怨这里没有转角或出口。虫子说："你自己没看清楚。这里到处都是出口，只是你没看到而已。"然后它指向一堵砖墙。莎拉走了过去，满腹狐疑地回过头看着虫子。她并没有看到出口。虫子说："这里的一切常常表里不一，所以你不能凡事想当然。"

小时候让我印象深刻的场景是，莎拉在犹豫不决的情况下，举起双手，奇迹般地穿过了那堵造成视觉错觉的墙。二十世纪八十年代电影的特效已堪称精良，她消失在了墙后左边那一侧，却被虫子劝住了："别走那条路！绝对不要走那边。"在她转变了方向，消失在墙后右边那一侧后，虫子才说出了真相："如果她一直往那边走，就会直达城堡了。"最后的转折让我想起了尤卡波塔在抱怨完"非线性"一词将"线性"视为默认的事物后所说的话。他提到一个人"在数千年前试着走直线，结果被人们当作疯子，并最终遭到了被扔向空中的惩罚，"他补充说，"这是一个非常古老的故事，和其他许多故事一样，它教导我们要自由地行走与思考，还警告我们不要疯了似的一路往前冲。"

莎拉消失在墙后的场景也让人体会到了 chronos 和 kairos 之间的差异。正如我在本书开头所言，chronos 是同质的，而 kairos 则更为异质，代表着行动的关键时刻。阿斯特拉·泰勒（Astra Taylor）一篇名为《跳出时间：倾听气候时钟》的文章从根本上影响了我在整本书中的提问思路。她在文章中指出，在现代希腊语中，kairos 的意思是"天气"，接着还描述了这个词在生态方面的作用："也许干预的时机稍纵即逝，就像一场转瞬即逝的雷雨或春季的最盛之时，而如果我们出手太晚，就有可能错失良机。"读到这里，我突然想到，这句话的意思不是"抓紧时间"，而是"抓住时机"。

与 chronos 相比，kairos 听起来更属于那些深知时间与空间密不可分的旅行者，他们明白每一个地点、时刻都需要密切关注，以免错失良机。这不代表你不能做计划，而是计划中的时间不能是平面的、死气沉沉、毫无生气的。相反，在"中间时间"中，你需要竖起耳朵，等待那些永远不会重复的振动模式。面对平面的时间时，你要像莎拉一样寻找一个出口。当它出现的时候，你就抓住它，不再回头。

我是在莫里岛[1]写下这篇结语的，这座岛与普吉特海湾的瓦逊岛相连，只有渡轮才能到达。我在岛上所住的房子位于一条宽阔、冷清的路旁，这条路途径军需官港（一个大水湾）。我习惯在完成了一天的工作后，往往是在黄昏时分，在这条路上散步。一天傍晚，我看到前方远处有一个奇怪的身影，缓缓地移动着，停了一下，又开始移动。夜幕渐沉，有那么一瞬间，我分不清那是动物还是人。我感觉到自己的大脑摇摆不定，不知该如何应对这个身影，所以不得不比平时更加仔细地等待和观察它。最终，我发现那个身影是一个

---

1. 美国华盛顿州的一座岛屿。——译者注

穿着大斗篷的人，现在已经消失在了一个灌木丛生的草丛里。

在那个短暂的停顿中，我产生了怀疑，而怀疑又增加了我对一切事物的敏感度。"怀疑"一词中含有原印欧语词根"dwo"，意思是"两个"，它后来演变成了拉丁语的 dubius，意即"两种想法，在两件事之间犹豫不决"。尽管这个一度身份不明的身影让我停住了脚步，无法前行，但怀疑并没有驻足不前。在那片刻，有些东西生长了起来，然后在下一刻就坍缩了。

在《时间与自由意志》中，柏格森愿意承认，我们的大部分所做所想都受制于习惯，我们只是任由其发展，就像工厂的自动化流程一样。他写道，随着时间推移，这些习惯会结成一层"厚重的外壳"，让我们无法识别自己真正的能动性。但这层外壳绝非坚不可摧。他举例说，你可能面临着一些需要解决的问题，因此向朋友们征求了意见，他们也都提出了非常合理的建议。当你正准备从这些建议中得出合乎逻辑的结论时，却出现了完全不同的情况：

然后，就在要采取行动的那一刻，有些东西可能会站出来反抗，那便是深藏在内心深处的自我，冲出了表面。外壳被冲破了，屈服于不可抵抗的冲击力。因此，在自我的深处，在对最合理的建议进行最合理的思考之下，还出现了其他事情——感情和思想逐渐升温、突然沸腾的情况，你并不是没有察觉到这种情况，而是根本没有留意。

在日后看来，这样的"冲破"很像是冷却的熔岩或固定不变的历史，从而让我们忘记它在发生时的偶然性。你也可以反其道而行之，犯同样的错误，忘记未来有许多这样的怀疑时刻，甚至在自己身处这样的时刻时也未曾留意。

我的朋友、艺术家索菲亚·科尔多瓦（Sofía Córdova）告诉我，当她怀孕时，她决定遵守拉丁美洲的传统"cuarentena"[1]，即母亲在产后居家陪伴宝宝 40 天。通过自己作为艺术家的本职工作，索菲亚长期以来思考着"历史之外的时间"或"女性的时间、同性恋者的时间、黑人的时间、原住民的时间……这些都是没有被书写的历史、书写人类进程的白人记录在我们人类'伟大档案'中的时间"。cuarentena 让她得以从思考这些时间转为体验这些时间。当然，出生"可能只是进入或逃出我们共同的时间概念的一个入口或出口"；人们无须进行分娩就能体验它。她是这样描述入口另一边的景象的：

> 宝宝和我刚才所经历的事情本质上是发生于身体内和身体上的，因此我思想和体验的范围被缩小（此处无贬义）到身体的空间，最远也只到达我们家的边缘……整个宇宙在这里，仍在我身体的墙壁里继续运行着。换句话说，我感觉我的内在和有限的外在合而为一了，而且这也是计算时间的唯一方式。重新组装身体、荷尔蒙急剧下降（荷尔蒙一直在发挥作用，对我来说就像持续服用低剂量的迷幻药）、与新生儿共享你的身体、以一种新方式保持警惕，甚至在深度睡眠中，睡眠本身也被重塑，所有这些事物都将你与时间的体验紧紧绑定在了一起，并忙于治疗、喂养、睡眠等任务。这和细胞非常相似。

当你和新生命迅速地建立了对自我和世界的新认识时，这种模式的周期性，再加上这个转瞬即逝的时刻的特殊性、毫无方向和不

---

1. 包括中国、韩国、印度、伊朗和以色列在内的其他国家也有类似做法。美籍华裔作家 Fei Lu 也曾在《大气》一书中写过"坐月子"。"坐月子"通常是一种产后的恢复行为，后来也用于性别肯定手术的恢复过程。——作者注

可思议的本质，使得你在对照先前或之后所发生的一切事物来定义这个时间时，会遇到一些相当坚硬的边缘。当然了，还有其他方式能够一窥这类时间，但对我而言，这些方式更短暂、更转瞬即逝（看着大海在海平面上闪烁、进入水的身体中、与你所爱之人一同歌唱或演奏音乐）。

在我与索菲亚自新冠疫情以来的第一次见面中，曾谈到她关于 cuarentena 的体验。那时已是 2021 年 9 月，整个世界都在不同程度上以各种方式经历了一次对其惯有时间性的颠覆。索菲亚和午睡部组织的崔西亚·赫尔西一样，都是不想看到一切"回到常态"中的人之一。在经历了隔离和中断后，我们就不能吸取什么经验教训吗？在这个充满怀疑的时刻，难道没有什么东西成长了吗？哪怕只是变得更加不安也行。

如果你优先考虑的是速度和保持领先的需要，那么怀疑看起来不过只是一种代价，不过是丹尼尔·哈特利在《人类世、资本世和

文化问题》中指出的不可避免又理所当然的"延迟"和"中断"罢了。但对于将时间的推移视为通往不可避免的死亡之路的人们而言，怀疑是一条生命线，是冲破柏格森"外壳"的一点小小的能动性空间，是一个怪异的、无法折叠的 kairos。在它仅仅扮演一个开口的角色时，就包含了汉娜·阿伦特《在过去与未来之间》中所指出的"非时间"的种子：

它完全是一个精神场域，或者不如说是思想开辟的道路，是思考在有死者的时空内踩踏处的非时间小径，从思想序列、记忆和想象的序列把它们所碰触的东西从历史时间和生物时间的损毁中拯救出来。这个处在时间最核心的非时空，与我们出生的世界和文化不同，它只能被标示出来，但不能从过去传承下来，就如同每个新人都要让自身切入一个无限过去和一个无限未来那样，每一代人都必须重新发现和开辟自己的道路。

这段话位于《在过去与未来之间》的序言之中，阿伦特在这个部分里描述了 1940 年法国出人意料地沦陷于纳粹之手后的时刻。欧洲的作家和知识分子"这些实际上从来不参与第三共和国公务的人"，突然"也被一股仿佛来自真空的力量卷入了政治"，进入了一个行动和言说密不可分的世界。阿伦特认为，这样的举动创造了一个知识的公共领域，但仅仅几年后，他们又回到了个人事务中来，这个领域也崩溃了。然而，这些参与其中的人却铭记了一个"珍宝"，在那里他"加入抵抗运动，在其中找到了自己"。这份珍宝将人从狭隘的个人事业中牵引出来，并在这段时间里，让一个人的行为能产生不同的意义——产生真正重要的意义。阿伦特写道，在那些年里，这些作家和知识分子"第一次让自由的幽灵光顾他们的生活……因为他们成了'质疑者'，首先向自己开炮，进而不知不觉地创造了位于他们之间的、自由得以展露的公共区域"。

阿伦特将这种可以在非时间性中进行的"思考实践"与更接近于严以、归纳和得出结论的程式化思想过程区分开来，后者的"法则可以一劳永逸地学会，之后所需要的只是应用"。阿伦特的观点和莫尔德所说的创造力相似，它通过自由能动者之间的对话来创造新的东西。詹姆斯和科斯塔描述过曾与世界隔绝开来的家庭主妇开始交谈、学习和组织起来后的经历，同样也与阿伦特的观点类似。她们写道："在斗争的社会性中，女性发现了一种能够有效赋予她们新身份的力量，并加以行使。"许多人无论是否自诩为活动家，都知道以各种方式"不按剧本"行事的感觉，并在其中感觉自己真正和其他人一道创造了新的事物。即使这些方式微小、短暂，你也会觉得自己正在创造一个新的思想、语言和行动领域，而这也是你自己都无法预料的。尽管这些时刻令人兴奋，但它们也带来了抛弃熟悉事物的不适感。充满怀疑。

在这种情况下，怀疑其实是具有价值的，是我们想要抓住的东西。但阿伦特写道，以这种方式接触新鲜感和能动性，需要有人在"过去与未来的冲突洪流中"坚守阵地。否则，你就会被已成定局的事物压扁：过去会用传统击垮你，未来会用决定论击垮你。因此，阿伦特在序言的标题"过去与未来之间的裂隙"中的"裂隙"（"非时间"的另一种说法）既重要又脆弱。

生活在过去与未来之间的裂隙即是人类的生存状态，即使在文化上占据主导，但便于政治家掌控的时间观、历史观和未来观遮蔽了这一事实。我们哀伤地眺望着永远不会有新事物发生的未来，却看不到自己站在裂隙之中，而只有在这里才会有新事物发生。这让我不禁怀疑，"拥有时间"的一个含义是否就是将时间分为两半：在chronos 上切一刀，在希望所能接受的范围内将过去和未来分开。[1]

　　每一篇写作都是一个时间胶囊。它将自己世界的碎片组合在一起，并将它们送给身处不同时空的读者。即便写的是不与他人分享的日记，也要假定某个未来的自己会读到它，必须是未来的自己。对这本书而言，我无法得知我写作这本书和你阅读这本书之间的时间里会发生什么。但我可以告诉你，我正生活在怀疑的时刻。也许你也是。

　　那天傍晚，在我遇到那个难以辨认的身影时，我正前往道路的尽头，一个名为拉布潟湖的"自然区"。你在那儿从人行道踏上草地后，会经过一片赤杨和冷杉，然后就会看到一条长凳，它是纪念一位 2016 年去世的男人建的。再往前走，小路就会通往水中，这是阻隔军需官港水域和更小的潟湖的人工屏障的一部分。这个屏障穿过军需官港海水流经的一个小缺口，一直延伸到潟湖的另一侧。我第一次来的时候，缺口中的水并没有按照特定方向流动。我当时并不知道那时正值涨潮期，作为一个新来者，我还以为这里一直都是这个样子。

　　军需官港正位于我房间的门外，几个星期后，我也就不可避免地熟悉了潮汐。涨潮的时候，会传来海水拍打的声音、塑料独木舟船坞撞击木桩的声音，我将其称为"船坞之歌"。潮水较低时，斑脸

　　1.　同样，小维恩·德洛里亚将这种文化和文明的变迁比作马赛克镶嵌画：你既无法辨认旧的图案，也无法辨认即将呈现的新图案。对他来说，这也是一种脆弱的状态；如果我们无法安然度过"可怕的中间地带……在这里我们一遍又一遍地替换着毫无意义的碎片"，我们就有可能"陷入一种更加复杂的全新野蛮状态"。——作者注

海番鸭（一种眼睛下方长着白色羽毛的迁徙性潜鸭）便会成群结队地出现，潜入水底寻找贻贝。当潮水完全退去时，会有大量贻贝壳显露出来，人类和灰翅鸥都只需要走过去就能拾得它们。

我意识到自己其实对潮汐一无所知。我在谷歌上搜索的知识就像小学的科学课一般浅显。我在上面了解到，潮汐有"高的高潮"和"低的高潮"之分，最高的潮汐（我在结语开头提到的国王潮）发生在新月或满月之时，此时月球处于近地点（离地球最近），地球处于近日点（离太阳最近）。[1] 我还知道了"地潮"的存在，也就是日月引力将坚固的土地微微地移动了一点。我发现，当月球的引力拉动我们的海水时，海水也会回之以拉力，加快月球的运动速度，让月球远离我们。我研究了当地的潮汐图，图中的曲线有其自身的周期性和逻辑性，但与图中用来展示潮汐的日历框和小时标记并不同步。有几个夜晚，月亮很圆、明亮、清澈，提醒我要记得这样不同步的情况。

有一天，我碰巧在开始涨潮的时候去了拉布潟湖。那时我已知晓了建立屏障的原因：这个屏障本是环绕整个公园边缘的一条路的一部分，我也曾无意中走过这条路。这条路最初通往一个锯木厂，经过潟湖时要走一条中间有桥的堤道。这个潟湖曾被工厂用来存放原木，而现在却只能看到鹅和偶尔出现的苍鹭。后来，在二十世纪五十年代，这座桥被烧毁，让军需官港的船只能够在涨潮时驶入。老路因而断为两节。现在，我站在青草艾艾的堤岸上，向下往那个没有路的地方望去。

---

1. 关于有助于你了解这方面的内容的直观动画，请在 YouTube 上观看 Exploratorium 的视频"国王潮｜全光谱科学短片｜罗恩·希普施曼"。顺便一提，视频中还包括一张艾伦·格林伯格拍摄的帕西菲卡的照片。——作者注

除了涨潮之外的时候，桥被烧毁留下的狭长缺口加强了水的流动，如同一个指示方向的箭头一般。退潮时，水向南流出潟湖，回到港口，并一直持续到潮水涨到六英尺高时。而在潮水涨到六英尺后的某个我经常想要抓住却从未抓住的时刻，水流掉了个头，开始从军需官港流至潟湖中。水流变得湍急起来，当地人称为"瓦逊急流"。随着水位变平缓，湍急的水流也会放缓。潮水回落之后，整个过程又将周而复始。我来自湾区，一听到流水的声音就会联想到降雨，因为雨水会通过小溪和泉水从山上流下。但在军需官港，水流的来来去去是重力在发生作用，传递了外太空物体的位置信息。

那天在缺口，越来越多的水通过中间的一系列潮水坑流入潟湖。一股小水柱从附近裸露的地面喷射而出，我向下爬过一些混凝土和木头碎片，想要一探究竟。我蹲下身子，看见一块"鹅卵石"长得很像《魔幻迷宫》中顶端长着眼睛的苔藓植物。它大张着嘴，把水射到我毫无防备的脸上。那是一只埋在土里的蛤蜊的虹吸管。在这些蛤蜊喷出的小水柱之间，气泡从即将成为潟湖湖底的地面中冒了出来，整个地面沸腾了，滋滋作响。

在向北流淌的水下，一块岩石下藏着一个无比巨大的紫色块状物，上面满是白色的东西，就好像抹上了糖粉一般。那是赭色海星，是受海星消瘦综合征威胁的众多海星物种之一。2013 年以来，这种噩梦般的疫病导致西太平洋海岸乃至水族箱中的生物纷纷解体。在许多照片中，它们就像散架了一般，融化掉了。在这场被称为有史以来在野生海洋动物中观察到的最大规模流行病中，赭色海星是最受影响的物种之一。这个潟湖甚至也曾有出现这个疫病的记录。然而，我看到的这只海星似乎很健康，在身边的水位缓慢上升时，它正忙于在体内循环海水，吃着贻贝。

尽管海星消瘦综合征的肇因病毒已在海星体内存在了很长时间，但人类对这种疫病的了解仍不够全面。给海星带来全新破坏力的这种病可能与水温上升存在关联，水温升高给海星带来压力，让它们更容易生病。当然，导致水温上升的原因并不神秘。在谈及拉布潟湖的海星健康的原因时，岛上自然中心的主任猜测，潟湖中目前温度较低且不断流动的海水可能更适合它们。抑或我看见的这只海星拥有科学家在 2018 年一项研究中发现的疫病抵抗力。尽管这项研究产生了鼓舞人心的成果，但其中一位作者告诫说，抵抗力不过是"波涛汹涌的海面上一盏遥远的小小明灯"。早在我来这里的一个月前，普吉特海湾就观察到了更多的疫病暴发。

了解了这一切之后，我觉得赭色海星三维的身躯存在就像一个小小的奇迹，甚至比海星本身的奇迹还要神奇。在观察海星时，我无法放下它有可能消失的事实。我在过去与未来之间的这个裂隙中写作时，不得不承认，和很多事情一样，这种动物在你们世界中已经很少见甚至已经消失了。同时，我也不能认为这个结果是必然的，因为如果我这样认为了，那么这种动物生存的概率也就更低了。

这就是决定论的讽刺之处：它含有某种选择。在姜峯楠的另一个故事中，一位来自未来的叙述者决定警告过去，一种名为"预言器"的技术即将诞生。这种技术是一个使用"负延时"的装置，你按下装置上的按钮，绿灯就会闪烁，但绿灯永远会在你按下按钮的前一秒钟闪烁。预言器是无法被欺骗的。它展示了自由意志这东西根本不存在，并最终创造了自己的消瘦综合征。得了这种病的人停止了一切自发性活动，生活在"醒状昏迷"之中。当医生试着与他们辩论，指出"上个月你选择行动时并不比今天更加自由"时，患者总是回答道："现在我知道了。"一部分人从此再不开口。

　　在整个故事中，叙述者（事实证明，他也用负延时来发送信息）说他知道自由意志并不存在。然而，他却在试图要传达的信息中唱了反调，劝告过去的人们"假装你拥有自由意志。关键在于你必须假装自己的决定至关重要，即便你知道事实并非如此。现实不重要，重要的是你相信什么，而相信谎言是避免醒状昏迷的唯一办法。文明如今维系于自我欺骗之上，也许一向如此"。他也承认，在某些方面，他的信息毫无意义："对此谁都无能为力，你无法选择预测器对你起什么作用。你们中有些人将会倒下，有些则不会。我送出这个警告无法改变两者的比例。那么，我为何还要这么做呢？"他的回答充满矛盾："因为我无法选择。"

　　姜峯楠的故事展现了时间、意志、生存和欲望之间的不可分割性。结尾处叙述者"无法选择"传达的意思并不明确，但一种解读方式是将其视为柏格森的"深藏在内心深处的自我，冲出了表面"，这种情况违背了所有的逻辑和可能性。想要得到某样东西，爱某样东西，又害怕它消失，就是驻足于过去与未来之间的裂隙中，让"感情和思想突然沸腾"。那天，在那条老路的裂隙中，我看到了一只活着的赭色海星，没有染上疫病。这让我不顾一切地去想象一个有赭色海星的未来。

　　我所说的远不仅仅涵盖单一的一只动物。动物学家罗伯特·T.派恩（Robert T. Paine）观察了赭色海星对潮间带环境的影响，并据此于 1969 年提出了"基石物种"的概念。这些海星以贻贝为食，清理了岩石一定高度上的空间，在维持整个潮间带生态系统的生物多样性方面起着极为重要的作用。若没有它们，整个潮间带生态系统的生物多样性就会崩溃，其影响会辐射到其他生态系统。海星消瘦综合征暴发后数年的情况不请自来地验证了派恩的试验（他在潮间带生态系统中移除了赭色海星，想看看会产生什么影响）。关键物种的概念认同了不同生物之间相互存在关联的观点，代表了我们对个人、地点或时间界限的生死利害关系的看法。

海星如同我和岩石一样，都承载着时间的痕迹，不论这样的痕迹是来自近期还是久远的过去。长期以来，科学家都不清楚海星是如何进化出腕足的，在化石记录中，它们似乎一开始就以"完全成形"的样子出现。直到 2003 年，摩洛哥的一个研究小组才在被誉为"古生物的庞贝古城"的费祖阿塔地层中发现了缺失的一环。在这个甚至能够保存海星柔软身体的地方，他们发现了被称为 Cantabrigiaster fezouataensis 的海星祖先，是化石记录中最古老的海星类生物。去年，哈佛大学和剑桥大学的研究人员注意到，Cantabrigiaster 还拥有与海百合相同的特征。海百合是一种长得像花一样的滤食性动物，它的"茎"附着在海堤上，"花瓣"在水中捕捉浮游生物颗粒。

在奥陶纪生物大辐射（某些地方的生态系统导致生物多样性暴增）前后的某个时刻，Cantabrigiaster 可能做了一件怪异又出人意料的事：它改变了自己的进化方向。其中一位研究人员写道："海星的五条腕足是它们的（海百合）祖先留下的遗物。在 Cantabrigiaster 及其海星后代的进化过程中，它们掉转了自己面部，让自己的腕足与面部贴在沉积物上进食。"如今，我眼前的海星正紧紧抱着那块岩石，要么是正面朝上，要么是反面朝上，这取决于你接受的是哪种时间框架。海星倒不太在意这个。它身处自己的海星时空里，可能还用腕足末端的复眼观察着一小片黑色的影子（我）。

当我抬头时，潮汐已经涨得更高了，海水离我站立的地面越来越近。我很快爬上那条老路，从那里我可以看到军需官港的其他地方被火红的秋叶笼罩。当地报纸曾报道说，海岸萨利什人¹将同样居住于此地的这些树木命名为"图奇拉维"，如今它们被称为大叶枫，在这里比在我家乡更常见。自我来到这里后，这些树的颜色每天都在变化，变化速度非常明显，且似乎还在加快。

在我脚下，水流开始冲过岩石。尽管站在原地不动，但我感觉自己也在奔流，我的一部分正在枯萎凋零，其他部分正在重获新生。蛤蜊壳上的年轮，让我想起了我在新冠疫情时期额头上出现的皱纹。很显然，那是一个许多人加速衰老的时期，是我们的生物钟集体压缩的时期。

水位越来越高，我知道自己不可能永远站在那里看海星，但我还是尽可能地站了足够久的时间。在这段时间里，我感受到的并不完全是快乐，也不完全是绝望。那是一种如潮汐般的感觉，一种来回振荡的感觉，无法完全定格，但对于我身边的事物而言，这种感觉却是无比清晰的：对鸭子来说，它们会再次迁徙；对树来说，它们会再次变成绿色；对贻贝来说，它们会再次被淹没；对水来说，它们会再次流回去。我的身体也没有出现误解。在我的身体中央，一块肌肉正在跳动，一连串的创造性活动正在进行，我既没有开启这些活动，也无法阻止它们。在湍急的水流中，我感觉自己的心跳就像在说话。它们说的是长久以来一直在说的话。再次，再次，再次。

---

1. 生活在北美洲西北海岸的原住民的统称。——译者注

原文注解及参考文献、索引等
请扫描以下二维码进行阅读